JN070564

ベーシック薬学教科書シリーズ

薬学教育モデル・
コアカリキュラム準拠

4

無機化学（増補版）

青木 伸［編］

化学同人

ベーシック薬学教科書シリーズ　刊行にあたって

平成 18 年 4 月から，薬剤師養成を目的とする薬学教育課程を 6 年制とする新制度がスタートしました．6 年制の薬学教育の誕生とともに，大学においては薬学教育モデル・コアカリキュラムに準拠した独自のカリキュラムに基づいた講義が始められています．この薬学コアカリキュラムに沿った教科書もすでに刊行されていますが，ベーシック薬学教科書シリーズは，それとは若干趣を異にした，今後の薬学教育に一石を投じる新しいかたちの教科書であります．薬学教育モデル・コアカリキュラムの内容を十分視野に入れながらも，各科目についてのこれまでの学問としての体系を踏まえたうえで，各大学で共通して学ぶ「基礎科目」や「専門科目」に対応しています．また，ほとんどの大学で採用されているセメスター制に対応するべく，春学期・秋学期各 13～15 回の講義で教えられるように配慮されています．

本ベーシック薬学教科書シリーズは，薬学としての基礎をとくに重要視しています．したがって，薬学部学生向けの「基本的な教科書」であることを念頭に入れ，すべての薬学生が身につけておかなければならない基本的な知識や主要な問題を理解できるように，内容を十分に吟味・厳選しています．

高度化・多様化した医療の世界で活躍するために，薬学生は非常に多くのことを学ばねばなりません．一つ一つのテーマが互いに関連し合っていることが理解できるよう，また薬学生が論理的な思考力を身につけられるように，科学的な論理に基づいた記述に徹して執筆されています．薬学生および薬剤師として相応しい基礎知識が習得できるよう，また薬学生の勉学意欲を高め，自学自習にも努められるように工夫された教科書です．さらに，実務実習に必要な薬学生の基本的な能力を評価する薬学共用試験(CBT・OSCE)への対応にも有用です．

このベーシック薬学教科書シリーズが，医療の担い手として活躍が期待される薬剤師や問題解決能力をもった科学的に質の高い薬剤師の養成，さらに薬剤師の新しい職能の開花・発展に少しでも寄与できることを願っています．

2007 年 9 月

ベーシック薬学教科書シリーズ
編集委員一同

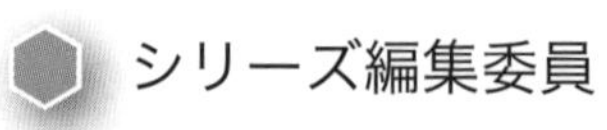

シリーズ編集委員

杉浦　幸雄（京都大学名誉教授）

野村　靖幸（久留米大学医学部 客員教授）

夏苅　英昭（新潟薬科大学薬学部 客員教授）

井出　利憲（広島大学名誉教授）

平井　みどり（神戸大学名誉教授）

はじめに

生体は化学反応や分子認識，自己集積の場であり，生命を維持するために，有機分子だけでなく，さまざまな元素を利用している．また，薬物は生体を正常な状態に戻すための制御剤であるとも考えられる．したがって，原子や分子の構造(原子軌道および分子軌道)と反応性，元素の特徴，化学結合，化学平衡，金属錯体の構造と反応性を理解することは，フラスコ内の化学反応はもちろん，生体内反応や薬物反応を理解し，画期的な薬剤や新しい診断・治療法を開発するための重要な基礎となるであろう．そこで本書は，薬学および関連する分野の学部の学生諸君のために，これらの範囲を網羅する基礎的教科書として執筆した．

本書は，七つの章で構成されている．第1章「原子の構造と周期表」および第2章「元素の一般的性質」では原子の構造，量子化学，元素に関する基本概念について学ぶ．数式が多くなっているが，これは章中の図の理論的根拠を示すためであると同時に，電子軌道，遮蔽，イオン化エネルギー，電子親和力，電気陰性度などの概念の理解を助けるために必要であると考えたものである．最初は図表からイメージを頭に入れ，後から読み返しながら理解を深めていただくとよいであろう．第3章「化学結合」では，代表的な化学結合と分子間相互作用について記載した．とくに分子軌道(原子価結合法，分子軌道法)について詳しく学べるようにしている．第4章「化学平衡」では，理解が難しいと思われる化学平衡についてイメージを獲得したうえで，酸塩基平衡，酸化還元平衡を学べるように心がけた．続く第5章「元素の化学および生体必須元素」では，さまざまな元素の特徴と，生体内における機能などを学ぶ．第6章「錯体」と第7章「生体無機化学」では，錯体の基礎化学と，生体内で機能する錯体酵素や錯体構造をもつ薬剤について記述した．長い歴史をもつ錯体化学は，近年生物無機化学(bioinorganic chemistry あるいは bioorganometallic chemistry)へと発展し，最先端医療にも貢献している．その基本的な概念と応用について学んでいただきたい．

このように，本書は，薬学教育モデル・コアカリキュラム中の【無機化合物】や【錯体】だけでなく，薬学教育カリキュラムの参考資料「薬学準備教育ガイドライン」に含まれる【薬学の基礎としての化学】や，有機化学，物理化学，分析化学，生化学，医薬化学など多くの基礎化学分野に関連している．本書を，ベーシック薬学教科書シリーズの他巻や，専門書と相補的にお使いいただくことで，医療現場で信頼される薬剤師，および創薬科学に携わる研究者の教育と養成に少しでも寄与することを願っている．

最後に，本書の執筆にあたり，国内外の数多くの教科書，出版物を参考にさせていただいた．それらの執筆者と出版社に，この場をお借りして深く感謝したい．また，本書の執筆に多大なお力添えをいただいた共著者の先生方と，忍耐強く編集にご尽力をいただいた化学同人の栫井文子氏，元化学同人の稲見國男氏に，改めて心よりお礼を申しあげる．

2011年4月

編者　青木　伸

執 筆 者

◎ **青木　伸**	（東京理科大学薬学部 教授）	1，4，5，6章
稲見　圭子	（山陽小野田市立山口東京理科大学薬学部 教授）	2，5章
浦野　泰照	（東京大学大学院医学系研究科 教授）	4章
西谷　潔	（前帝京平成大学薬学部 教授）	3章
樋口　恒彦	（名古屋市立大学名誉教授）	7章
望月　正隆	（山陽小野田市立山口東京理科大学薬学部 教授）	2，5章

（五十音順，◎印は編者）

CONTENTS

3章 化学結合 39

4章 化学平衡 77

5章 元素の化学および生体必須元素 105

6章 錯　体 155

7章 生体無機化学

★本書の章末問題の解答については，化学同人 HP からダウンロードできます．
→ http://www.kagakudojin.co.jp/book/b68275.htm

1 原子の構造と周期表

❖ 本章の目標 ❖

- 原子の構造と性質について学ぶ.
- 電子の性質(粒子性と波動性)について学ぶ.
- 原子軌道，量子数について学ぶ.
- 電子配置について学ぶ.
- 周期表について学ぶ.

1.1 原子の構造と性質

一般に，元素や分子の化学的性質は，その軌道に収容されている電子の反応性に依存する．本章ではその基本となる原子の構造，電子の性質，原子軌道，周期表について学ぶ.

SBO 原子，分子，イオンの基本的構造について説明できる.

1.1.1 原子の大きさ，重量，電荷

原子は直径 10^{-10} m(＝1 Å)ほどの大きさをもつ物質の化学的な基本単位であり，原子核と電子からなる．原子の中心にある原子核は，原子の質量の大部分(95%)を占めており，正の電荷(＋1.60218 × 10^{-19} C)をもつ陽子 Z 個と電荷をもたない中性子 N 個によってできている(C，クーロン)．陽子の重量は 1.67262 × 10^{-27} kg，中性子の重量は 1.67496 × 10^{-27} kg であり，ほぼ等しい．原子核の外側には，負の電荷(−1)をもつ電子 Z 個がある．このとき，陽子の数 Z が**原子番号**(atomic number)，$Z + N(= A)$を質量数(mass number)という．Z が同じであるが，A の数が異なる原子は，同一原子に属し，**同位体**(isotope)とよばれる.

1.1.2 原 子 量

SBO 原子量，分子量を説明できる.

炭素の安定同位体は ^{12}C と ^{13}C であり，それぞれ 98.89%と 1.11%の比で

存在する．^{12}C の原子 1 個の質量を，12 **原子質量単位**(atomic mass unit ; amu)であると定める．^{13}C の原子 1 個の質量は，13.003 35 となる．したがって，炭素の原子量は，^{12}C と ^{13}C の存在比率と質量から，

$$(12.000\,000\ \mathrm{amu} \times 0.988\,9) + (13.003\,35\ \mathrm{amu} \times 0.011\,1) = 12.011\ \mathrm{amu}$$

と求められる．

1.1.3 原子モデル(長岡・ラザフォードのモデル)

J. J. Thomson
(1856-1940)，イギリスの物理学者．1906 年ノーベル物理学賞受賞．

19 世紀，二つの原子モデルが提唱された．1903 年，長岡半太郎は土星型モデル，すなわち原子の中心に正電荷を帯びた核が存在し，そのまわりを電子が回っている模型を提唱した．ほぼ同時期，J. J. Thomson(トムソン) はスイカ型モデルを発表した〔図 1.1(a)〕．このモデルによると，原子は，全体に非局在化している原子核とそのなかに点在している電子からなる．一方，長岡半太郎，E. Rutherford(ラザフォード) によって提唱されたモデルは，原子核が中央に存在し，電子はそのまわりを回転しながら存在するという太陽系型であった〔図 1.1(b)〕．

長岡半太郎
(1865-1950)，長崎県生まれの物理学者．

Rutherford は，どちらの原子モデルが正しいのかを証明するために，α 線を照射する実験を行った．もし Thomson のモデルが正しければ，α 線を照射すると，ほとんどの α 線が原子核に衝突して反射するはずである．一方，Rutherford や長岡らのモデルに従えば，照射された α 線のほとんどは原子を通過して直進し，ごく一部が原子核に衝突して反射すると予想できる．実際，Rutherford の実験によると，照射した α 線の 1/8000 が反射した．このことから，図 1.1(b)のモデルが正しいことが証明された．

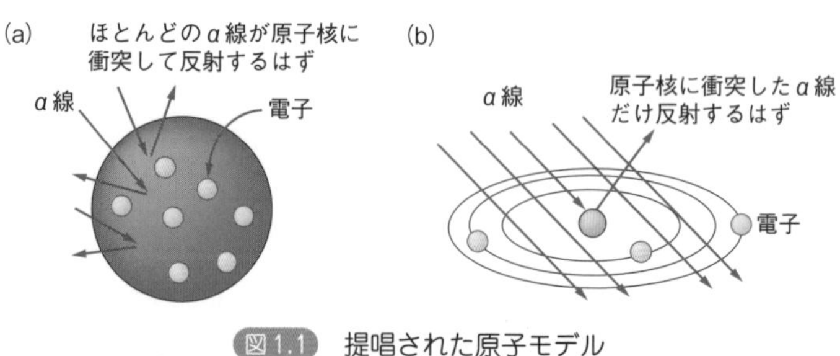

図 1.1 提唱された原子モデル
(a) Thomson の原子モデル，(b) 長岡・ラザフォードの原子モデル．

E. Rutherford
(1871-1937)，イギリスの物理学者．1908 年ノーベル化学賞受賞．

1.1.4 水素原子の発光スペクトルとバルマー系列

放電管に気体の水素を入れ，電圧をかけて放電したときに放出する光を分光器にかけると，輝線の並んだ発光スペクトルの得られることが知られていた．水素の原子スペクトルは，表 1.1 のように紫外領域から赤外領域まで広がっており，発見者の名前を冠したいくつかの系列に分かれている(表中の m，n は整数)．図 1.2 には，紫外・可視光領域の輝線スペクトルを示す．

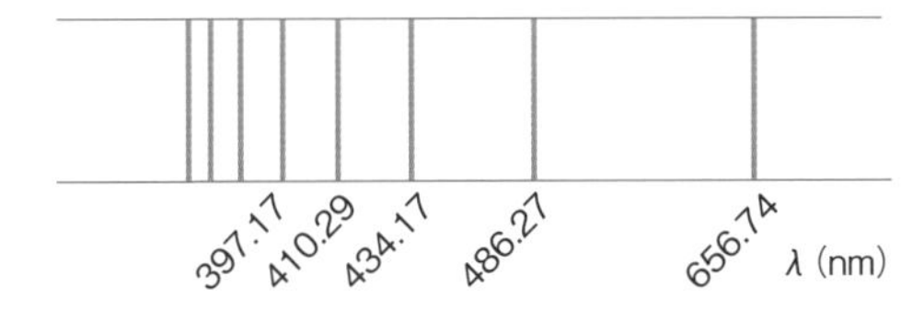

図 1.2 水素原子のバルマー系列の輝線スペクトル
λは光の波長.

表 1.1 水素原子のスペクトル線の系列

系　列	m	n	スペクトル領域
ライマン(Lyman)	1	2, 3, ……	遠紫外部
バルマー(Balmer)	2	3, 4, ……	可視・紫外部
パッシェン(Paschen)	3	4, 5, ……	赤外部
ブラケット(Brackett)	4	5, 6, ……	赤外部

1885年，J. J. Balmer(バルマー)は可視光領域の輝線スペクトル(図1.2)の波長(λ)が，経験式(1.1)で表されることを発見し(波数，$\tilde{\nu}$)，その後，ほかの系列も式(1.1)で表されることがわかった(表1.1)．しかし，このような輝線スペクトルが得られる理由については，明確に説明できなかった．

$$\frac{1}{\lambda} = \tilde{\nu} = R\left(\frac{1}{n^2} - \frac{1}{n'^2}\right) \tag{1.1}$$

n，n'：それぞれ $n \geqq 1$，$n' \geqq (n+1)$ の整数

R：リュードベリ定数 $= 1.097\,373 \times 10^7\ \mathrm{m}^{-1}$

1.1.5 ボーアの仮説

SBO 原子のボーアモデルと電子雲モデルの違いについて概説できる.

前述した長岡，Rutherford らの原子モデルには問題があった．負電荷をもつ電子が正電荷をもつ原子核のまわりを回っていて，その軌道半径 r が連続的な値であるとすると，負電荷をもつ電子は正電荷をもつ原子核に引き寄せられ，エネルギー(光)を放出しながら一瞬で消滅してしまうはずである(図1.3)．

N. Bohr(ボーア)は，図1.2の輝線状の原子スペクトルが，原子を構成する電子からのエネルギー放射に由来するものであると考え，1913年，以下の「ボーアの仮説」を提唱した．

① 電子は一定の円軌道を運動しているかぎりエネルギーを吸収したり放出したりせず，ある特定のエネルギー状態だけを取りうる(定常状態)〔図1.4(a)〕．ボーアの仮説では，電子の軌道 r と電子のエネルギー E は以下のように表される〔m は電子の質量($m = 9.109\,39 \times 10^{-31}$ kg)，ε_0 は真空の誘電率($\varepsilon_0 = 8.854\,19 \times 10^{-12}\ \mathrm{J^{-1}\,C^2\,m^{-1}}$)〕．原子核と電子の間に働く静電引力

N. Bohr
(1885-1962)，デンマークの理論物理学者．1922年ノーベル物理学賞受賞．

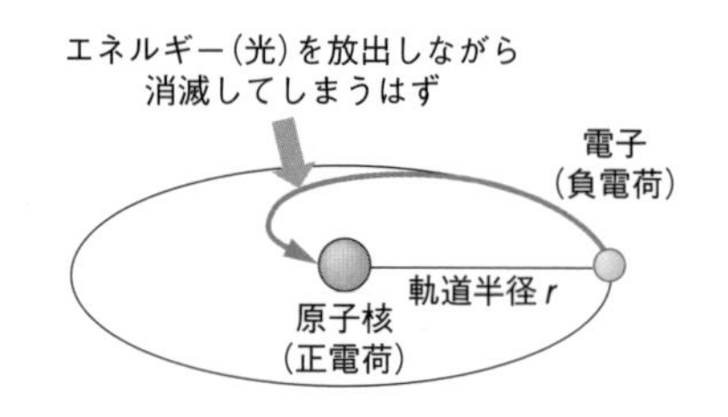

図1.3　Rutherford による原子モデルの矛盾
r は連続的な値.

(クーロン引力)と電子の回転によって生じる遠心力〔図1.4(b)〕は，それぞれ式(1.2)，(1.3)のように表される(r は回転円軌道の半径).

$$\text{原子核と電子の間に働く静電引力（クーロン引力）} = \frac{e^2}{4\pi\varepsilon_0 r^2} \tag{1.2}$$

$$\text{電子の回転運動によって生じる遠心力} = \frac{mv^2}{r} \tag{1.3}$$

電子に働く静電引力と遠心力がつり合っているから〔図1.4(b)〕，

$$\frac{e^2}{4\pi\varepsilon_0 r^2} = \frac{mv^2}{r} \tag{1.4}$$

両辺に r を掛けて，

$$\frac{e^2}{4\pi\varepsilon_0 r} = mv^2 \tag{1.5}$$

ボーア軌道上の電子の全エネルギー E は，運動エネルギー(T)〔式(1.6)〕と位置エネルギー(V)〔式(1.7)〕の和であり，式(1.8)で表すことができる.

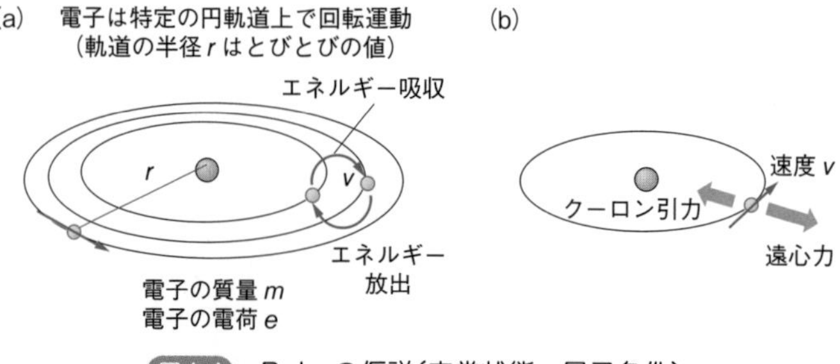

図1.4　Bohr の仮説(定常状態，量子条件)

$$T = \frac{1}{2}mv^2 \tag{1.6}$$

$$V = -\frac{e^2}{4\pi\varepsilon_0 r} \tag{1.7}$$

$$E = T + V = \frac{1}{2}mv^2 - \frac{e^2}{4\pi\varepsilon_0 r} \tag{1.8}$$

式(1.8)に式(1.5)を代入すると，式(1.9)が得られる．この式中の r は連続的な値である．

$$E = \frac{e^2}{8\pi\varepsilon_0 r} - \frac{e^2}{4\pi\varepsilon_0 r} = -\frac{e^2}{8\pi\varepsilon_0 r} = -\frac{e^2}{8\pi\varepsilon_0}\frac{1}{r} \tag{1.9}$$

② 電子(電荷＝e)の角運動量 mvr(m は電子の質量，v は電子の回転速度)は $h/2\pi$ の整数倍であり(h はプランク定数＝6×10^{-34} J s)，電子は不連続な(とびとびの)値の半径上を運動すると仮定する(量子条件)〔式(1.10)〕．古典物理学で考えると，電子軌道の半径が連続的であるから，電子の角運動量 mvr は，図1.5(a)のように連続的な値をとる．一方，ボーアは量子化学における角運動量 mvr は，図1.5(b)のように不連続な値であると考えた．

$$mvr = n\frac{h}{2\pi} \qquad n = 1, 2, 3, \cdots\cdots \tag{1.10}$$

式(1.10)を変形して

$$\frac{1}{v} = \frac{2\pi mr}{h}\frac{1}{n} \tag{1.11}$$

$$\frac{1}{v^2} = \frac{4\pi^2 m^2 r^2}{h^2}\frac{1}{n^2} \tag{1.12}$$

式(1.5)を式(1.13)のように変形し，式(1.12)を代入すると

$$r = \frac{e^2}{4\pi\varepsilon_0 m}\frac{1}{v^2} = \frac{e^2}{4\pi\varepsilon_0 m}\frac{4\pi^2 m^2 r^2}{h^2}\frac{1}{n^2} = \frac{e^2 \pi m r^2}{\varepsilon_0 h^2}\frac{1}{n^2} \tag{1.13}$$

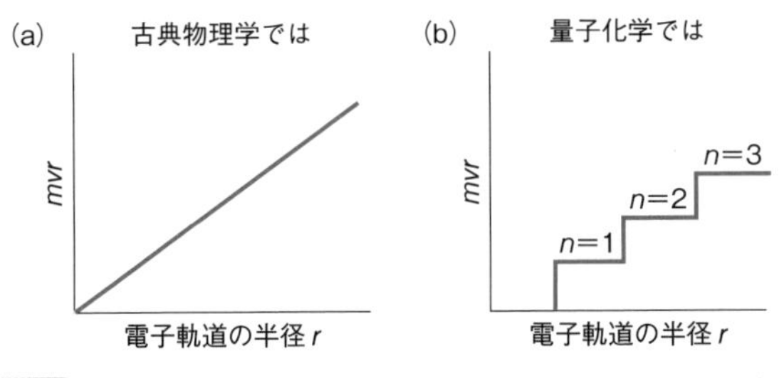

図1.5 古典物理学と量子化学における電子の運動量の違い

式(1.13)の両辺を r で割って変形すると，式(1.14)が得られる.

$$r = \frac{\varepsilon_0 h^2}{e^2 \pi m} n^2 \qquad n = 1, 2, 3, \cdots\cdots \tag{1.14}$$

n は後述する主量子数とよばれ，$n \geqq 1$ を満たす整数である．量子数 $n = 1$ の軌道は最も半径が小さく，最もエネルギーが低い．式(1.13)は，電子の軌道 r が，不連続な値である量子数 n で表される(量子化されている)ことと，r が n の二乗に比例することを示している．式(1.14)右辺の n 以外の数値は定数であるから，これを a_0 とすると，式(1.14)は式(1.15)となる．とくに，$n = 1$ のときには r は最小値(最小軌道半径) 5.2918×10^{-11} m となり，これを**ボーア半径**(Bohr radius)とよぶ.

$$r = n^2 a_0 \qquad a_0 = \frac{\varepsilon_0 h^2}{e^2 \pi m} \tag{1.15}$$

一方，式(1.9)に式(1.14)を代入すると，式(1.16)が得られ，電子の全エネルギーが主量子数 n の関数で表されるようになる.

$$E = -\frac{e^2}{8\pi\varepsilon_0}\frac{e^2\pi m}{\varepsilon_0 h^2}\frac{1}{n^2} = -\frac{me^4}{8{\varepsilon_0}^2 h^2}\frac{1}{n^2} \tag{1.16}$$

$n = 1$，2，3のときの E と r を図1.6に示す．式(1.14)～式(1.16)から，以下のことがいえる.

(i) 電子の全エネルギー E は負の値となり，原子核と電子が無限遠($r = \infty$)にある場合に0である.

(ii) 電子の軌道半径 r は n^2 に比例し，E は n^2 に反比例する.

(iii) $n = 1$ のとき，E は最小の値となる．また $n = 2$，3，4 …となると，E はだんだん大きくなる(0に近づく)．$n = 1$ のときを基底状態，n

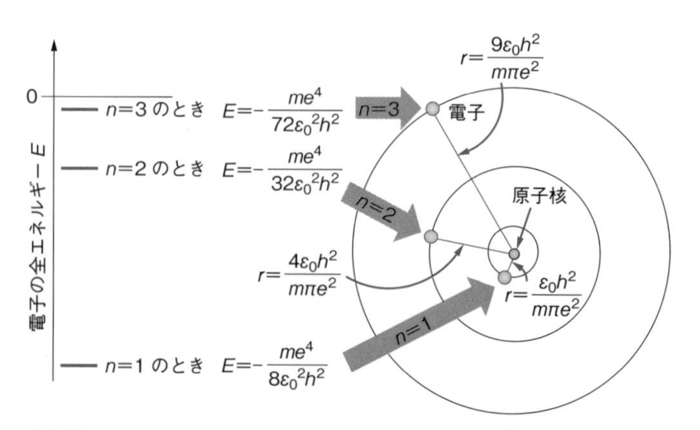

図1.6　水素原子のもつ電子の全エネルギー E と軌道(半径 r)の関係

$= 2, 3, 4,$ ……のとき，励起状態とよぶ．

③ 電子がある軌道からほかの軌道に移動するとき，それらの軌道間のエネルギー差に等しいエネルギーを吸収(内側から外側の軌道に移動するとき)，または放出(外側から内側の軌道に移動するとき)する(電子遷移)．これは，ボーアの振動数条件とよばれる．$n = n_1$ の軌道のもつエネルギー E_1 と $n = n_n$ の軌道のもつエネルギー $E_{n'}$ の差 ΔE を計算する〔式(1.17)〕．

$$\Delta E = E_{n'} - E_n = -\frac{me^4}{8\varepsilon_0{}^2h^2}\frac{1}{n'^2} - \left(-\frac{me^4}{8\varepsilon_0{}^2h^2}\frac{1}{n^2}\right)$$

$$= \frac{me^4}{8\varepsilon_0{}^2h^2}\left(\frac{1}{n^2} - \frac{1}{n'^2}\right) \quad (1.17)$$

また，ΔE は式(1.18)で表され*，これを式(1.19)へ変形する．

$$\Delta E = h\nu = \frac{hc}{\lambda} \quad (1.18)$$

$$\frac{1}{\lambda} = \frac{\Delta E}{hc} \quad (1.19)$$

* c は光の速度(2.998×10^8 m sec^{-1})であり，$c = \nu\lambda$ である．

式(1.19)に式(1.17)を代入すると，式(1.20)が得られる．この式が式(1.1)に非常によく似ていることがわかる．

$$\frac{1}{\lambda} = \frac{me^4}{8\varepsilon_0{}^2ch^3}\left(\frac{1}{n^2} - \frac{1}{n'^2}\right) \quad (1.20)$$

ボーアの仮説にしたがって，前述した水素の発光輝線スペクトル(図1.2)についてまとめると，図1.7のようになる．すなわち，水素原子の最内殻〔K殻($n = 1$)〕の電子がエネルギー吸収によって外側の軌道〔L殻($n = 2$)，M殻($n = 3$)，N殻($n = 4$)〕に移動する．一度エネルギーを獲得した電子が，ふたたび内側の軌道へ戻る際にエネルギーを光の形で放出する．ある軌道上の電子がもつエネルギーは一定であるので，軌道間を内側へ移動する電子が放出するエネルギーはとびとび(不連続)な値となり，そのときの発光は，放出されるエネルギーの大きさによって規定される不連続な輝線スペクトルとなる．$m = 3, 4, 5$ の軌道から $n = 2$ へ移動する電子の発光が，前述のバルマー(Balmer)系列(可視光領域)，$n = 1$ へ移動する電子の発光がライマン(Lyman)系列(紫外光領域)，$n = 3$ へ移動する電子の発光がパッシェン(Paschen)系列(赤外光領域)，$n = 4$ へ移動する電子の発光がブラケット(Brackett)系列に相当する(p. 3，表1.1)．

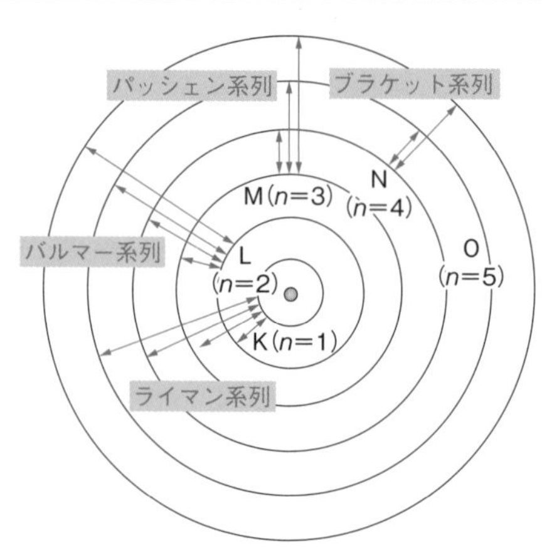

図1.7 水素の軌道と発光スペクトル

1.2 電子の粒子性と波動性(ド・ブロイ波)

L. V. de Broglie
(1892-1987), フランスの物理学者. 1929年ノーベル物理学賞受賞.

SBO 光の粒子性と波動性について概説できる.
SBO 電子の粒子性と波動性について概説できる.

1.2.1 電子の波としての性質

1924年, L. V. de Broglie(ド・ブロイ)は, アインシュタインの光量子仮説〔それまで波として考えられていた光に, 粒子(光子, フォトン)としての性質があるとする説〕をヒントにして, 質量(m)と負電荷(e)をもつ粒子である電子は粒子であると同時に光のような波としても挙動するという仮説を提案した. この波は物質波(ド・ブロイ波)とよばれる. 1927年に, 電子は結晶格子によって回折することが証明された.

図1.8(a)に示すように一周した電子の波が最初の波と重ならない(非定常波)と, 波の山と谷が互いに打ち消し合うため, いつか波は消滅してしまう. 一方, 図1.8(b)のように, 一周してきた波の山が最初の山と一致すれば(定常波), 波は安定に存在することができる. このとき, 軌道の一周の長さは波長(λ)の整数倍になる.

ド・ブロイ波を数式で表すと次のようになる. 1光子のエネルギー($E =$) $h\nu$ を速度 c で割ると, 電磁波の運動量 p が求まる〔式(1.21)〕. そして, 式

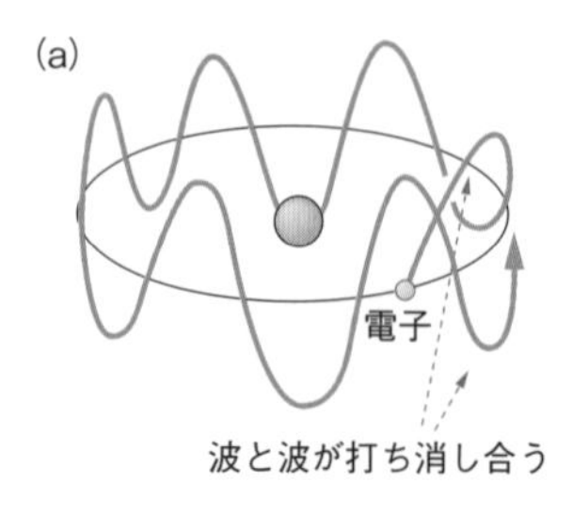

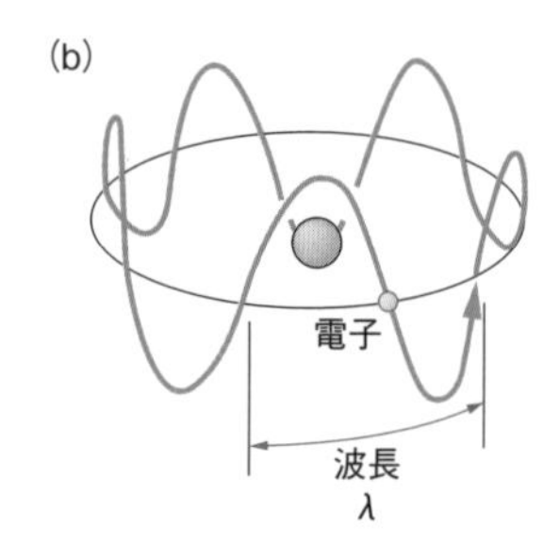

図1.8 電子の波
(a) 非定常波, (b) 定常波.

(1.21)で表される波の運動量(p)と質量 m をもつ物体の運動量 mv が等しいと仮定し〔式(1.22)〕，式(1.23)を提案した．

$$\text{波の運動量}\quad p = \frac{h\nu}{c} = \frac{h}{\lambda} \tag{1.21}$$

$$p = mv \tag{1.22}$$

$$p\lambda = h \tag{1.23}$$

式(1.22)に式(1.21)を代入して変形すると，ド・ブロイの式(1.24)が得られる(λ は波長)．すなわち，波長は質量と速度の関数で表され，粒子性を示す運動量 mv と波動性を表す波長 λ の積が一定(h)であることを示す．このことは，運動量が大きいほど粒子性が増し，逆に運動量が小さいと波動性が大きくなることを意味している．

$$\lambda = \frac{h}{mv} \tag{1.24}$$

1.2.2 不確定性原理

電子の粒子性と波動性の二重性から，**不確定性原理**(uncertainty principle)が提唱された．**プランク定数**(Planck constant)h は非常に小さいが，ミクロの世界では意味のある値となる〔式(1.25)〕．$h/4\pi$ が一定であるから，電子の位置 x を正確に決めようとすると，すなわち Δx を 0 に近づけようとすると，電子の運動量の誤差 Δp が非常に大きくなる($\Delta p \rightarrow \infty$)．逆に運動量 p を正確に決めようとすると($\Delta p \rightarrow 0$)，電子の位置の誤差 Δx が非常に大きくなってしまう($\Delta x \rightarrow \infty$)．

$$\Delta x \Delta p = \frac{h}{4\pi} \tag{1.25}$$

1.2.3 シュレーディンガーの波動方程式

オーストリアの物理学者 E. Schrödinger（シュレーディンガー）は，電子が波の性質をもつのであれば，その性質を表す方程式が存在すると考えた．電子の波を正弦波を使って表し，運動を x 軸方向に限定すると(図 1.9)，電子の波動関数 ψ は式(1.26)のように表される(A は波の振幅)．

$$\psi = A\sin 2\pi\left(\frac{x}{\lambda}\right) \tag{1.26}$$

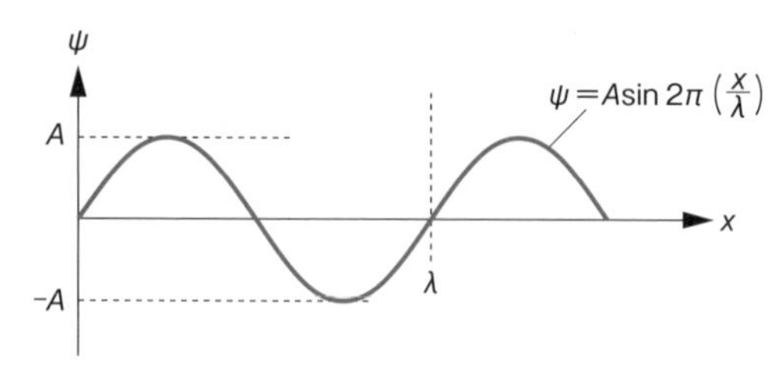

図1.9　電子の波動関数

式(1.26)を x で2回偏微分すると，式(1.27)が得られる．

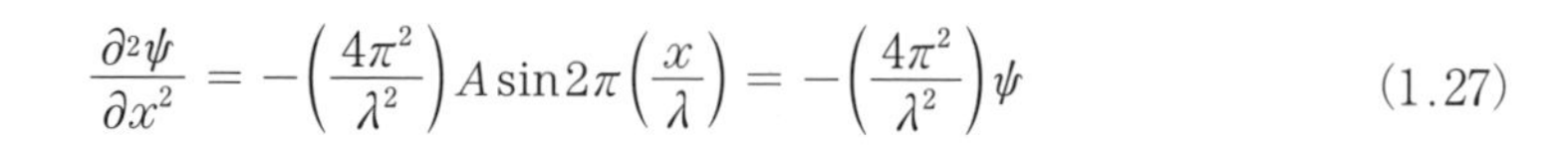

$$\frac{\partial^2 \psi}{\partial x^2} = -\left(\frac{4\pi^2}{\lambda^2}\right) A \sin 2\pi \left(\frac{x}{\lambda}\right) = -\left(\frac{4\pi^2}{\lambda^2}\right)\psi \tag{1.27}$$

E. Schrödinger
(1887-1961)，オーストリアの理論物理学者．1933年ノーベル物理学賞受賞．

式(1.6)を変形して式(1.28)とし，式(1.29)〔式(1.24)を変形して得られる〕と式(1.30)〔式(1.27)を変形して得られる〕を代入すると，式(1.31)が得られる．式(1.31)は，電子の波動関数 ψ を2回偏微分すると，エネルギーになるという関係を意味しており，後述のシュレーディンガー方程式の本質を示している．

$$T = \frac{1}{2}mv^2 = \frac{1}{2m}(mv)^2 \tag{1.28}$$

$$mv = \frac{h}{\lambda} \tag{1.29}$$

$$\frac{1}{\lambda^2} = -\frac{1}{4\pi^2}\frac{1}{\psi}\frac{\partial^2 \psi}{\partial x^2} \tag{1.30}$$

$$T = \frac{1}{2}mv^2 = \frac{1}{2m}\frac{h^2}{\lambda^2} = -\frac{h^2}{8m\pi^2}\frac{1}{\psi}\frac{\partial^2 \psi}{\partial x^2} \tag{1.31}$$

式(1.8)で，電子の全エネルギー E は，運動エネルギー(T)と位置エネルギー(V)の和であると述べた．式(1.8)に式(1.31)を代入すると，式(1.32)となる．

$$E = T + V = V - \frac{h^2}{8m\pi^2}\frac{1}{\psi}\frac{\partial^2 \psi}{\partial x^2} \tag{1.32}$$

この両辺に ψ を掛けると，式(1.33)となり，式(1.34)と表記できる．

$$E\psi = V\psi - \frac{h^2}{8m\pi^2}\frac{\partial^2 \psi}{\partial x^2} \tag{1.33}$$

$$E\psi = \left(V - \frac{h^2}{8m\pi^2}\frac{\partial^2}{\partial x^2}\right)\psi \tag{1.34}$$

式(1.34)を**シュレーディンガー方程式**(Schrödinger wave equation)とよ

び，これを三次元的(x，y，z 軸の三方向)に展開したものを一般的に式(1.35)～(1.37)のように表記する．Δ^2 はラプラス演算子とよばれ，波動関数 ψ を x，y，z で2回偏微分することを要求する演算子である．

$$E\psi = H\psi \qquad H = V - \frac{h^2}{8m\pi^2}\frac{\partial^2}{\partial x^2} \tag{1.35}$$

$$\text{ただし，} H\text{（ハミルトン演算子）} = V - \left(\frac{h^2}{8m\pi^2}\right)\Delta^2 \tag{1.36}$$

$$\Delta^2\text{（ラプラス演算子またはラプラシアン）} = \frac{\partial^2}{\partial x^2} + \frac{\partial^2}{\partial y^2} + \frac{\partial^2}{\partial z^2} \tag{1.37}$$

1.2.4 一次元自由電子模型(シュレーディンガー方程式の簡単な適用例)

電子の位置エネルギー V は x 座標の0から L までの区間内で $V = 0$，両端で $V = \infty$ である(一次元井戸型ポテンシャル場)．電子はその区間内で束縛を受けず自由に運動できる(図1.10)．式(1.34)に $V = 0$ を代入すると式(1.38)となり，波動関数 ψ_n は式(1.39)で与えられ，対応するエネルギー E_n が式(1.40)，すなわち($h^2/8\,mL^2$)の n^2 倍で表される．

$$E\psi = -\frac{h^2}{8m\pi^2}\frac{\partial^2\psi}{\partial x^2} \tag{1.38}$$

$$\psi_n = \left(\frac{2}{L}\right)^{1/2}\sin\left(\frac{n\pi x}{L}\right) \tag{1.39}$$

$$E_n = \frac{n^2h^2}{8mL^2} \qquad n = 1, 2, 3, \cdots\cdots \tag{1.40}$$

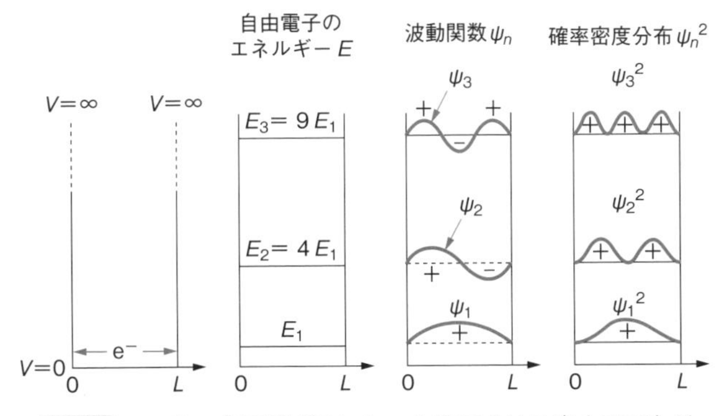

図1.10 一次元井戸型ポテンシャル場における自由電子とそのエネルギー E，波動関数 ψ_n，確率密度分布 ψ_n^2

1.3 原子軌道と量子数

1.3.1 シュレーディンガーの波動方程式の解

シュレーディンガー波動方程式は，直交座標$(x,\ y,\ z)$より極座標$(r,\ \theta,\ \varphi)$に変換したほうが解きやすい．図1.11に直交座標と極座標の関係および$r,\ \theta,\ \varphi$の定義を示す．

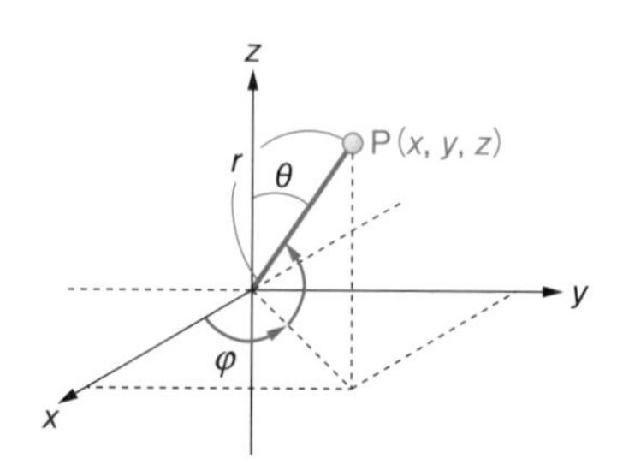

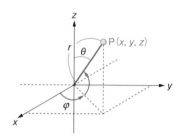

図1.11　直交座標$(x,\ y,\ z)$と極座標$(r,\ \theta,\ \varphi)$の関係

本書では，シュレーディンガーの波動方程式を解く過程は省略するが，その解ψ(ギリシャ文字のプサイ)は式(1.41)，式(1.42)で表される．

$$E_n = -\frac{me^4}{8\varepsilon_0^2h^2}\frac{1}{n^2} \qquad n = 1,\ 2,\ 3,\ \cdots\cdots \tag{1.41}$$

$$\psi_{n,\,l,\,m}(r,\ \theta,\ \varphi) = R_{n,\,l}(r)Y_{l,\,m}(\theta,\ \varphi) \tag{1.42}$$

$R_{n,\,l}(r)$は動径関数とよばれ，波動関数の空間的広がりを表す関数である．一方$Y_{l,\,m}(\theta,\varphi)$は球面調和関数とよばれ，波動関数のかたちと方向性を規定する．

$n = 1$(1s軌道)，$n = 2$(2s，2p軌道)，$n = 3$(3s，3p，3d軌道)のときの動径関数$R_{n,\,l}(r)$は表1.2のようになり，それらを図示したものが図1.12である．

表1.2　$n = 1$(1s軌道)，$n = 2$(2s，2p軌道)，$n = 3$(3s，3p，3d軌道)のときの動径関数$R_{n,\,l}(r)$　$(\rho = 2r/na_0)$

$n=1$，$l = m = 0$(1s軌道)	$R_{1,0}(r) = 2\left(\frac{1}{a_0}\right)^{3/2}\mathrm{e}^{-\rho/2}$
$n=2$，$l = m = 0$(2s軌道)	$R_{2,0}(r) = \frac{1}{2\sqrt{2}}\left(\frac{1}{a_0}\right)^{3/2}(2-\rho)\mathrm{e}^{-\rho/2}$
$n=2$，$l = 1$(2p軌道)	$R_{2,1}(r) = \frac{1}{2\sqrt{6}}\left(\frac{1}{a_0}\right)^{3/2}\rho\,\mathrm{e}^{-\rho/2}$
$n=3$，$l = m = 0$(3s軌道)	$R_{3,0}(r) = \frac{1}{9\sqrt{3}}\left(\frac{1}{a_0}\right)^{3/2}(6-6\rho+\rho^2)\mathrm{e}^{-\rho/2}$
$n=3$，$l = 1$(3p軌道)	$R_{3,1}(r) = \frac{1}{9\sqrt{6}}\left(\frac{1}{a_0}\right)^{3/2}(4\rho-\rho^2)\mathrm{e}^{-\rho/2}$
$n=3$，$l = 2$(3d軌道)	$R_{3,2}(r) = \frac{1}{9\sqrt{30}}\left(\frac{1}{a_0}\right)^{3/2}\rho^2\mathrm{e}^{-\rho/2}$

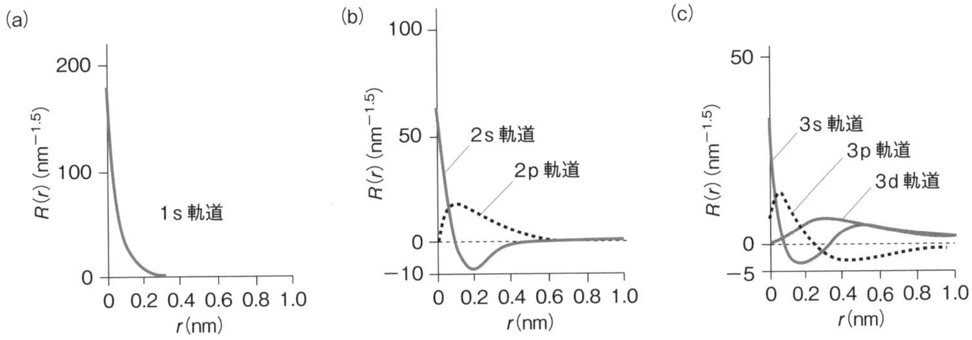

図 1.12 動径関数 $R_{n,l}(r)$
(a) $n=1$(1s 軌道), (b) $n=2$(2s, 2p 軌道), (c) $n=3$(3s, 3p, 3d 軌道).

1.3.2 量子数と動径分布関数

前項式(1.10)〜式(1.15)および式(1.41)に登場した n を主量子数とよび，それを含めて以下のような三つの量子数を定義する．

(i) **主量子数** n(正の整数)：軌道とエネルギーの大きさを規定する量子数．原子の内側から外側に向かって，$n=1,\ 2,\ 3,\ 4,\ \cdots\cdots$ であり，それぞれ K 殻，L 殻，M 殻，N 殻と表す(表 1.3)．

(ii) **方位量子数** l〔$=0,\ 1,\ 2,\ 3,\ \cdots\cdots(n-1)$，合計 n 個〕：原子軌道の形を規定する量子数．$l=0$ は s 軌道，$l=1$ は p 軌道，$l=2$ は d 軌道，$l=3$ は f 軌道とよばれる．

(iii) **磁気量子数** m_l〔$=0,\ \pm1,\ \pm2,\ \cdots\cdots,\ \pm(l-1),\ \pm l$，合計$(2l+1)$個〕：原子を磁場内においた場合，スペクトル線が分裂することによるものであり，特定方向に対する軌道の傾きを規定する．

表 1.3 量 子 数

量子数 / 殻	主量子数 n	方位(副)量子数 l	磁気量子数 m_l	スピン量子数 m_s	原子軌道	収容可能な電子数
K	1	0	0	− 1/2, + 1/2	1s	2
L	2	0	0	− 1/2, + 1/2	2s	2
		1	− 1, 0, + 1	− 1/2, + 1/2	2p	6
M	3	0	0	− 1/2, + 1/2	3s	2
		1	− 1, 0, + 1	− 1/2, + 1/2	3p	6
		2	− 2, − 1, 0, + 1, + 2	− 1/2, + 1/2	3d	10
N	4	0	0	− 1/2, + 1/2	4s	2
		1	− 1, 0, + 1	− 1/2, + 1/2	4p	6
		2	− 2, − 1, 0, + 1, + 2	− 1/2, + 1/2	4d	10
		3	− 3, − 2, − 1, 0, + 1, + 2, + 3	− 1/2, + 1/2	4f	14

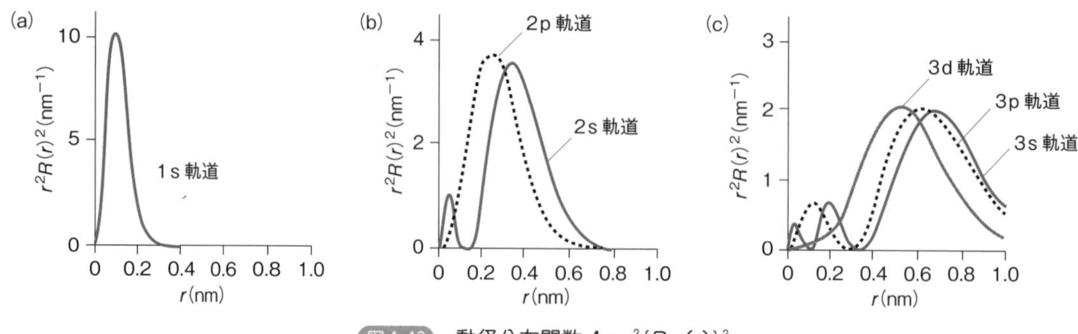

図 1.13 動径分布関数 $4\pi r^2\{R_{n,l}(r)\}^2$
(a) $n=1$(1s 軌道), (b) $n=2$(2s, 2p 軌道), (c) $n=3$(3s, 3p, 3d 軌道).

(iv) **スピン量子数** $m_s(s=+1/2,\ -1/2)$：電子の自転方向(時計方向か反時計方向)を規定する(後述).

動径関数 $R_{n,l}(r)$ を二乗して $4\pi r^2$ 掛けたものを動径分布関数 $D_{n,l}(r)$ とよび〔式(1.43)〕, 図 1.13 のように図示できる. 原子核から半径 r における電子の存在確率の分布を与え, $D_{n,l}(r)$ が最大となる r が軌道の平均半径に相当する.

$$D_{n,l}(r) = 4\pi r^2\{R_{n,l}(r)\}^2 \tag{1.43}$$

1.3.3 原子軌道

SBO 原子のボーアモデルと電子雲モデルの違いについて概説できる.

$R_{n,l}(r)$ に球面調和関数 $Y_{l,m}(\theta,\ \varphi)$ を掛けた $\psi_{n,l,m}(r,\ \theta,\ \varphi)$〔式(1.42)〕を表 1.4 に示す($n=1$, 2 のとき). 図 1.14(a) に図示したのが, $n=1$, $l=m_l=0$ のときの原子軌道(1s 軌道)であり, 球対称の電子分布をもっている. この形を yz 平面で切ると, 図 1.14(b) のように円形をしている. これは, 1s 軌道の $\psi_{n,l,m}(r,\ \theta,\ \varphi)$ に変数 θ と φ が含まれず, 動径関数のみに依存して変化するからである. すなわち, 原子核から距離 R 離れたところの ψ は, 360° すべての方向において等しいことを示す. 2s 軌道($n=2$,

表 1.4 $n=1$(1s 軌道), $n=2$(2s, 2p 軌道), $n=3$(3s, 3p, 3d 軌道)のときの $\psi_{n,l,m}(r,\ \theta,\ \varphi)$ ($\rho=2r/na_0$)

$n=1$, $l=m=0$ (1s 軌道)	$\psi_{1,0,0}(r)=\dfrac{1}{\sqrt{2}}\left(\dfrac{1}{a_0}\right)^{3/2}e^{-\rho/2}$
$n=2$, $l=m=0$ (2s 軌道)	$\psi_{2,0,0}(r)=\dfrac{1}{4\sqrt{2\pi}}\left(\dfrac{1}{a_0}\right)^{3/2}(2-\rho)e^{-\rho/2}$
$n=2$, $l=1$, $m=0$ ($2p_z$ 軌道)	$\psi_{2,1,0}(r)=\dfrac{1}{4\sqrt{2\pi}}\left(\dfrac{1}{a_0}\right)^{3/2}\rho e^{-\rho/2}\cdot\cos\theta$
$n=2$, $l=1$, $m=\pm1$ ($2p_x$ 軌道)	$\psi_{2,1,-1}(r)=\dfrac{1}{4\sqrt{2\pi}}\left(\dfrac{1}{a_0}\right)^{3/2}\rho e^{-\rho/2}\cdot\sin\theta\cos\phi$
$n=2$, $l=1$, $m=\pm1$ ($2p_y$ 軌道)	$\psi_{2,1,1}(r)=\dfrac{1}{4\sqrt{2\pi}}\left(\dfrac{1}{a_0}\right)^{3/2}\rho e^{-\rho/2}\cdot\sin\theta\sin\phi$

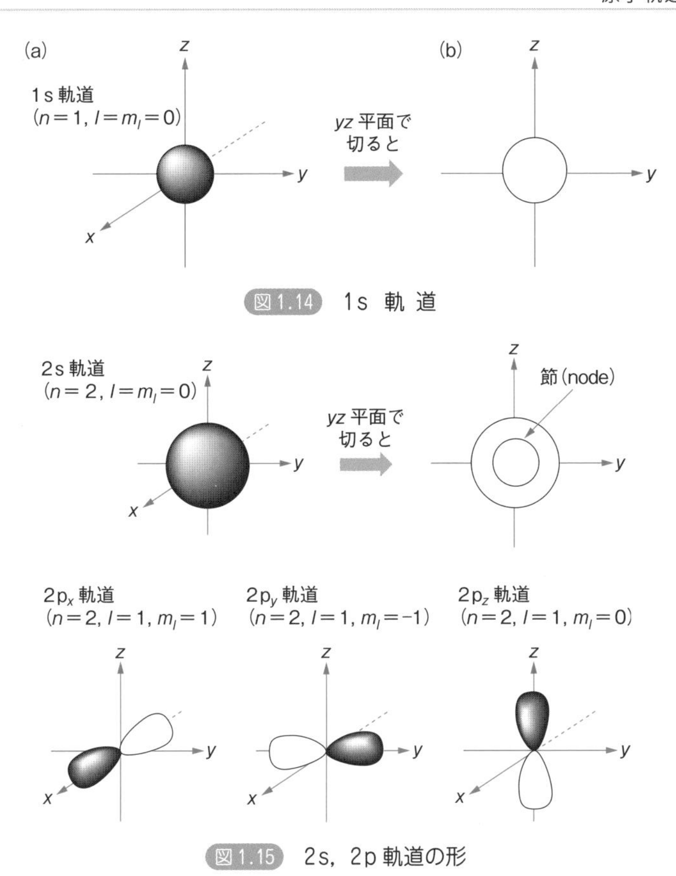

図 1.14 1s 軌道

図 1.15 2s，2p 軌道の形

$l=m_l=0$)，3s 軌道($n=3$，$l=m_l=0$)においても同様である(図 1.15，図 1.16)．図 1.15 に，原子軌道 2s，2p($2p_x$，$2p_y$，$2p_z$)，2s，3p($3p_x$，$3p_y$，$3p_z$)を，図 1.16 に，3p($3p_x$，$3p_y$，$3p_z$)，3d($3d_x$，$3p_y$，$3p_z$，$3p_z$，$3p_z$)軌道を図示する．2s 軌道には(図 1.15)，軌道を表す関数の符号が＋から－になる球面(図 1.12 中央および図 1.13 中央参照)，すなわち，電子の存在確率が 0 である**節面**(nodal plane)があり，yz 平面上では円形状になっている．

1.3.4 スピン量子数(電子スピンに基づく第四の量子数)

アルカリ金属原子であるナトリウムの輝線が測定された．Na 原子の最外核電子(3s)が 3p 軌道へ励起され，ふたたび 3s 軌道に放出されるナトリウム D 線は，原理的には 1 本だけ観測されるはずである．しかし実際には，589.0 nm と 589.6 nm の 2 本の輝線が観測された．この現象を説明するために，電子の角運動量によって発生する磁場と電子の回転によって発生する磁気双極子との相互作用によって，二つのエネルギー遷移が生ずると考えられた．つまり，電子が固有の角運動量で自転(スピン)しており，それらが磁場

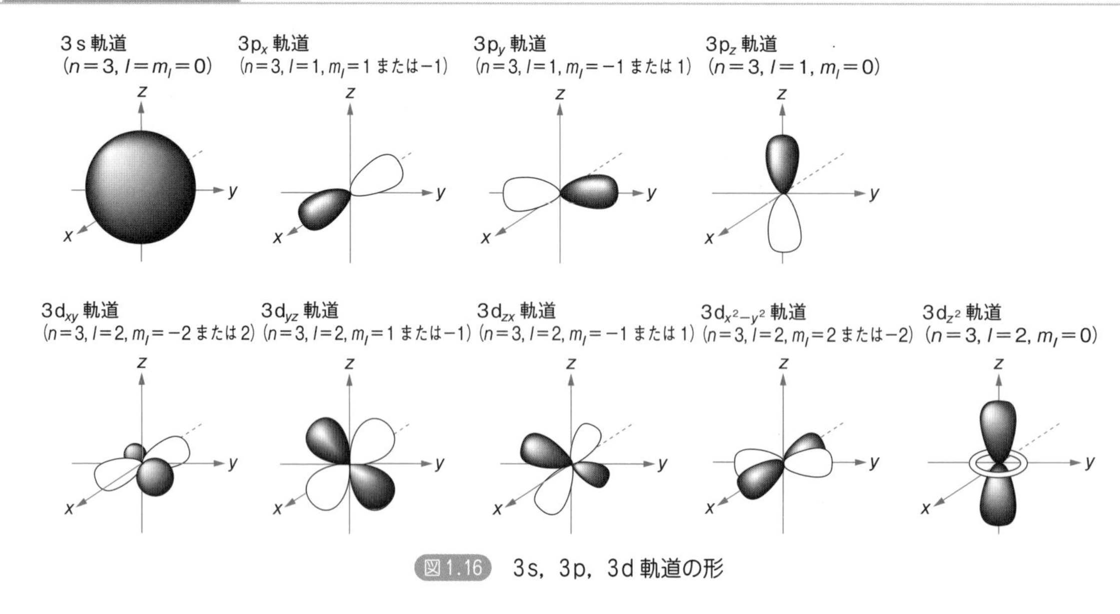

図1.16 3s，3p，3d 軌道の形

によって二つの異なった状態に分かれると考えられた．そこで，前述した主量子数(n)，副量子数(l)，磁気量子数(m_l)に加えて，第四の量子数として**スピン量子数**(m_s)が定義された．m_s は，$+1/2$ または $-1/2$ であり，一つの軌道に二つの異なるスピン量子数をもつ電子が収容される．

1.4 電子配置

SBO 原子の電子配置について説明できる．

二つ以上の電子をもつ原子では，電子間反発によってシュレーディンガー方程式は複雑になり，正確に解くことができない．しかし，水素原子の波動関数に基づいて，複数の軌道に複数の電子が収容される様子を推定し，実験結果を説明することが可能である．ある原子のもつ電子が，おのおのの軌道に収容されている状態を示したものを**電子配置**という．

1.4.1 原子軌道のエネルギー準位

1.1.5 項(p. 6)で記述した式(1.16)は，電子の全エネルギーが主量子数 n の関数で表されており，必ず負の値となることを示している．したがって，原子軌道のエネルギーはマイナスの値であり，$n=1$ のとき最も小さく(絶対値が大きい)，n が大きくなるにしたがって，そのエネルギーは 0 に近くなる(エネルギー準位が高くなる)．一般に基底状態においては，電子はエネルギー準位の低い軌道から順に収容される．さらに以下のパウリの排他原理，フントの規則に従う．

1.4.2 パウリの排他原理

オーストリア生まれのスイスの理論物理学者 W. E. Pauli(パウリ)は前述の Bohr や W. K. Heisenberg(ハイゼンベルク)らと書簡をやりとりしながら，量子力学の分野で数多くの業績を残した．彼は，分子線スペクトルと量子力学の間の矛盾を解決するため新しい法則を生みだした．すなわち，電子は，一つの軌道に最大二つまで収容可能であるが，これらの電子について，「一つの原子の中で，四つの量子数(n, l, m_l, m_s)がすべて同じ電子は二つ以上存在しない」と考えた．これを**パウリの排他原理**(Pauli exclusion principle)とよぶ．これに基づいた H, He, Li, C, N, Ne, Na の電子配置を，図 1.17 に示す．また表 1.5 に各原子の電子配置を示す．

W. E. Pauli
(1900-1958)，オーストリア生まれのスイスの物理学者．1945 年ノーベル物理学賞受賞．

ちなみに，水素原子では主量子数が同じ原子軌道が退縮していて，2s 軌道と 2p 軌道のエネルギー準位は同じである．また，He(原子番号＝2)の 1s 軌道に収容される 2 個目の電子は，すでに 1s 軌道に収容されている 1 個目の電子の負電荷との反発によって遮蔽される(1.5.1 項を参照)．

1.4.3 フントの規則

F. H. Hund(フント)も Heisenberg や Schrödinger らと議論しながら研究を行っていた．彼は，複数の同じエネルギー準位(**縮退**あるいは**縮重している**という)の軌道に電子が二つ以上入る場合，スピンが同じ向きになるようにできるだけ別々の軌道を占めるのが最も安定であると考えた．同じ軌道に電子が 2 個

F. H. Hund
(1896-1997)，ドイツの物理学者．

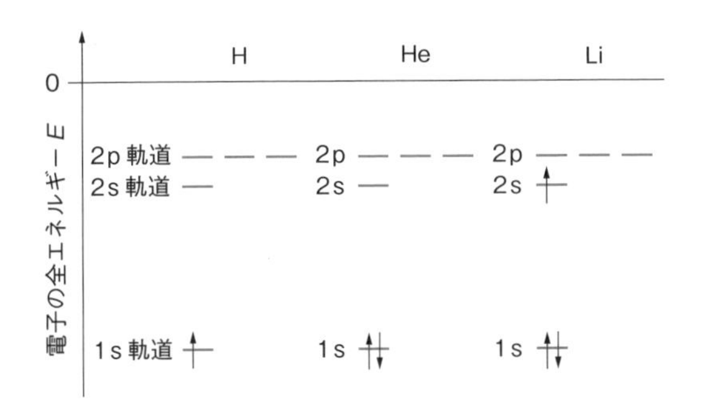

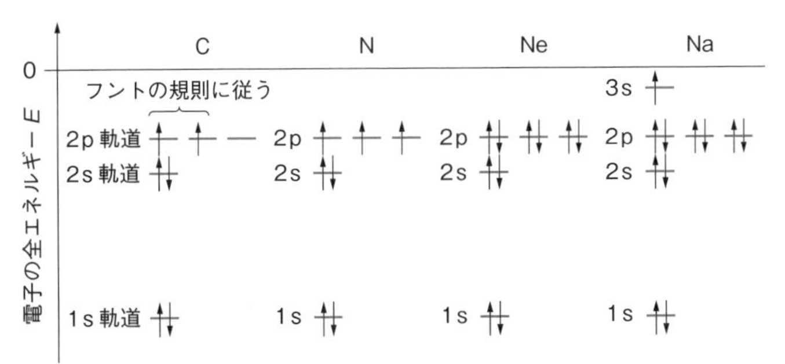

図 1.17 H, He, Li, C, N, Ne, Na の電子配置

表 1.5　電子配置(電子軌道とそれに収容される電子の数)

原子番号	元素	1s	2s	2p	3s	3p	3d	4s	4p	4d	4f	5s	5p	5d	5f
1	H	1													
2	He	2													
3	Li	2	1												
4	Be	2	2												
5	B	2	2	1											
6	C	2	2	2											
7	N	2	2	3											
8	O	2	2	4											
9	F	2	2	5											
10	Ne	2	2	6											
11	Na	2	2	6	1										
12	Mg	2	2	6	2										
13	Al	2	2	6	2	1									
14	Si	2	2	6	2	2									
15	P	2	2	6	2	3									
16	S	2	2	6	2	4									
17	Cl	2	2	6	2	5									
18	Ar	2	2	6	2	6									
19	K	2	2	6	2	6		1							
20	Ca	2	2	6	2	6		2							
21	Sc	2	2	6	2	6	1	2							
22	Ti	2	2	6	2	6	2	2							
23	V	2	2	6	2	6	3	2							
24	Cr	2	2	6	2	6	5	1							
25	Mn	2	2	6	2	6	5	2							
26	Fe	2	2	6	2	6	6	2							
27	Co	2	2	6	2	6	7	2							
28	Ni	2	2	6	2	6	8	2							
29	Cu	2	2	6	2	6	10	1							
30	Zn	2	2	6	2	6	10	2							
31	Ga	2	2	6	2	6	10	2	1						
32	Ge	2	2	6	2	6	10	2	2						
33	As	2	2	6	2	6	10	2	3						
34	Se	2	2	6	2	6	10	2	4						
35	Br	2	2	6	2	6	10	2	5						
36	Kr	2	2	6	2	6	10	2	6						
37	Rb	2	2	6	2	6	10	2	6			1			
38	Sr	2	2	6	2	6	10	2	6			2			
39	Y	2	2	6	2	6	10	2	6	1		2			
40	Zr	2	2	6	2	6	10	2	6	2		2			
41	Nb	2	2	6	2	6	10	2	6	4		1			
42	Mo	2	2	6	2	6	10	2	6	5		1			
43	Tc	2	2	6	2	6	10	2	6	6		1			
44	Ru	2	2	6	2	6	10	2	6	7		1			
45	Rh	2	2	6	2	6	10	2	6	8		1			
46	Pd	2	2	6	2	6	10	2	6	10					
47	Ag	2	2	6	2	6	10	2	6	10		1			
48	Cd	2	2	6	2	6	10	2	6	10		2	0		
49	In	2	2	6	2	6	10	2	6	10		2	1		
50	Sn	2	2	6	2	6	10	2	6	10		2	2		

収容された場合，電子間の反発が大きくなり，これを避けるために異なる軌道への収容が優先する．また，電子間のスピンが平行であるほうが，安定化される（例：図 1.17 中の炭素）．これを**フントの規則**（Hund's rule）とよぶ．

1.5 有効核電荷および遮蔽

1.4.1 項（p. 17）で，電子の全エネルギーは主量子数 n の関数であると述べた〔式（1.16），図 1.6 参照〕．しかし，以下のように内側の（よりエネルギーの低い）軌道に存在する電子から受ける影響（遮蔽と貫入）によって，軌道の主量子数が同じ場合でも，副量子数 l の違いによって，エネルギー準位が変わってくる．

1.5.1 有効核電荷・遮蔽・貫入

He（原子番号 Z = 2）を例にとって，遮蔽の概念を説明する．He の 2 電子は 1s 軌道を占める．これら二つの電子は原子核の正電荷を受けると同時に，電子間の負電荷による反発を受ける．その結果，電子が受け取る核の正電荷は，ほかの電子の負電荷によって妨害され，その電子が感じる核の正電荷が原子核の正電荷（He の場合 +2）より小さくなる．これを**遮蔽**（shielding）とよぶ．各電子が受け取る実質的な正電荷を**有効核電荷**（effective nuclear charge, Z^*）とよび，$(Z-Z^*) = S$ を**遮蔽定数**（shielding constant）という．He の 1s 軌道に収容されている電子の Z^* は 1.7 であり，$S = 0.3$ である．

図 1.18 に示すように，1s 電子が最も核に近く分布する．2s 軌道と 2p 軌道はほぼ同じような空間的広がりをもつが，2p 軌道のほうが 2s 軌道よりもわずかに核に近く分布している．しかし，2s 軌道では R 部分に 1 個の**節**（$r^2\{R(r)\}^2 = 0$ となる点），すなわち電子の存在確率が 0 である点が存在し，

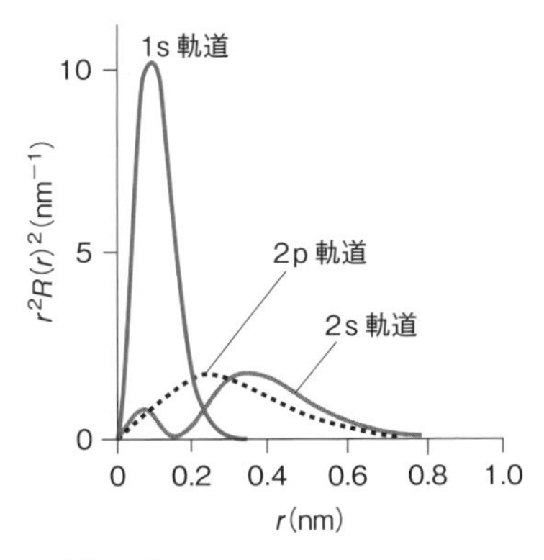

図 1.18　軌道の動径分布と貫入

その小さい極大が2p軌道よりも核の近くに存在する．このことを，軌道が核近くに**貫入**(injection)あるいは**浸透**(penetration)しているという．2s軌道に収容された電子は，2p軌道に収容された場合に比べ，1s軌道からの遮蔽を受けにくく，核からより強く引かれるためにエネルギーが低くなる．したがって，Li(原子番号＝3)では，3個目の電子はまず2s軌道に収容される．

1.5.2　スレーターの規則

*S*の値は，**スレーターの規則**〔以下の(i)～(v)〕によって概算できる．

(i) 軌道を[1s]，[2s，2p]，[3s，3p]，[3d]，[4s，4p]，[4d]のように分類する．考える対象の電子が属しているグループ(*n*)よりも外側にある電子の遮蔽は無視する．

(ii) 考える対象の電子が所属するグループ内の他電子は0.35だけ*S*(遮蔽定数)に寄与する．ただし1sの場合は0.30．

(iii) 主量子数が$n-1$のグループの各電子は0.85の寄与．

(iv) 主量子数が$n-2$のグループとそれ以下のグループの各電子の寄与は1．

(v) 問題の電子が[*n*d]や[*n*f]の場合，(iii)と(iv)は成立せず，その内側の各電子はすべて1の寄与．

エネルギー準位の低い軌道(たとえば1s軌道)の電子は非常に安定であり，化学的に不活性である．これらの軌道を内殻軌道とよび，それに収容されている電子を内殻電子とよぶ．

それに対し，最も外側にある高いエネルギー準位をもつ軌道を**原子価軌道**あるいは**原子価オービタル**(valence orbital)とよび，それに収容されている電子を**原子価電子**または**価電子**(valence electron)という．

1.6　周 期 表

SBO 周期表に基づいて原子の諸性質(イオン化エネルギー，電気陰性度など)を説明できる．

元素の化学的性質は，より外側の(エネルギーの高い)軌道に収容されている電子の配置，すなわち最外核電子の配置に依存している．この最外核電子の配置には周期性があり，元素の大きさ，性質も周期的に変化する．

1817年，J. W. Döbereiner(デーベライナー)は，元素をその化学的性質が類似した3種の元素(**三つ組元素**)にグループ分けした〔(Li，Na，K)，(Ca，Sr，Ba)，(Cl，Br，I)，(S，Se，Te)〕(図1.19)．1862年には，A. E. P. de Chancourtrois(ド・シャンクルトワ)が元素を円筒のまわりにらせん状に並べた**地のらせん**を考案した(図1.20)．性質の似ている元素が，垂直に並ぶものであった．ほぼ同じ1864年，J. A. R. Neewlands(ニューランズ)は，元素を原子量の順番に並べると，8番目ごとに似た性質をもつ元素が現れるという独自の法則，**オクターブの法則**に気がついた

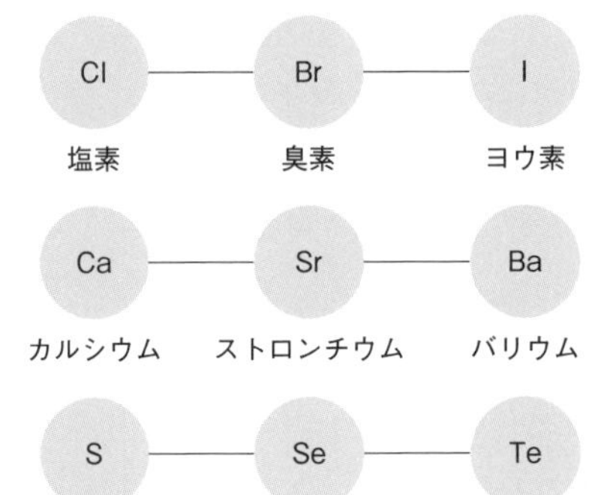

図 1.19 Döbereiner による三つ組元素

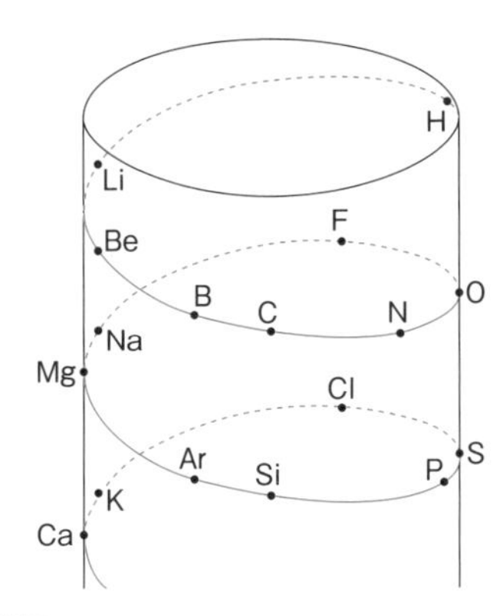

図 1.20 Chancourtrois による地のらせん

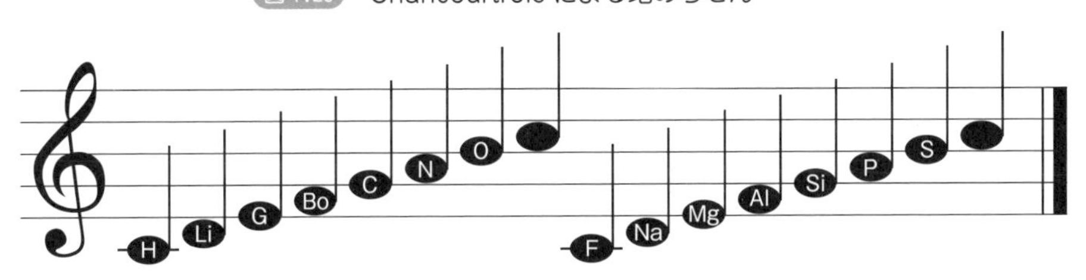

図 1.21 Neewlands のオクターブの法則

(図 1.21). しかし, この法則は原子量の大きい元素にはあてはまらず, 残念ながら認められるところまではいかなかった.

1869 年, D. I. Mendeleev(メンデレーエフ) は, 当時知られていた 63 種類の元素を原子量の小さいものから並べ, 周期的に現れる化学的性質の類似した元素を同じ列に配列した周期表を提案した(図 1.22). 性質の似た元素が周期的に現れることを, 元素の**周期律**(periodic law)という. これは, 現在のものに近い周期表であり, 未発見の元素のための空欄を設け, そこに入るべき未知の元素の原子量, 性質を予測した. この周期表は, 以後発見された元素の性質が, 予測に非常によく一致したことから高く評価された. 2011 年 3 月現在, 112

D. I. Mendeleev
(1834–1907), ロシアの化学者.

個の元素が発見されているが，Mendeleev の周期表は少しずつ改良されながら現在に至っている．現在汎用される周期表は，国際純正および応用化学連合(International Union of Pure and Applied Chemistry ; IUPAC)によって承認された長周期型周期表である(本書の前見返しを参照).

	0	Ⅰ	Ⅱ	Ⅲ	Ⅳ	Ⅴ	Ⅵ	Ⅶ	Ⅷ
1		H							
2	He	Li	Be	B	C	N	O	F	
3	Ne	Na	Mg	Al	Si	P	S	Cl	
4	Ar	K	Ca	…	Ti	V	Cr	Mn	Fe Co Ni Cu
5		(Cu)	Zn	…	…	As	Se	Br	
6	Kr	Rb	Sr	Y	Zr	Nb	Mo	…	Ru Rh Pd Ag
7		(Ag)	Cd	In	Sn	Sb	Te	I	
8	Xe	Cs	Ba	Di	Ce	…	…	…	…
9		…	…	…	…	…	…	…	… …
10		…	…	Er	La	Ta	W	…	Os Ir Pt Au
11		(Au)	Hg	Tl	Pb	Bi	…	…	
12	…	…	…	…	Th	…	U	…	…
R	Rn	R_2O	RO	R_2O_3	RH_4 RO_2	RH_3 R_2O_3	RH_2 RO_3	RH R_2O_7	RO_4

図 1.22 Mendeleev の周期表

COLUMN Mendeleev と周期表

Mendeleev の名前は，元素名(メンデレビウム，Md：原子番号 101)やモスクワの地下鉄の駅名(メンデレーエフスカヤ駅＝メンデレーエフの駅)，月のクレーターなどに残されている．また，ロシア(旧ソビエト連邦)の北の都サンクトペテルブルク市(旧レニングラード市)にあるサンクトペテルブルク大学には彼の銅像があり，その横にある建物の壁一面に周期表が彫刻されている．

Mendeleev が周期表を発表してから数カ月後に，ドイツの J. L. Meyer(マイヤー)がほぼ同様の周期表を発表した．ただし，いくつかの元素が含まれておらず，不正確なところもあったために，それほど一般の注意を引かなかった．Meyer は，スイスのチューリヒで薬学を学び，周期表を発表する以前には血液中のヘモグロビンが酸素と結合することを発見した研究者である．

章末問題

1．水素原子において，$n = 4$ と $n = 2$ の軌道のエネルギー差に対応する光の波長を求めよ．

2．四つの量子数をあげ，それぞれについて簡単に説明せよ．

3．Na の基底状態での電子配置について，以下の問いに答えよ．

a. Na のもつ電子が収容されているすべての原子軌道を，それらのエネルギー準位(軌道エネルギー準位)の高低がわかるように図示せよ．また，それらの軌道に電子がどのように収容されているか記入せよ．

b. a で答えたすべての原子軌道の形を xyz 三次元座標上で図示せよ．

c. a で答えたすべての原子軌道について，主量子数(n)，副量子数(l)，および磁気量子数(m_l)を書け．

4．F 原子の 1s，2s，2p 電子が受ける有効核電荷 Z^* と遮蔽定数 S を計算せよ．Na 原子の 3s 電子が受ける有効核電荷 Z^* と遮蔽定数 S を計算せよ．

5．パウリの排他原理とフントの規則を簡単に説明せよ．

6．次の元素の基底状態における電子配置を書け．

a. Li^+　b. Ca　c．B　d．F^-

e. Ar　f. P

7．Ca の電子配置が[Ar]$4s^2$ である場合の 4s 電子の有効核電荷(Z^*)と，[Ar]$3d^2$ である場合の 3d 電子の Z^* を計算せよ．それらの数値から，Ca の電子配置を説明せよ．

2 元素の一般的性質

❖ 本章の目標 ❖

- イオン化エネルギー，電子親和力，電気陰性度について学ぶ．

2.1 元素の基本的性質の理解のために

元素の化学的および物理的性質は，主として最外殻軌道エネルギーとそこに収容されている電子の数で決まり，ついで原子やイオンの大きさが影響する．原子–原子間結合の生成やイオンの生成において，電子を加えたり，取り去ったときに出入りするエネルギーは，原子の大きさ(電子と原子核との距離)と密接に関係し，原子番号とともに変化する．本章では，分子の結合様式を決める基本的な性質である原子の大きさ，イオン化エネルギー(ionization energy)，電子親和力(electron affinity)，電気陰性度(electronegativity)について，周期表に基づいて説明する．

これらの性質を理解するためには，電子と原子核との距離に関連した最外殻軌道のエネルギー準位を考えることが大切である．軌道エネルギーが安定なほどその軌道に収容される電子も安定に存在する．軌道エネルギーの安定性の比較については，同一周期原子と同一族原子を別々に考える．その理由は，同一周期の原子では原子の大きさはさほど大きく変化しないが，同一族の原子では主量子数の増加にともない，原子の大きさは著しく変化するためである．

つまり，同一周期において，周期表の右に進むにつれても原子の大きさは大きくは変化しないが，原子核の正電荷が増すために外側の電子が核に強く引きつけられ安定化し，軌道のエネルギー準位は低下する．別の言い方をすると，同一周期において，右に進むにつれて**有効核電荷**(Z^*; effective nuclear charge, p. 19 参照)が大きくなるため，価電子は原子核に引きつけられ，安定に存在できる．一方，同一族の原子については，周期表の下に進むにつれて，主量子数が増加し，核の電荷は最外殻の電子を引きつける力が弱くなる．この考え方をよく理解しておくことで，元素の基本的な性質を説明できる．

2.2 原子の大きさ

SBO イオン結合，共有結合，配位結合，金属結合の成り立ちと違いについて説明できる．

SBO 化学結合の様式について説明できる．

原子の大きさとは，原子核の周辺に存在する電子が占めている空間の広がりである．原子の大きさは，形成される化学結合の種類の違いにより，大きく異なる．

原子が共有結合，金属結合，あるいはイオン結合をつくるときの原子半径を，それぞれ**共有結合半径**(covalent radius)，**金属結合半径**(metallic radius)，あるいは**イオン半径**(ionic radius)という．さらに希ガス原子のように原子が化学結合を形成していないときは**ファンデルワールス半径**(van der Waals radius)で表される(図 2.1，図 2.2)．原子半径の図では，非金属は共有結合半径，希ガスはファンデルワールス半径，金属は金属結合半径，およびイオンはイオン半径を示した．

原子構造中の電子は広がりをもって分布しているため，明確にその大きさを決定することは困難である．原子が球状をしていると考え，原子核の間の距離を X 線回折により測定し半径を推定する．

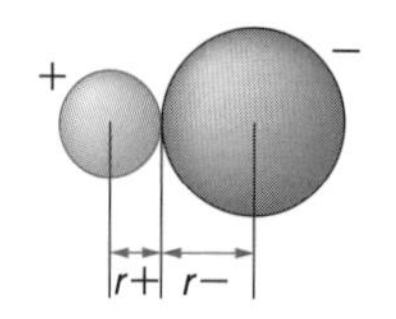

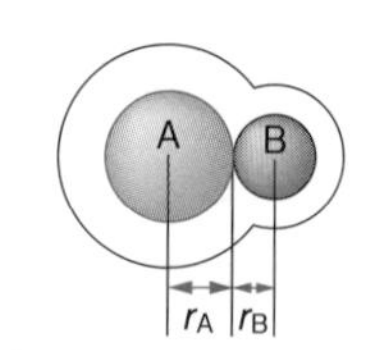

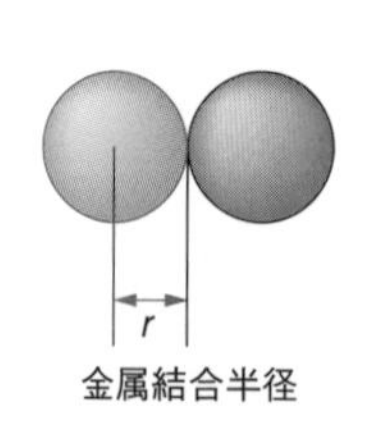

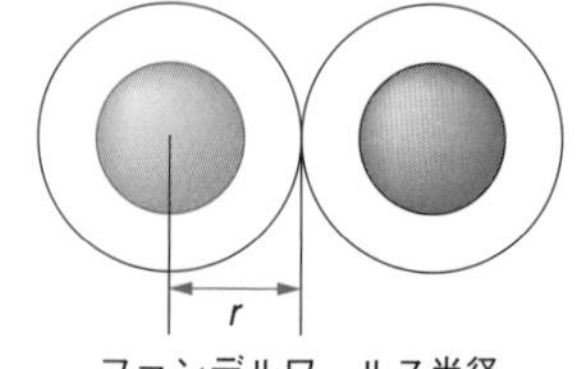

図 2.1 さまざまな結合の違いによる原子の大きさ

2.2.1 ファンデルワールス半径と共有結合半径

同一周期においては，周期表を右に進むにつれて原子番号が増加し，これに伴い核の電荷が増加して，価電子が核に強く引きつけられるために原子半径は小さくなる．一方，同一族において，周期表を下に進むにつれて主量子数が増加するために原子半径が増加する．

	1	2	3	4	5	6	7	8	9	10	11	12	13	14	15	16	17	18
1	H 37 120 1+(2)−4																	He 140
2	Li 134 157 1+(4)73 1+(6)90 1+(8)106	Be 90 112 2+(3)30 2+(4)41 2+(6)59											B 82 3+(3)15 3+(4)25 3+(6)41	C 77 170 4+(3)6 4+(4)29	N 75 155 3−(4)132 5+(3)4 5+(4)27	O 73 152 2−(3)122 2−(4)124 2−(6)126 2−(8)128	F 71 147 1−(4)117 1−(6)119	Ne 154
3	Na 154 191 1+(4)113 1+(6)116 1+(8)132 1+(12)153	Mg 130 160 2+(4)71 2+(6)86 2+(8)103											Al 118 143 3+(4)53 3+(6)68	Si 111 210 4+(4)40 4+(6)54	P 106 180 3+(6)58 5+(4)31	S 102 180 2−(6)170 4+(6)51 6+(4)26 6+(6)43	Cl 99 175 1−(6)167 5+(3PY)26 7+(4)22 7+(6)41	Ar 188
4	K 196 235 1+(4)151 1+(6)152 1+(8)165 1+(12)178	Ca 174 197 2+(6)114 2+(8)126 2+(12)140	Sc 144 164 3+(6)89 3+(8)101	Ti 136 147 2+(6)100 3+(6)81 4+(6)75	V 125 135 2+(6)93 3+(6)78 4+(6)72 5+(4)50 5+(6)68	Cr 127 130 2+(6l)87 2+(6h)94 3+(6)76 4+(4)55 4+(6)69 6+(4)40	Mn 139 135 2+(6l)81 2+(6h)97 3+(6l)72 3+(6h)79 4+(6)67 6+(4)40 7+(4)39	Fe 125 126 2+(6l)75 2+(4h)77 2+(6h)92 3+(6l)69 3+(4h)63 3+(6h)79 4+(6)73	Co 126 125 2+(6l)79 2+(6h)89 3+(6l)69 3+(6h)75 4+(6h)67	Ni 121 125 2+(6)83 3+(6l)70 3+(6h)74	Cu 138 128 1+(4)74 1+(6)91 2+(4SQ)71 2+(6)87	Zn 131 137 2+(4)74 2+(6)88	Ga 126 141 3+(4)61 3+(6)76	Ge 122 137 2+(6)87 4+(4)53 4+(6)67	As 119 139 3+(6)72 5+(4)48 5+(6)60	Se 116 140 2−(6)184 4+(6)64 6+(4)42 6+(6)56	Br 114 185 1−(6)182 3+(4SQ)73 5+(3PY)45 7+(4)39	Kr 110 202
5	Rb 211 250 1+(6)166 1+(8)175 1+(12)186	Sr 192 215 2+(6)132 2+(8)140 1+(12)158	Y 162 182 3+(6)104 3+(8)116	Zr 148 160 4+(6)86 4+(8)98	Nb 137 147 3+(6)86 4+(6)82 5+(4)62 5+(6)78	Mo 145 140 3+(6)83 4+(6)79 5+(6)75 6+(4)55 6+(6)73	Tc 156 135 4+(6)79	Ru 126 134 3+(6)82 4+(6)76	Rh 135 134 3+(6)81 4+(6)74 5+(6)69	Pd 131 137 2+(4SQ)78 2+(6)100 3+(6)90	Ag 153 144 1+(4SQ)116 1+(6)129 2+(6)108 3+(4SQ)81	Cd 148 152 2+(4)92 2+(6)109 2+(8)124 2+(12)145	In 144 167 3+(6)94 3+(8)106	Sn 141 158 4+(4)69 4+(6)83 4+(8)95	Sb 138 145 3+(6)90 5+(6)74	Te 135 206 2−(6)207 4+(3)66 4+(4)80 6+(4)57	I 133 198 1−(6)206 5+(3PY)58 7+(4)56	Xe 130 216
6	Cs 225 272 1+(6)181 1+(8)188 1+(12)202	Ba 198 224 2+(6)149 2+(8)156 2+(12)175	La	Hf 150 159 4+(6)85 4+(8)97	Ta 138 147 3+(6)86 4+(6)82 5+(6)78 5+(8)88	W 146 141 4+(6)80 5+(6)76 6+(4)56 6+(6)74	Re 159 137 4+(6)77 6+(6)69 7+(4)52 7+(6)67	Os 128 135 4+(6)77 6+(6)69	Ir 137 136 3+(6)82 4+(6)77	Pt 128 139 2+(4SQ)74 2+(6)94 4+(6)77	Au 144 144 1+(6)151 3+(4SQ)82	Hg 149 155 1+(3)111 2+(2)83 2+(4)110 2+(6)116	Tl 148 171 1+(6)164 1+(8)173 1+(12)184 3+(6)103 3+(8)112	Pb 147 175 2+(6)133 2+(8)143 2+(12)163 4+(4)79 4+(6)92 4+(8)108	Bi 146 182 3+(6)117 3+(8)131 5+(6)90	Po 4+(6)108	At 7+(6)76	

凡例:
Li — 元素記号
134 — 共有結合半径
1.57 — 金属結合半径（非金属元素の場合はファンデルワールス半径）
1+(4)73
1+(6)90 — イオン半径
1+(8)106
イオンの価数
配位数とスピン

ランタノイド	La 188 3+(6)117 3+(8)130 3+(12)150	Ce 183 3+(6)115 3+(8)128 4+(6)101 4+(8)111	Pr 183 3+(6)113 3+(8)127 3+(9)132 4+(6)99	Nd 182 3+(6)112 3+(8)125 3+(12)141	Pm 181 3+(6)111 3+(8)123	Sm 180 2+(8)141 3+(6)110 3+(8)122 3+(12)138	Eu 204 2+(6)131 3+(6)109 3+(8)121	Gd 180 3+(6)108 3+(8)119	Tb 178 3+(6)106 3+(8)118 4+(6)90	Dy 177 2+(6)121 3+(6)105 3+(8)117	Ho 177 3+(6)104 3+(8)116	Er 176 3+(6)103 3+(8)114	Tm 175 2+(6)117 3+(6)102 3+(8)113	Yb 194 2+(6)116 3+(6)101 3+(8)113	Lu 173 3+(6)100 3+(8)112
アクチノイド	Ac 190 3+(6)126	Th 180 4+(6)108 4+(8)119	Pa 164 4+(6)104 5+(6)92	U 154 3+(6)117 4+(6)103 6+(4)66 6+(6)87	Np 155 3+(6)115 4+(6)101 5+(6)89	Pu 159 3+(6)114 3+(6)100	Am 173 3+(6)112 3+(8)123	Cm 174 4+(8)109	Bk 170 3+(6)110 4+(6)97	Cf 186 3+(6)109 4+(6)96	Es 186	Fm 194	Md 194	No 194	Lr 171

非金属元素の金属結合半径はファンデルワールス半径を示している．ランタノイド，アクチノイドは金属結合半径とイオン半径のみを示す．

図2.2 共有結合半径（上段）と金属結合半径（中段）とイオン半径（下段）（単位は pm）

原子の大きさを具体的に示す原子半径には，ファンデルワールス半径と共有結合半径がある（図2.2）．ファンデルワールス半径は原子間に結合がないときの最近接距離の半分に相当し，共有結合半径よりも大きい．原子間距離がファンデルワールス半径の和より短い場合は，その原子間になんらかの相互作用があると考えられる．

同じ原子が共有結合を形成したときの原子間距離の 1/2 の長さを**共有結合半径**(covalent radius)といい，各元素のファンデルワールス半径よりも小さい値をとる．一般には同族元素では原子番号が大きくなるほど大きくなり，同一周期の元素の比較では原子番号が大きくなると核の電荷が強くなるので，電子はより強く核に引きつけられ，共有結合半径は小さくなる(表 2.1)．

表 2.1 おもな共有結合半径(pm)

原子	単結合	二重結合	三重結合	原子	単結合
H	37			S	103
B	83			Cl	99
C	77	67	60	Ga	130
N	73	60	55	Ge	122
O	70	60		As	121
F	68			Se	117
Si	117			Br	114
P	110			I	134

データは L. Pauling, "The Nature of the Chemical Bonds 3rd.," Cornell Univ. Press (1960)による．

2.2.2 金属結合半径

金属結合半径(metallic radius)は，金属固体中の最近接原子間距離を半分にして表す．しかし，この距離は配位数が増えると長くなることが知られている．図 2.2 には各原子の金属結合半径も示した．ふつうは，実験的に得られた原子間距離を 12 配位構造の場合の値に補正して金属半径を求める．

遷移金属やそれに続く第 13 族以降の原子では，d 電子や f 電子の遮蔽効率が悪いために有効核電荷が大きくなり，原子半径が小さくなる傾向が著しい．とくに 4f 軌道と 5f 軌道は遮蔽効率が非常に悪いため，著しく原子半径が小さくなり，それぞれを**ランタノイド収縮**(lantanoid contraction)，**アクチノイド収縮**(actinoid contraction)という(5.2.2 項も参照)．

2.2.3 イオン半径

イオン結晶において隣り合う陽イオンと陰イオン間の距離がその両イオンの半径の和に等しいと仮定し，成分イオンに半径を割り当てたもので，イオン半径(ionic radius)という．イオン半径には陽イオン半径と陰イオン半径がある(図 2.2)．

イオン半径は共有結合半径に比べ，陰イオン半径では大きく，陽イオン半径では小さい(図 2.3)．陰イオンは電子を得ることで，電子間反発が強くなり，中性原子より半径が大きくなる．さらに，陰イオンの電荷が大きくなるとイオン半径がさらに大きくなる．

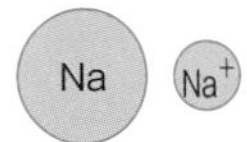

図 2.3　原子とイオンの大きさ

電子を失うことで電子間反発が弱くなり，最外殻の軌道上の電子が強く核に引きつけられるため陽イオンは，中性原子よりも半径が小さくなる．同じ理由で，陽イオンの電荷が大きくなるとイオン半径はさらに小さくなる．

価電子(p. 20 参照)の数が同じ場合は，陽イオン半径は陰イオン半径より小さくなる．原子核の正電荷の数が多いほど，まわりの電子がより強く核に引きつけられているため，同一周期では原子番号の大きなものほどイオン半径は小さくなる．つまり，同数の価電子の数をもつフッ化物イオンとナトリウムイオンでは，イオン半径はフッ化物イオンのほうが大きい．

一般に半径の大きさは，陽イオン半径 < 共有結合半径 < 金属結合半径 < ファンデルワールス半径 ≒ 陰イオン半径の順になる．

2.3　イオン化エネルギー

SBO 周期表に基づいて原子の諸性質(イオン化エネルギー，電気陰性度など)を説明できる．

基底状態の原子にエネルギーを与えると，電子はエネルギーの高い軌道に移り励起状態になる．さらにエネルギーを与えると電子は原子核の束縛からはなれて自由になり，もとの原子は陽イオンに変わる．取り去られる電子は核に最も弱く保持されているもので，核から遠くにある電子である．原子から電子を無限遠へ引き離す(図 2.4)ためには，原子核と電子の間に働くクーロン引力(p. 4 参照)に逆らうため，外部からエネルギーを与える必要がある．必要な最小のエネルギーを原子の**イオン化エネルギー**(ionization energy；IE)，または**イオン化ポテンシャル**(ionization potential)といい，kJ mol^{-1} で表す．イオン化エネルギーの値が小さい原子ほど陽イオンになりやすい．第一番目の電子を取り去るのに必要なエネルギーを第一イオン化エネルギー，第二，第三番目の電子を取り去るのに必要なエネルギーをそれぞれ第二イオ

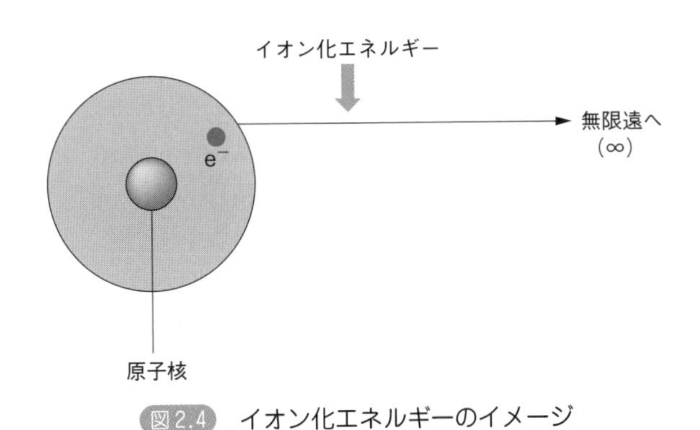

図 2.4　イオン化エネルギーのイメージ

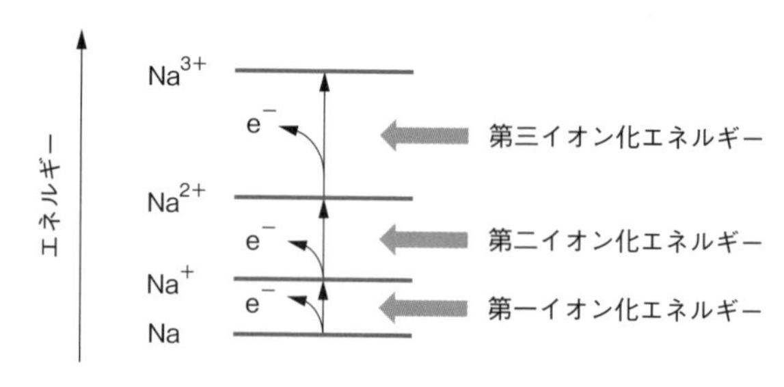

図2.5 イオン化エネルギー

ン化エネルギー，第三イオン化エネルギーという(図2.5)．その大きさは第一イオン化エネルギー < 第二イオン化エネルギー < 第三イオン化エネルギーの順となる．これは，第一番目の電子が除去されると核の電荷が相対的に強くなり，残りの電子はより強く原子核に引きつけられ，電子を取り去りにくくなるからである．

$$M \longrightarrow M^+ + e^- \qquad \text{第一イオン化エネルギー}$$
$$M^+ \longrightarrow M^{2+} + e^- \qquad \text{第二イオン化エネルギー}$$
$$M^{2+} \longrightarrow M^{3+} + e^- \qquad \text{第三イオン化エネルギー}$$

イオン化エネルギーの大きさは，主として正に荷電した原子核が価電子に及ぼす力によって左右され，周期表に大きく関係する．図2.6に典型元素

周期＼族	イオン化エネルギー	1	2	13	14	15	16	17	18
1		H							He
	第一	1312.20							2372.57
	第二								5250.71
2		Li	Be	B	C	N	O	F	Ne
	第一	520.05	899.24	800.83	1086.42	1401.93	1314.13	1680.77	2080.22
	第二	7298.13	1756.99	2426.60	2352.30	2855.96	3388.55	3374.08	3952.03
	第三	11814.59	14848.08	3659.68	4620.67	4578.21	5299.92	6050.57	6121.97
3		Na	Mg	Al	Si	P	S	Cl	Ar
	第一	495.93	738.11	577.95	786.35	1010.20	999.58	1251.41	1520.60
	第二	4562.78	1451.13	1816.81	1577.53	1903.65	2251.00	2297.31	2665.88
	第三	6912.19	7732.31	2745.00	3231.28	2911.92	3360.57	3821.77	3930.80
4		K	Ca	Ga	Ge	As	Se	Br	Kr
	第一	418.74	589.52	577.95	762.23	946.52	940.73	1139.49	1350.79
	第二	3051.82	1145.28	1978.91	1537.01	1797.52	2044.52	2103.37	2350.37
	第三	4411.29	4912.05	2963.05	3301.72	2735.35	2973.67	3473.46	3565.12
5		Rb	Sr	In	Sn	Sb	Te	I	Xe
	第一	403.31	549.96	556.72	708.20	833.63	869.33	1008.27	1170.36
	第二	2632.11	1064.23	1820.67	1411.58	1594.90	1794.62	1845.76	2046.45
	第三	3859.40	4206.75	2704.47	2942.79	2441.07	2697.72	3184.01	3097.17
6		Cs	Ba	Tl	Pb	Bi	Po	At	Rn
	第一	375.33	502.69	589.52	715.92	703.38	812.40		1037.21
	第二	2421.77	964.85	1971.19	1450.17	1610.33			
	第三			2878.15	3081.73	2466.16			

図2.6 典型元素のイオン化エネルギー / (kJ/mol)

第一は単原子，第二は1価原子イオン，第三は2価原子イオンのイオン化エネルギーを示す．『化学便覧(第5版)基本編Ⅱ』，日本化学会編，丸善(2004)を参考に．

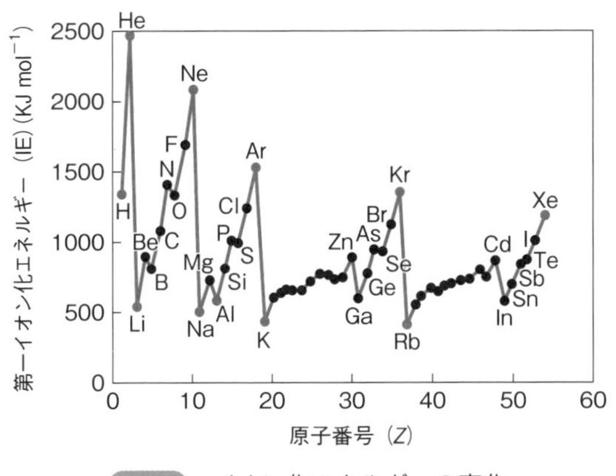

図 2.7 イオン化エネルギーの変化

のイオン化エネルギーの値を，図 2.7 に原子番号と第一イオン化エネルギーの関係を示す．

① 同一周期では，一般に周期表の右に進むほど核の電荷が増すために最外殻の電子は原子核により強く引きつけられ，より安定に存在するために，イオン化エネルギーは大きくなる傾向にある．しかし，周期表の左から右へのイオン化エネルギーの変化は完全に規則的とはならず，例外として①-1 から①-3 をあげた．

例外①-1 第 2 族(Be，Mg)から第 13 族(B，Al)へのイオン化エネルギーは小さくなる．これは ns 軌道から np 軌道に電子が入るときであり，s 軌道は p，d，f 軌道に比べて核の近くに存在するため，より強く核に引きつけられているので，p や d 軌道からの電子のほうが除去されやすいからである．

例外①-2 第 12 族(Zn，Cd)から第 13 族(Ga，In)へのイオン化エネルギーも小さくなる．これは$(n-1)$d 軌道から np 軌道に電子が入るときであり，$(n-1)$d 軌道のほうが原子核の近くに存在し，より強く核に引きつけられているので，np 軌道の電子のほうが除去されやすいからである．

例外①-3 第 15 族(N，P)から第 16 族(O，S)へのイオン化エネルギーも減少する．窒素原子では三つの 2p 軌道に 1 電子ずつ三つの電子が収容されており，比較的安定である(半副殻)．一方，酸素原子では三つの 2p 軌道に 4 電子が収容されており，電子間の反発が生じるため，酸素原子は電子を失いやすくなる．

② 同一族では下に進むほど，主量子数が増して原子が大きくなる．原子核から価電子までの距離が増加することで原子核からの静電気的な引力は減少し，最外殻の電子のエネルギーは増加して，イオン化エネルギーは小さくなる傾向にある．

③ 遷移元素では，原子番号が変化してもイオン化エネルギーはほとんど変化しない．その理由は，遷移元素では原子半径がほとんど同じであり，核の正電荷が増えるとともに内殻の d 軌道や f 軌道に電子が増えていくため，最外殻の s 軌道電子の受ける有効核電荷はあまり変わらないからである．
④ 電子の閉殻構造をもつ希ガス元素ではイオン化エネルギーは大きくなり，電子を除くのが難しくなる．

2.4 電子親和力

基底状態の中性原子が電子 1 個を受け取って 1 価の陰イオンを形成するときに放出されるエネルギーを**電子親和力**(electron affinity)といい，kJ mol^{-1} で表す．つまり，無限遠の位置にある電子が原子と結びつくとき(図 2.8)に発生するエネルギーであり，正の値が大きいほど陰イオンになりやすい．中性原子が受け取ることができる電子の最大数は，対応する希ガス構造になるまでであり，ハロゲンは −1 価，酸素や硫黄は −2 価，窒素やリンは −3 価の負イオンまでにしかなれない(図 2.9)．第一番目の電子を受け取るときに放出される必要なエネルギーを第一電子親和力といい，第二，第三番目の電子を受け取るのに必要なエネルギーをそれぞれ第二電子親和力，第三電子親和力という．一般に第一電子親和力は発熱反応であるが，形成された陰イオンにさらに電子を取り入れる場合には，存在する陰イオンと電子との間の反発に打ち勝つだけのエネルギーの供給が必要であるため，第二および第三電子親和力は吸熱反応となることが多い．

$$M + e^- \longrightarrow M^- \quad \text{第一電子親和力}$$
$$M^- + e^- \longrightarrow M^{2-} \quad \text{第二電子親和力}$$
$$M^{2-} + e^- \longrightarrow M^{3-} \quad \text{第三電子親和力}$$

電子親和力が正の値であるならば，電子を取り入れながらエネルギーを放出し，中性原子から陰イオンになることで安定化することになる．逆に電子

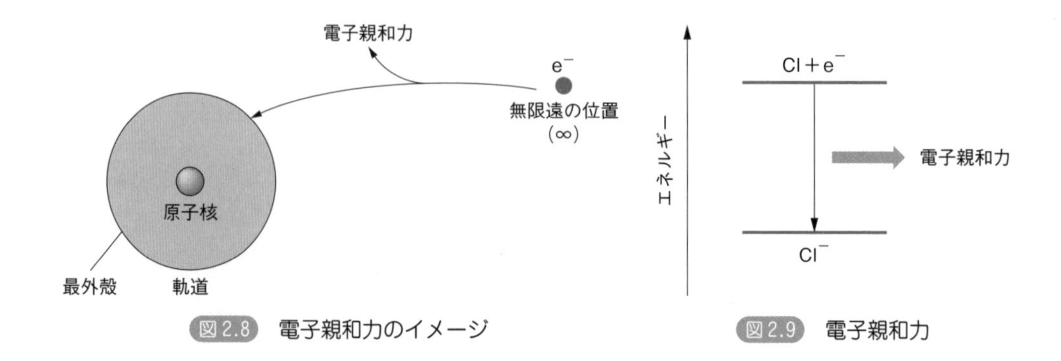

図 2.8 電子親和力のイメージ

図 2.9 電子親和力

親和力の値が負となる場合は，電子を受け入れるのにエネルギーを必要とし，吸熱反応であり，陰イオンよりも中性原子のほうが安定であることを示している．

電子親和力に影響する要因は，イオン化エネルギーに影響する要因と同じで，一般的傾向が周期表に大きく関係している(図 2.10 および図 2.11)．

① 同一周期では，右に進むにつれて原子番号が大きくなり，電子親和力が大きくなる．核の電荷の増加にともない，電子が原子核に強く引きつけられ，安定化しているために，電子が入りやすくなるためである．

② 同族内では，一般にイオン化エネルギーに比べ規則性はない．これは原子が大きくなると核に電子を引きつける力が弱くなり，電子を受け取る空の軌道のエネルギーが高くなるために電子親和力は減少する傾向にある．しかし，その一方で，核の電荷が大きくなるためにクーロン引力も大きくなるからである．

族 / 周期	1	2	13	14	15	16	17	18
1	H 72.75							He <0
2	Li 59.63	Be <0	B 26.73	C 121.76	N −6.75	O 140.96	F 327.95	Ne <0
3	Na 52.87	Mg <0	Al 42.55	Si 133.63	P 72.07	S 199.78	Cl 348.99	Ar <0
4	K 48.34	Ca <0	Ga 28.95	Ge 115.78	As 78.15	Se 194.90	Br 324.67	Kr <0
5	Rb 46.89	Sr <0	In 28.95	Sn 115.78	Sb 103.24	Te 190.17	I 295.15	Xe <0

図 2.10 元素の電子親和力 E_{ea}(kJ/mol)

H. Hotop, W. C. Lineberger, *J. Phys. Chem. Ref. Data*, **14**, 731 (1985)を参考に．

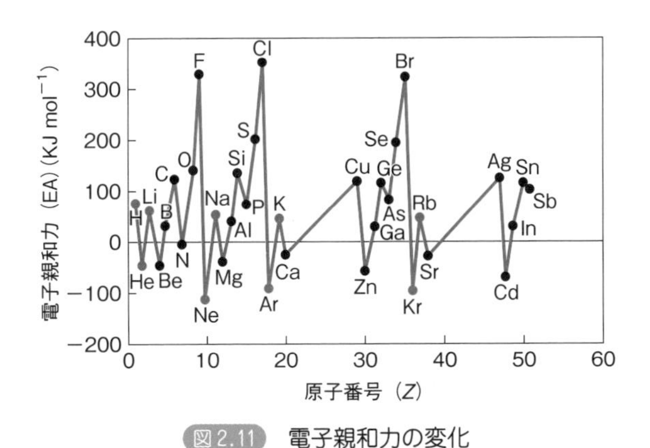

図 2.11 電子親和力の変化

③ハロゲン原子(F, Cl, Br)の電子親和力はきわめて大きくなる．ハロゲン原子が1個電子を取り入れて，希ガス原子(Ne, Ar, Ke)と同様の安定な電子配置になりやすいためであり，この過程は大きな発熱反応となる．

④希ガスは安定なns^2np^6配置をとり，電子親和力は負の値を示す．第2族の金属はns^2配置をとり，第12族の金属は$(n-1)d^{10}ns^2$配置をとっているが，ともに負の電子親和力を示す．これはエネルギーの高いp軌道に電子を付加するためには大きなエネルギーを必要とし，電子をそれ以上収容しないことを示している．それぞれの元素のイオン化エネルギーと電子親和力から，希ガス元素を除く周期表上で，右側の元素ほど陰イオンになりやすく，左側の元素ほど陽イオンになりやすいことがわかる．

2.5 電気陰性度

2.5.1 定　義

SBO 周期表に基づいて原子の諸性質(イオン化エネルギー，電気陰性度など)を説明できる．

二つの原子からなる化合物を考えると，同種原子(A—A)の結合では電子雲がほぼ対称に分布するが，異種の原子(A—B)の結合では二つの原子の電子に対する引力が等しくないために，各原子における電子の電荷分布に偏りがある(図2.12)．これは結合の相手となる原子の種類によって電子を引きつける強さに違いがあるためである．このような結合にあずかる電子に対する相対的な引力の強さを，原子の種類ごとの値として**電気陰性度**(electronegativity)といい，χ(ギリシャ文字のカイ)で表す．電気陰性度は分子を構成する原子についての性質を表す値であるが，分子内での原子にはいろいろな結合のしかたがあるので，正確な測定は困難でありその値は定性的な意味しかもたない．電気陰性度の決め方はいくつか提案されているが，**ポーリングの電気陰性度**が広く使われており，その値を図2.13に示した．値が大きいほど，原子は分子中で負に分極し，電子を強く引きつける．

L. C. Paulingは結合エネルギーに基づいて，各元素の電気陰性度を算出している．結合エネルギーは2原子間の結合を均等に開裂させるのに必要なエネルギーのことであり，H—Xの結合は，$H^{\delta+}$—$X^{\delta-}$のように分極しているので，それだけ結合エネルギーは強くなり，このXが電子を引きつける力の強さを電気陰性度として算出している．実際の算出方法は，Eを原子同士の結合エネルギーとし，原子Aと原子Bの結合エネルギーの実測値をE(A—B)とすると，純粋な共有結合と仮定した場合の結合エネルギーとの差

L. C. Pauling
(1901-1994)，アメリカの物理化学者．1954年ノーベル化学賞受賞，1962年ノーベル平和賞受賞．

図2.12 二つの原子の結合における電子分布

周期＼族	1	2	3	4	5	6	7	8	9	10	11	12	13	14	15	16	17	18
1	H 2.20 2.20 2.25																	He 5.50 3.49
2	Li 0.98 0.97 0.97	Be 1.57 1.47 1.54											B 2.04 2.01 2.04	C 2.55 2.50 2.48	N 3.04 3.07 2.90	O 3.44 3.50 3.41	F 3.98 4.10 3.91	Ne 4.84 3.98
3	Na 0.93 1.01 0.91	Mg 1.31 1.23 1.37											Al 1.61 1.47 1.83	Si 1.90 1.74 2.28	P 2.19 2.06 2.30	S 2.58 2.44 2.69	Cl 3.16 2.83 3.10	Ar 3.20 3.19
4	K 0.82 0.91 0.73	Ca 1.00 1.04 1.08	Sc 1.36 1.20	Ti 1.54 1.32	V 1.63 1.45	Cr 1.66 1.56	Mn 1.55 1.60	Fe 1.83 1.64	Co 1.88 1.70	Ni 1.91 1.75	Cu 2.00 1.75 1.49	Zn 1.65 1.66 1.65	Ga 1.81 1.82 2.01	Ge 2.01 2.02 2.33	As 2.18 2.20 2.26	Se 2.55 2.48 2.60	Br 2.96 2.74 2.95	Kr 3.0 2.94 3.00
5	Rb 0.82 0.89 0.69	Sr 0.95 0.99 1.00	Y 1.22 1.11	Zr 1.33 1.22	Nb 1.60 1.23	Mo 2.16 1.30	Tc 1.90 1.36	Ru 2.20 1.42	Rh 2.28 1.45	Pd 2.20 1.35	Ag 1.93 1.42 1.47	Cd 1.69 1.46 1.53	In 1.78 1.49 1.76	Sn 1.96 1.72 2.21	Sb 2.05 1.82 2.12	Te 2.10 2.01 2.41	I 2.66 2.21 2.74	Xe 2.66 2.40 2.73
6	Cs 0.79 0.86 0.62	Ba 0.89 0.97 0.88	ランタノイド	Hf 1.30 1.23	Ta 1.50 1.33	W 2.36 1.40	Re 1.90 1.46	Os 2.20 1.52	Ir 2.20 1.55	Pt 2.28 1.44	Au 2.54 1.42 1.87	Hg 2.00 1.44 1.81	Tl 2.04 1.44 1.96	Pb 2.33 1.55 2.41	Bi 2.02 1.67 2.15	Po 2.00 1.76 2.48	At 2.20 1.90 2.85	Rn 2.06 2.59

	La	Ce	Pr	Nd	Pm	Sm	Eu	Gd	Tb	Dy	Ho	Er	Tm	Yb	Lu
ランタノイド	1.10 1.08	1.12 1.08	1.13 1.07	1.14 1.07	 1.07	1.17 1.07	 1.01	1.20 1.11	 1.10	1.22 1.10	1.23 1.10	1.24 1.11	1.25 1.11	 1.06	1.27 1.14

上段は Pauling の値，中段は Allred-Rochow の値，下段は Mulliken の値.

図2.13 元素の電気陰性度

ΔE(A—B)を定義し，電気陰性度の差($\chi_A - \chi_B$)とした〔式(2.1)〕.

$$\Delta E\,(\mathrm{A{-}B}) = E\,(\mathrm{A{-}B}) - \sqrt{E\,(\mathrm{A{-}A})\,E\,(\mathrm{B{-}B})} \qquad (2.1)$$

実際には，式(2.2)に最大の電気陰性度を示すフッ素に3.98という値を割り当て，ほかの元素について相対的に電気陰性度が求められている.

$$\chi_F\,(3.98) - \chi_B = 0.102\sqrt{\Delta E\,(\mathrm{F{-}B})} \qquad (2.2)$$

$\sqrt{E(\mathrm{A{-}A})E(\mathrm{B{-}B})}$ のような平均値を相乗平均(または幾何平均)，$\dfrac{E(\mathrm{A{-}A}) + E(\mathrm{B{-}B})}{2}$ のような平均値を相加平均(または算術平均)とよぶ.

電気陰性度の傾向は，価電子と原子核の間の電気的引力の大きさによって説明できる．まず，同じ周期なら右に進むほど核の陽電荷が増加するから，当然電子に対するクーロン引力が増大するので電気的に陰性となる．一方，同じ族では下へ行くほど核の電荷が増加するが，電気陰性度は逆に減少する．これは核と価電子との間の距離が大きくなり，クーロン引力が弱まるうえに，その間に一周期ごとに一つの内部電子殻が入り込み，核の電荷を相殺しているので引力が減少する.

電気陰性度の最も大きい化合物は，周期表の右上隅にあり，最も原子半径が小さいフッ素となる．周期表で右下と左上に位置する元素は，電気陰性度が近く，類似した挙動を示すことが多いので，**対角関係**(diagonal relationship)にあるという．

2.5.2　電気陰性度の違いによる結合性の違い

同じ原子どうしが結合して単体を形成する際にも，電気陰性度の大きさの違いで非金属，金属，さらにその中間的な半(亜)金属に分類され，それぞれの結合様式が異なる(図 2.14)．

電気陰性度が大きい元素(2.1 以上)は典型元素であり，非金属である．原子価軌道は原子核に強く引きつけられているのでその軌道の分布は小さく，原子の大きさが小さくなる．このような元素は局在化した共有結合を形成し，単体としては二原子分子あるいは三原子分子を形成する．

電気陰性度が小さい元素(1.8 以下，周期表で左)は金属である．電気的に陽性であり，軌道のエネルギーは高く，核の電荷による引力を受けにくいために，軌道の分布が広がり，原子の大きさが大きくなる．このような元素の単体は電気伝導性のある金属結合をつくる．金属結合は，各原子がイオン化して生じた陽イオンを各原子が放出した電子(自由電子)で結びつけている(図 2.15)．

中間的な電気陰性度(1.8～2.1)をもつ元素の単体は半導体としての性質をもつ半金属**メタロイド**(metaloid)に分類され，金属と非金属の中間の性質を示す．非常に大きい電気抵抗を示すが，わずかに電気を通すことができる半導体としての性質をもち，ホウ素 B，ケイ素 Si，ゲルマニウム Ge，ヒ素

周期＼族	1	2	3	4	5	6	7	8	9	10	11	12	13	14	15	16	17	18
1	水素 1H																	ヘリウム 2He
2	リチウム 3Li	ベリリウム 4Be											ホウ素 5B	炭素 6C	窒素 7N	酸素 8O	フッ素 9F	ネオン 10Ne
3	ナトリウム 11Na	マグネシウム 12Mg											アルミニウム 13Al	ケイ素 14Si	リン 15P	硫黄 16S	塩素 17Cl	アルゴン 18Ar
4	カリウム 19K	カルシウム 20Ca	スカンジウム 21Sc	チタン 22Ti	バナジウム 23V	クロム 24Cr	マンガン 25Mn	鉄 26Fe	コバルト 27Co	ニッケル 28Ni	銅 29Cu	亜鉛 30Zn	ガリウム 31Ga	ゲルマニウム 32Ge	ヒ素 33As	セレン 34Se	臭素 35Br	クリプトン 36Kr
5	ルビジウム 37Rb	ストロンチウム 38Sr	イットリウム 39Y	ジルコニウム 40Zr	ニオブ 41Nb	モリブデン 42Mo	テクネチウム 43Tc	ルテニウム 44Ru	ロジウム 45Rh	パラジウム 46Pd	銀 47Ag	カドミウム 48Cd	インジウム 49In	スズ 50Sn	アンチモン 51Sb	テルル 52Te	ヨウ素 53I	キセノン 54Xe
6	セシウム 55Cs	バリウム 56Ba	ランタノイド 57～71	ハフニウム 72Hf	タンタル 73Ta	タングステン 74W	レニウム 75Re	オスミウム 76Os	イリジウム 77Ir	白金 78Pt	金 79Au	水銀 80Hg	タリウム 81Tl	鉛 82Pb	ビスマス 83Bi	ポロニウム 84Po	アスタチン 85At	ラドン 86Rn
7	フランシウム 87Fr	ラジウム 88Ra	アクチノイド 89～103															

元素名　水素　原子番号 1H 元素記号

非金属元素
遷移金属元素
典型金属元素
希ガス元素

ランタノイド	ランタン 57La	セリウム 58Ce	プラセオジム 59Pr	ネオジム 60Nd	プロメチウム 61Pm	サマリウム 62Sm	ユウロピウム 63Eu	ガドリニウム 64Gd	テルビウム 65Tb	ジスプロジウム 66Dy	ホルミウム 67Ho	エルビウム 68Er	ツリウム 69Tm	イッテルビウム 70Yb	ルテチウム 71Lu
アクチノイド	アクチニウム 89Ac	トリウム 90Th	プロトアクチニウム 91Pa	ウラン 92U	ネプツニウム 93Np	プルトニウム 94Pu	アメリシウム 95Am	キュリウム 96Cm	バークリウム 97Bk	カリホルニウム 98Cf	アインスタイニウム 99Es	フェルミウム 100Fm	メンデレビウム 101Md	ノーベリウム 102No	ローレンシウム 103Lr

図 2.14　単体の性質

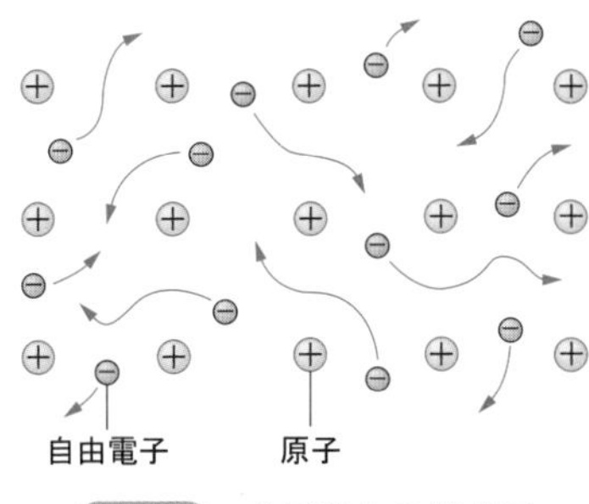

図2.15 金属結合の模式図

As，アンチモン Sb，テルル Te などがある．

異なる元素(A，B)が結合している分子の場合，結合の性質を電気陰性度から予測することができる．A—B 結合は χ_A と χ_B の差が大きいほど，イオン結合性を帯びてくる(第3章参照)．

章末問題

1．酸素原子のファンデルワールス半径と共有結合半径では，半径の大きい順に並べ，その理由を説明せよ．

2．C，O，F の原子半径を大きい順に並べ，その理由を説明せよ．

3．F，Cl，Br，I の原子半径は周期が大きくなるとともに増大する．陰イオンになった場合，その半径の周期による変化を説明せよ．

4．N^+，N，N^- の半径を大きい順に並べ，その理由を説明せよ．

5．O，S，Se について，第一イオン化エネルギーの増加する順に並べ，その理由を説明せよ．

6．窒素原子よりも酸素原子のほうが，第一イオン化エネルギーが低い理由を説明せよ．

7．希ガス原子について，イオン化エネルギーの傾向は同一周期内の原子と比べて非常に高い．その理由を説明せよ．

8．ナトリウム原子と塩素原子について次の2種類の反応のうち，どちらが起こりやすいかを，イオン化エネルギーと電子親和力に基づいて説明せよ．

① $Na + Cl \longrightarrow Na^+ + Cl^-$

② $Na + Cl \longrightarrow Na^- + Cl^+$

9．次の原子を電子陰性度の大きい順に並べ，理由も説明せよ．

a. B　C　N　O

b. Br　Cl　F　I

3 化学結合

❖ 本章の目標 ❖

- イオン結合や共有結合について学ぶ.
- 主として無機化合物のルイス構造と形式電荷について学ぶ.
- 原子価結合法を用いて共有結合の成り立ちと混成軌道の概念について学ぶ.
- 分子軌道法を用いた無機化合物の結合と電子状態について学ぶ.
- 分子間に働く力について学ぶ.
- 一酸化窒素の電子配置と性質について学ぶ.

3.1 イオン結合と共有結合

2章では原子の軌道や性質について学んだ. 本章では原子が結合して分子となるための結合の種類について見てみよう. 化学結合には, イオン結合, 共有結合, 配位結合(共有結合の一種), 金属結合などがある. ここでは, イオン結合と共有結合について述べる.

SBO イオン結合, 共有結合, 配位結合, 金属結合の成り立ちと違いについて説明できる.

SBO 化学結合の様式について説明できる.

3.1.1 イオン結合

すでに元素のイオン化, すなわちさまざまな元素が電子を放出して陽イオン(カチオン)になるときに必要なエネルギー(イオン化エネルギー)や電子をもらって陰イオン(アニオン)になるときに放出するエネルギー(電子親和力)について第2章で学んだ. ここではカチオンとアニオンとの電気的な引力(クーロン引力)によって形成される**イオン結合**(ionic bond)の詳細について学ぼう.

ナトリウム原子と塩素原子から塩化ナトリウムを生成する反応〔式(3.1)〕について考えてみよう. ナトリウム原子および塩素原子の基底状態の電子配置はそれぞれ$(1s)^2(2S)^2(2p)^6(3s)^1$および$(1s)^2(2S)^2(2p)^6(3s)^2(3p)^5$である. ナトリウム原子は3s軌道の電子を一つ放出して$(1s)^2(2S)^2(2p)^6$の電子配置をもつ+1価の陽イオン(Na^+)となり〔式(3.2)〕, 塩素原子は3p軌道へ電子を一つ取り込んで$(1s)^2(2S)^2(2p)^6(3s)^2(3p)^6$の電子配置をもつ－1価の陰イオン($Cl^-$)となる．$Na^+$と$Cl^-$はともに閉殻構造となって安定化する．

$$Na + Cl \longrightarrow Na^+ \quad Cl^- \tag{3.1}$$

それぞれの過程でのエネルギーはイオン化エネルギー〔式(3.2)〕と電子親和力〔式(3.3)〕に相当する．

$$Na(g) \longrightarrow Na^+(g) + e^- \tag{3.2}$$

+496 kJ mol^{-1}(エネルギーの吸収：E_{IE}, イオン化エネルギー)

$$Cl(g) + e^- \longrightarrow Cl^-(g) \tag{3.3}$$

−349 kJ mol^{-1}(エネルギーの放出：E_{EA}, 電子親和力)

$$Na(g) + Cl(g) \longrightarrow Na^+(g) + Cl^-(g) \tag{3.4}$$

+147 kJ mol^{-1}(ΔE)

このように，このイオン化の過程は147 kJ mol^{-1}程度のエネルギーを必要とする不都合な反応といえる〔式(3.4)〕．しかし実際には，塩素ガス中で金属ナトリウムを燃やすと，安定な塩化ナトリウムの結晶が生成する．この要因はおもにイオン結合による安定化によっている．もう一度現実の反応について考えてみよう〔式(3.5)〕．

$$Na(s) + \frac{1}{2}Cl_2(g) \longrightarrow NaCl(s) \tag{3.5}$$

この反応のエネルギー過程について，各段階を追って見てみると，およそ411 kJ mol^{-1}のエネルギー安定化の反応となる(図3.1)．

(1) $Na(s) \longrightarrow Na(g)$ +107 kJ mol^{-1}

(2) $\frac{1}{2}Cl_2(g) \longrightarrow Cl(g)$ +122 kJ mol^{-1}

(3) $Na(g) \longrightarrow Na^+(g) + e^-$ +496 kJ mol^{-1}

(4) $Cl(g) + e^- \longrightarrow Cl^-(g)$ −349 kJ mol^{-1}

(5) $Na^+(g) + Cl^-(g) \longrightarrow NaCl(s)$ −787 kJ mol^{-1}

$Na(s) + \frac{1}{2}Cl_2(g) \longrightarrow NaCl(s)$ −411 kJ mol^{-1}

この安定化のおもな要因はNa^+とCl^-の両イオンがイオン結合によって規則的に並んだ結晶格子を形成することによっている．このエネルギーを**格子エネルギー**(lattice energy, U)とよんでいる．表3.1にその一例を示す．イオン結合とは＋電荷と－電荷の**静電引力**(クーロン引力)により形成される

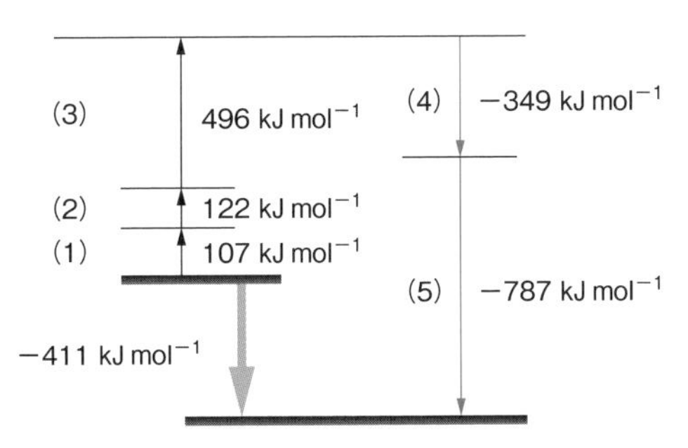

図3.1 金属ナトリウムと塩素ガスから NaCl 生成のエネルギー過程

表3.1 代表的な金属ハロゲン化物のイオン結晶の格子エネルギー(kJ mol^{-1})

カチオン	アニオン			
	F^-	Cl^-	Br^-	I^-
Li^+	1036	853	807	757
Na^+	923	787	747	704
K^+	821	715	682	649
Mg^{2+}	2957	2526	2440	2327
Ca^{2+}	2630	2258	2176	2074

結合と定義できる．

格子エネルギー(U)はクーロンの法則で表される〔式(3.6)〕．

$$-U = k \times \frac{|z_1||z_2|}{r} \tag{3.6}$$

k：固有の定数，z_1，z_2：イオンの価数，r：z_1，z_2 間の距離

この式はイオンの価数が大きいほど，またイオン間の距離が短いほど結合が強固なことを意味している．たとえば，LiCl，NaCl，KCl の格子エネルギーを比較すると，カチオンのイオン半径は $K^+ > Na^+ > Li^+$ であるので，LiCl＞NaCl＞KCl の順に大きな値(安定)となる．同様にアニオンを異にする LiF，LiCl，LiBr，LiI ではアニオンのイオン半径は $I^- > Br^- > Cl^- > F^-$ であるので，格子エネルギーの大きさの順番は LiF＞LiCl＞LiBr＞LiI のようになる．

3.1.2 共有結合

水素，炭素，窒素，酸素などのイオン化しにくい元素から構成される多くの有機化合物では，共有結合が主体となる．たとえば，水素分子の結合について考えてみよう．二つの水素原子が接近し，結合が形成される．そのときそれぞれの水素原子から一つの電子をだし合う(二つの電子を共有すること

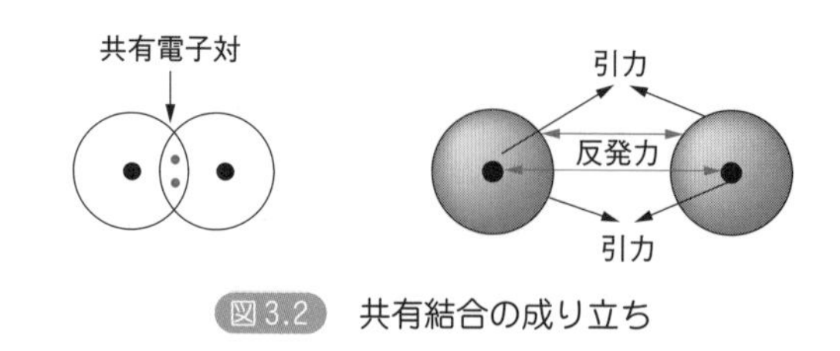

図3.2 共有結合の成り立ち

を意味する)ので，**共有結合**(covalent bond)とよばれ，関与する二つの電子を**共有電子対**(shared-electron pair)という(図3.2)．水素分子における二つの水素原子間には次のような力が働いている．原子核の陽子と電子とのクーロン引力，二つの陽子間に働くクーロン反発力，電子間の反発，これらの総計が共有結合の**結合エネルギー**(同時に**解離エネルギー**，bond dissociation energyでもある)となる．無限遠にある二つの水素原子はその接近にしたがって陽子と電子との引力によってポテンシャルエネルギーは低下してゆく．しかし，ある原子間距離よりも接近すると陽子間の反発によって急激にエネルギーが上昇する．最もエネルギーの低い原子間距離を**結合距離**(bond distanceあるいはbond length)(図3.3)という．水素分子の場合は74 pmである．これらの定量的な考察は第3.3節で述べる．

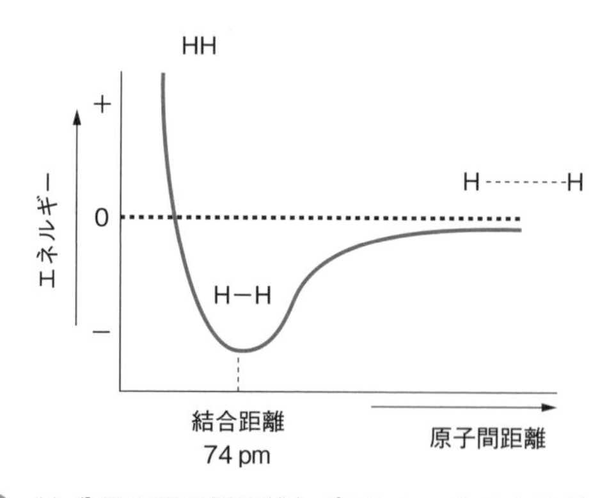

図3.3 H_2分子の原子間距離とポテンシャルエネルギーの関係

3.2 結合エネルギー

一般に結合の強さは**結合解離エネルギー**(bond dissociation energy)で表されることが多く，解離エネルギーが大きいほど結合は強固である．

$$\mathrm{H\cdot + H\cdot} \underset{436\ \mathrm{kJ\ mol^{-1}}\ 吸収（吸熱的）}{\overset{436\ \mathrm{kJ\ mol^{-1}}\ 放出（発熱的）}{\rightleftarrows}} \mathrm{H{-}H}$$

原子間の解離エネルギーは分子によって異なるが，原子の同じような結合対では大きな変化はない．たとえば，C—C 単結合では 300〜380 kJ mol^{-1} で平均値[*1] としておよそ 344 kJ mol^{-1} の値があげられている．

*1 平均の取り方の違いによって数値は異なる．

3.2.1 同種原子間の結合

同種原子間の解離エネルギーを比較すると，同族では原子番号が大きくなるほど小さくなる．これは，原子が大きくなると結合距離が長くなるため，結合に関与する共有電子対が原子核から離れ，それだけ陽子と電子の引力が小さくなるためである．また，原子価軌道が広く分布するため，有効な軌道の重なりができないからである．たとえば，ハロゲン分子では，F—F＜Cl—Cl＞Br—Br＞I—I である．フッ素分子は例外で，この不安定さはフッ素原子上の孤立電子対どうしの反発のためである．孤立電子対のない水素分子と孤立電子対をもつフッ素分子の解離エネルギー（それぞれ，436 kJ mol^{-1}，159 kJ mol^{-1}）を比較するとそのエネルギーの減少が，二つのフッ素原子に存在する孤立電子対どうしの反発によると説明できる．その他のハロゲンの中では，ヨウ素分子が 151 kJ mol^{-1} と解離しやすいことがわかる．

同一周期の元素では原子番号が大きくなるほど，陽子と電子の引力が大きくなり，結合距離が縮まるために，解離エネルギーも大きくなる（O—O＞N—N＞C—C）と予想される．しかし実際には O—O（143 kJ mol^{-1}）＜N—N（159 kJ mol^{-1}）＜C—C（344 kJ mol^{-1}）で予想とは逆の結果である．これは，とくに周期表の第 2 周期に属する元素では，孤立電子対の増加とともにそれらの反発力が増大して不安定になるからである．

3.2.2 異種原子間の結合

異種原子間の結合でも同様なことがいえる．同族のハロゲン化水素を比較すると，HF（570 kJ mol^{-1}），HCl（432 kJ mol^{-1}），HBr（366 kJ mol^{-1}），HI（298 kJ mol^{-1}）と，ハロゲン原子の原子半径が大きくなるほどエネルギーは減少する．その理由は同種原子間の結合で見られたものと同様に，結合距離が長くなり，ハロゲンの軌道の広がりが大きくなるため，H とハロゲンの軌道の重なりが効果的でなくなるからである．さらに，重なる軌道どうしのエネルギー差が大きく，軌道相互作用〔p. 65, 68，分子軌道法の項参照〕による安定化の寄与が少なくなるためである．

多重結合の場合，結合次数（p. 65 参照）が二重結合，三重結合と増大するにしたがって解離エネルギーも増大する．C=C 二重結合では，615 kJ mol^{-1}，C≡C 三重結合では 812 kJ mol^{-1} に増大する．C=C 二重結合の解離エネルギーの値が C—C 単結合の 2 倍の値（688 kJ mol^{-1}）よりも明らかに小さいことは，二重結合の一つは σ 結合でほかの一つはより弱い π 結合であることをよく説明している．表 3.2 にいくつかの結合解離エネルギーの平均値お

表3.2 平均結合解離エネルギー D(kJ mol^{-1})

H—H	436*	C—C	344	N≡N	945*
H—C	411	C═C	615	N—O	175
H—N	386	C≡C	812	N═O	630*
H—O	459	C—O	350	O—O	143
H—F	570*	C═O	725	O═O	498*
H—Cl	432*	C—Cl	328	F—F	159*
H—Br	366*	C—Br	276	Cl—Cl	243*
H—I	298*	C—I	238	Br—Br	193*
H—S	362	N—N	159	I—I	151*
H—Si	316	N═N	409	S—S	262

＊は実測値.
データは，L. Pauling, "General Chemistry 3rd Ed.," W. H. Freeman, San Fransisco (1970)；"Handbook of Chemistry and Physics 79th Ed.," ed. by D. R. Lide, CRC Press, Boca Raton (1998)による．

よび二原子分子の実測解離エネルギー値(＊表示)を示す．また，フッ素，酸素，窒素の各分子の結合解離エネルギー値(順に 159，498，945 kJ mol^{-1})を，F—F(159 kJ mol^{-1})，O═O(498 kJ mol^{-1})，N≡N(945 kJ mol^{-1})の各平均解離エネルギーと比較するとフッ素分子では単結合，酸素分子は二重結合，窒素分子では三重結合の性質を帯びていることが理解できる．なお，窒素分子や酸素分子において結合次数の増大とともに大きくエネルギーが増大するのは，孤立電子対が減少するのでそれらの電子間の反発が緩和されるからである．π 結合の強さは，より効果的に重なりを生ずる第 2 周期元素どうし ＞ 第 2 周期元素と第 3 周期元素 ＞ 第 3 周期元素どうしの順となる．

以上をまとめると，結合解離エネルギー増大の要因は，多重結合の増大，他方，減少の要因は，孤立電子対による電子反発，原子半径の増大があげられる．

3.2.3 イオン結合性と共有結合性

SBO イオン結合，共有結合，配位結合，金属結合の成り立ちと違いについて説明できる．

SBO 分子の極性について概説できる．

SBO 共有結合性の化合物とイオン結合性の化合物の性質(融点，沸点など)の違いを説明できる．

ある結合が共有結合かイオン結合かを明確には区別できないことが多い．水素分子やハロゲン分子のように，同種の原子のみから構成される分子では原子の電気陰性度に差がないので完全な共有結合といえる．しかし，異原子結合分子では構成原子の電気陰性度(電子を引きつける力)が異なる場合が多いのでほとんどの場合，**極性をもつ共有結合**となる．イオン結合である多くの塩(えん)でも，一部共有結合性をもっているといえる．L. C. Pauling は A と B の電気陰性度の差が約 1.7 のとき，その結合のイオン性は 50%とした．つまり，2 原子間の電気陰性度の差が 1.7 より大きい場合はイオン結合性が高く，1.7 より小さい場合は共有結合性が高いと考えられる(図 3.4，表 3.3)．

塩化ナトリウム NaCl の場合，図 2.9 より Na の電気陰性度は 0.93，Cl の電気陰性度は 3.16 であるから，それらの電気陰性度の差は 2.23 となり，イ

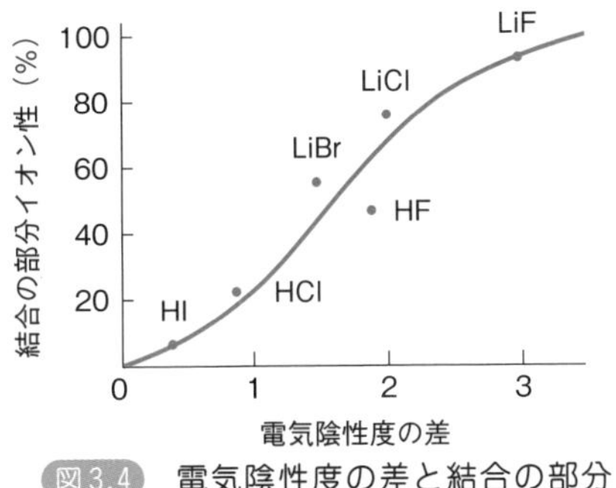

図3.4 電気陰性度の差と結合の部分イオン性の関係

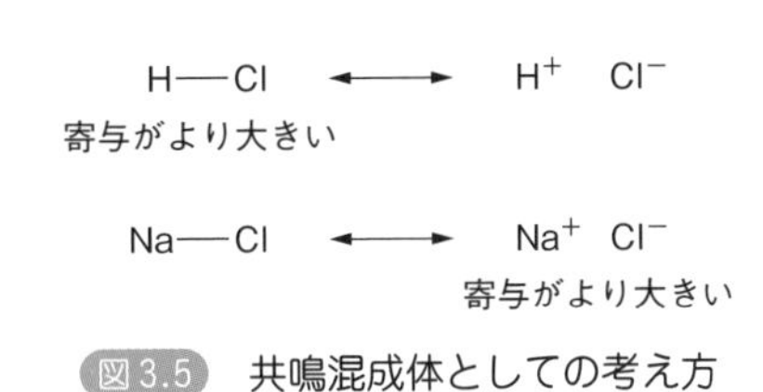

図3.5 共鳴混成体としての考え方

オン結合性の寄与が大きいといえる．図3.4には，HI，HCl，HF，LiFなどの結合におけるイオン性の度合いを示している．たとえば，HClの電気陰性度の差は0.96となり，**極性を帯びた共有結合**（polar covalent bond）である．実験事実からは約20％のイオン性と計算されている．HClの解離エネルギー（432 kJ mol^{-1}）がH—H（436 kJ mol^{-1}），Cl—Cl（243 kJ mol^{-1}）それぞれの解離エネルギーの平均値（339 kJ mol^{-1}）よりも大きいのは，$H^{\delta+}$—$Cl^{\delta-}$間のイオン結合性が付加されるからである．イオン結合性の度合いを共鳴混成体（p. 50参照）としてみれば，それぞれの共鳴構造の寄与の大きさの違いと説明する

表3.3 ポーリングの電気陰性度の差Δχと結合の部分イオン性の大きさ（%）

Δχ	イオン性	Δχ	イオン性	Δχ	イオン性	Δχ	イオン性
0.2	1	1.0	22	1.8	55	2.6	82
0.4	4	1.2	30	2.0	63	2.8	86
0.6	9	1.4	39	2.2	70	3.0	89
0.8	15	1.6	47	2.4	76	3.2	92

L. Pauling, "General Chemistry 3rd Ed.," W. H. Freeman, San Francisco (1970)を参考に．

COLUMN

イオン液体

塩（えん）といえば食塩など，水に溶けやすく，融点が高い物質を思い浮かべるであろう．イオン液体とは室温でも液体で存在する塩をいう．不揮発性，難燃性で導電性にも優れているという性質から「第3の液体」として化学反応の溶媒などに用いられている．たとえば，第四級アンモニウム塩として *N*,*N*-ジエチル-*N*-メチル-*N*-(2-メトキシエチル)アンモニウムテトラフルオロホウ酸塩〔*N*,*N*-diethyl-*N*-methyl-*N*-(2-methoxyethyl) ammonium tetrafluoroborate〕などが市販されている．さまざまな用途に応じたイオン液体が開発されている．導電性の点からは電池への応用も研究されている．

こともできる(図3.5). HClはイオン性が強いと考えてしまいやすいが, 水の中ではH_2Oが塩基として働くため, H—ClからH$^+$を引き抜いてH_3O^+(H$^+$)とCl^-イオンに解離して水和(p.72参照)によってイオンが安定化するために解離する.

電気陰性度の概念は, 官能基の電子供与性・電気求引性, 酸性・塩基性の強さなどに関係し, 化合物の物性, 反応性を説明するのに非常に役に立ち, 重要である(表3.3).

極性をもつ共有結合では, 電気陰性度のより高い原子に電子密度が高くな

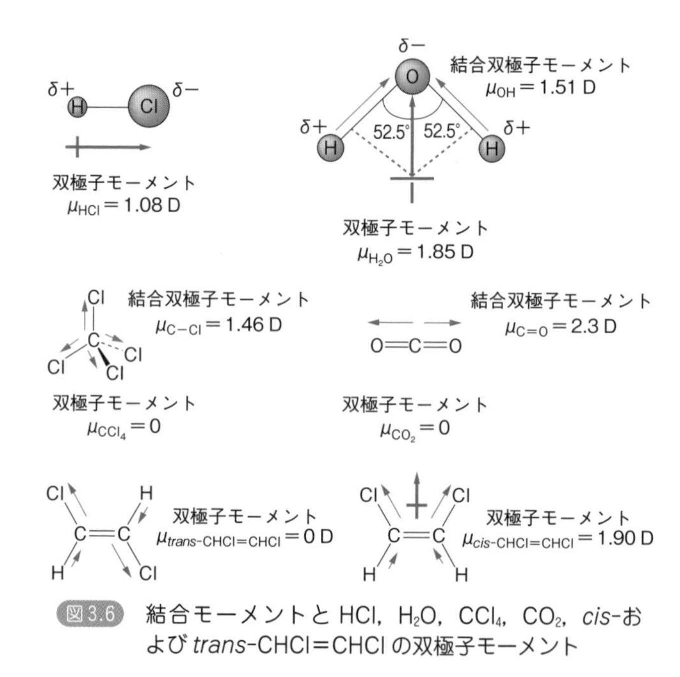

図3.6 結合モーメントとHCl, H_2O, CCl_4, CO_2, *cis*-および*trans*-CHCl=CHClの双極子モーメント

表3.4 結合モーメントと分子の双極子モーメントの例

結合	結合モーメント(D)	分子	双極子モーメント(D)
C—H	0.4	HF	1.91
C—N	0.22	HCl	1.08
C—O	0.74	HBr	0.8
C—F	1.41	HI	0.42
C—Cl	1.46	CO	0.12
C—Br	1.38	ClF	0.88
C—I	1.19	H_2O	1.85
N—H	1.31	NH_3	1.47
O—H	1.51	O_3	0.53
N—O	0.3	CO_2	0
C—N	0.9	BF_3	0
C=O	2.3	CH_4	0

『化学便覧 第5版 基礎編II』, 日本化学会 編, 丸善(2004)を参考に.

り，その結果，**分極**(polarization)した分子となる．H—Cl は $H^{\delta+}—Cl^{\delta-}$ に分極する．分極の大きさと方向は**双極子モーメント**〔dipole moment(μ)，単位は Debye, D〕というベクトルで表現できる．結合間の双極子は結合モーメントで，分子全体の双極子モーメントは結合モーメントのベクトル和として表す．水(H_2O)では図 3.6 に示すように，$\mu_{H_2O} = 1.85$ となる．分子の双極子モーメントはベクトル和なので，分子の形が重要になる．四塩化炭素(CCl_4)や二酸化炭素(CO_2)では，それぞれ正四面体構造，直線状構造なので結合双極子の和はゼロとなる．表 3.4 におもな結合モーメントと分子の双極子モーメントの値を示す．

3.3 結合距離

結合距離(bond length)とは，共有結合している二つの原子中心間の距離である．基本的には，共有結合距離は構成元素の共有結合半径の和に近い値をとる(図 3.7．第 2 章 p. 26 も参照)．多重結合では，より強固に結合が形成されるため，距離も短くなる．H—Cl の結合距離を計算すると，37 + 99 = 136 pm となる．実際の値は 129 pm でやや計算値より短くなっている(図 3.7，表 3.5)．これは，H—Cl 結合がイオン結合性を少しもっているからである．

SBO イオン結合，共有結合，配位結合，金属結合の成り立ちと違いについて説明できる．

SBO 化学結合の様式について説明できる．

ファンデルワールス半径
原子や分子間には引力と反発力が働いているので最接近できる距離に制限がある．その距離をファンデルワールス半径という．

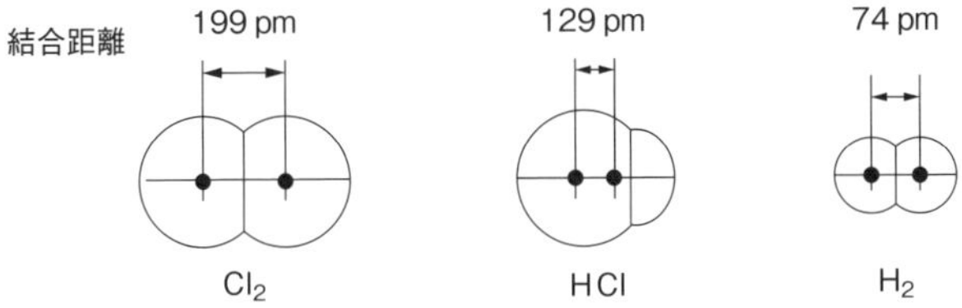

図3.7 簡単な分子の結合距離と模型
外側の円はファンデルワールス半径で引いた線．

表 3.5 平均結合距離 D(pm)

H—H	74	C—C	154	N≡N	110
H—C	109	C=C	132	N—O	140
H—N	101	C≡C	118	N=O	120
H—O	96	C—O	143	O=O	121
H—F	92	C=O	123	F—F	142
H—Cl	129	C—Cl	180	Cl—Cl	199
H—Br	141	C—Br	196	Br—Br	228
H—I	161	C—I	216	I—I	268
H—S	134	N—N	145	S—S	203
H—Si	148	N=N	124	Si—Si	224

"Handbook of Chemistry and Physics 79th Ed.," ed.by D. R. Lide, CRC Press, Boca Raton (1998)を参考に．

3.4 ルイス構造

SBO 原子，分子，イオンの基本的構造について説明できる．

SBO 共役や共鳴の概念を説明できる．

SBO 基本的な化合物を，ルイス構造式で書くことができる．

SBO 有機化合物の性質と共鳴の関係について説明できる．

SBO リン化合物(リン酸誘導体など)および硫黄化合物(チオール，ジスルフィド，チオエステルなど)の構造と化学的性質を説明できる．

3.4.1 ルイス構造と価電子

(a) ルイス構造とは

ルイス構造は結合や反応に関与する価電子(最外殻電子)の配置を点で表現する方法で，アメリカの物理化学者 G. N. Lewis によって考えられた構造式である．たとえば，窒素原子ではその電子配置は$(1s)^2(2s)^2(2p_x)^1(2p_y)^1(2p_z)^1$で，対になった二つの電子対は1sおよび2s軌道に逆スピンで収容され，対になっていない三つの電子は，それぞれ$2p_x$，$2p_y$，$2p_z$軌道に一つずつ収容されていることを意味している(図3.8)．

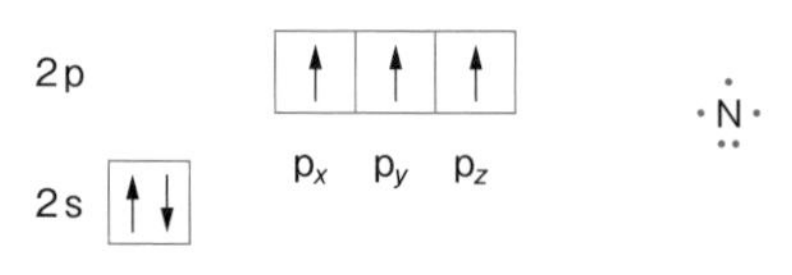

図3.8 窒素原子の電子配置とルイス構造

ほかの元素も同様にして次のように表現する(図3.9)．

H·　He:　·C·　:O:　:Cl·　K·

図3.9 原子のルイス式の例

イオン結合している NaCl では中性のナトリウム原子から電子一つを放出して1価の陽イオンとなり，安定なネオンと同じ電子配置となる．一方，塩素原子には一つの電子が加わり1価の陰イオンとなって，アルゴンと同じ電子配置となる．これらがイオン結合によって結びついている．

NaClの生成：

$$Na\cdot + :Cl\cdot \longrightarrow Na^+ [:Cl:]^-$$

第1周期元素のH，Heを除く典型元素では，元素のまわりの電子数の総和が8個のときに，不活性元素のネオンと等しくなるので安定化すると考えるのが**オクテット則**(八偶子則)である．この規則はとくに価電子がL殻(主量子数$n = 2$；$(2s)^2(2p_x)^2(2p_y)^2(2p_z)^2$の8電子で閉殻となる)に存在する第2周期元素に重要である．しかし，第3周期の元素ではM殻(主量子数$n = 3$)の電子〔$(3s)^2$, $(3p_x)^2$, $(3p_y)^2$, $(3p_z)^2$, $(3d_{xy})^2$, $(3d_{xz})^2$, $(3d_{yz})^2$, $(3d_{x^2-y^2})^2$, $(3d_{z^2})^2$の18電子〕が価電子となるため，必ずしもオクテット則を満す必要はない．

共有結合した分子ではそれぞれの一つの原子軌道に存在する1電子をだし合って(共有して)新たな結合を形成する．ルイス式では以下のように記載する．いずれの原子まわりの総電子数も8であることに注目して欲しい．このように二つの原子が共有する電子対を**共有電子対**(shared electron pair)または**結合電子対**(bonding electron pair)という．結合に関与しない電子対は**孤立電子対**(lone electron pair)あるいは**非共有電子対**(unshared electron pair)，**非結合電子対**(nonbonding electron pair)という．フッ素分子や窒素分子のルイス構造を下に示す(図3.10)．多重結合には結合の数だけの共有電子対を書く．

図3.10 フッ素および窒素分子のルイス構造

(b) ルイス構造の書き方

(i) 各原子固有の価電子数を元素記号のまわりに書く．

(ii) 結合している原子間に電子対を置く．

(iii) それぞれの原子のまわりの電子数が8個(オクテット)となるように電子を配置する(図3.11)．ただし，水素原子には2個の電子を置く．

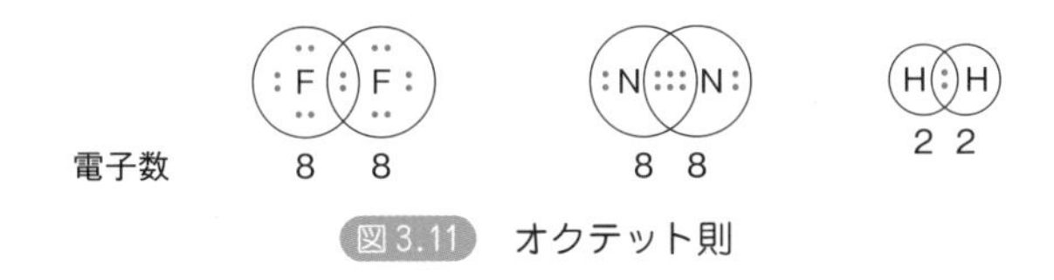

図3.11 オクテット則

$BeCl_2$ や BH_3 は例外的で，オクテット則を満たしておらず，それぞれ電子の総和は4個，6個で電子不足の状態である．三フッ化ホウ素(BF_3)はホウ素原子が電子不足の状態であるのでルイス酸として働き，エーテル中ではエーテルの酸素原子上の孤立電子対がホウ素原子に配位した状態(三フッ化ホウ素-ジエチルエーテル錯体)で安定化している(図3.12)．

図3.12 三フッ化ホウ素の生成と三フッ化ホウ素-ジエチルエーテル錯体

メタン，アンモニア，水などの多原子分子の場合も同様の書き方である．しかし，分子が複雑になるとすべての電子を点で表現する方法では，あまりにも複雑になるので，結合に使われている一組の共有電子対(：)は直線(—)で表現し，非結合電子のみを点で表すことも多い(図3.13)．

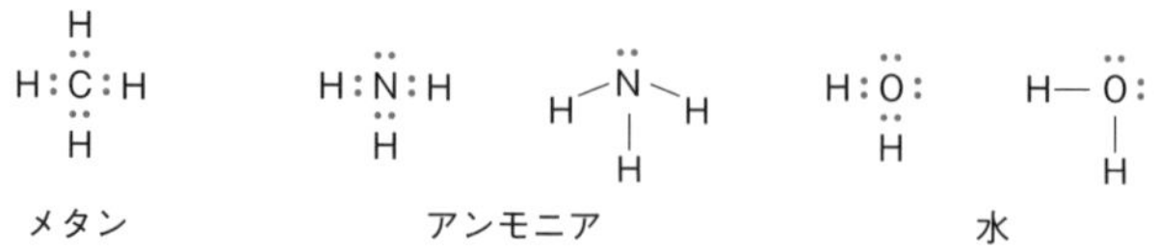

メタン アンモニア 水

図 3.13 メタン，アンモニア，水のルイス構造

SBO 共役や共鳴の概念を説明できる.

SBO 基本的な化合物を，ルイス構造式で書くことができる.

SBO 有機化合物の性質と共鳴の関係について説明できる.

(c) 共鳴構造

たとえばルイス構造の書き方で述べた方法で，オゾン(O_3)のルイス構造を書いてみよう．価電子の総数は 6 × 3 で 18 個となる．三つの酸素原子がもつ電子数がそれぞれオクテット則を満足するような構造式は 2 種類書くことができる．

実際のオゾン分子は，これらの二つの構造式を重ね合わせたような構造(**共鳴混成体**，resonance hybrid)で，それぞれの構造を**極限構造式**(canonical form)といい，これらの構造式の組合せを両矢印で表現した式を**共鳴構造**(resonance structure)という(図 3.14)．実際，O—O 間の結合は短結合と二重結合の中間で，結合次数は 1.5 である〔オゾンは直線状でなく曲がった分子構造であることは後に説明する(3.7.2 項と 7.2.5 項)〕.

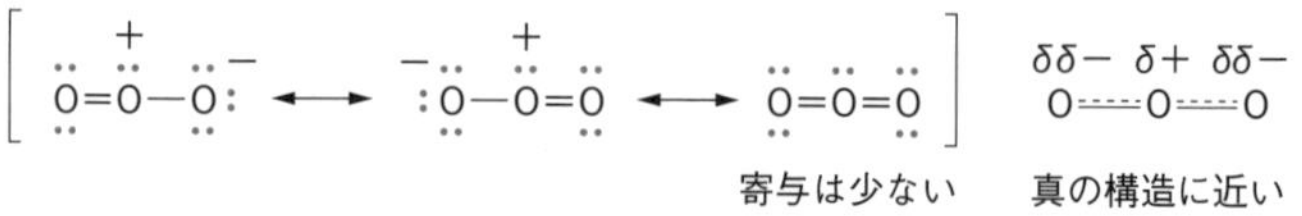

寄与は少ない　真の構造に近い

図 3.14 オゾンの共鳴構造

共鳴構造はいくつも書くことができるが，それぞれの極限式の共鳴混成体への寄与の度合いが異なる．一般には，多くの構造のうち寄与の大きい構造だけを書くことによって，おおよその正しい構造を表現できる．共鳴構造の考え方は，分子の真の姿をルイス構造式という表現方法で示すための一つの手段であるという点を留意してほしい．それでは，寄与の大きい構造はどのような構造か．(1) 各原子まわりの電子がオクテット則を満たしている(H は 2 電子，とくに第 2 周期元素で重要)，(2) 電荷の分離はなるべく少ないほうがよい，(3) 電荷分離をする場合は電気陰性度の大きい元素にマイナスの電荷を置く，(4) 分離した＋，－の電荷は互いに離れているほうがよい．先のオゾンを例にすると，一番右の構造[O=O=O]では真ん中の酸素

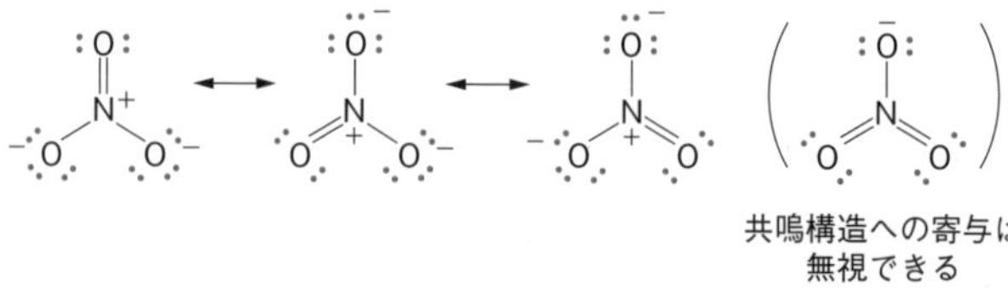

共鳴構造への寄与は無視できる

図 3.15 硝酸イオン(NO_3^-)の共鳴構造

原子は10電子となりエネルギーの高い構造となるので寄与は少ないと考える．図3.15の硝酸イオン(NO_3^-)の共鳴構造でも，一番右の構造は電荷分離が少ないので重要と思われるが，窒素原子まわりがやはり10電子となり，オクテット則に反するので寄与は少ない．

(d) 形式電荷

アンモニウムイオンの適切なルイス構造は以下のように書くことができる．この構造式において，形式的には +1 の電荷はどこに置けばよいのだろうか．ある構造式での各原子に付与される電荷を**形式電荷**(formal charge)とよんでいる．形式電荷は以下の式で表される．

$$\text{形式電荷} = \text{中性原子の価電子数} - \text{非結合電子数} - \frac{\text{結合電子数}}{2}$$

アンモニウムイオン($[NH_4]^+$)では

$$\text{H}: 1 - 0 - \frac{2}{2} = 0 \qquad \text{形式電荷は}0$$

$$\text{N}: 5 - 0 - \frac{8}{2} = +1 \qquad \text{形式電荷は} +1$$

となって，極限構造としては窒素原子上に＋電荷を付与する．実際には，水素原子の電子はいくぶんより電気陰性度の高い窒素原子に引き寄せられているので，$[NH_4]^+$ の表現が現実に近い(図3.16)．

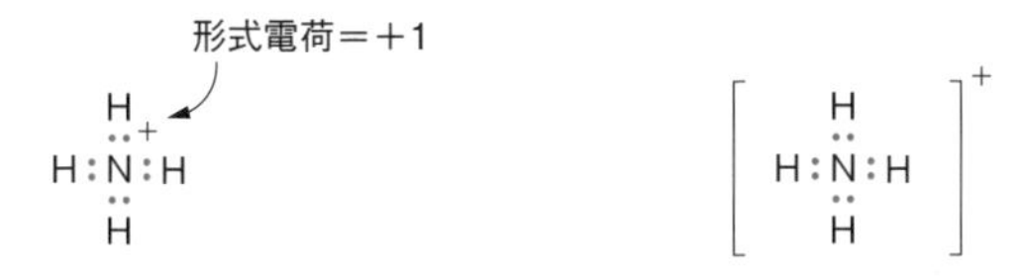

図3.16 アンモニウムイオンのルイス構造

先に示した硝酸イオン(NO_3^-)のルイス構造では，それぞれの形式電荷は単結合で結ばれた酸素原子は −1，二重結合の酸素原子は 0，窒素原子は +1 であることが計算される．

形式電荷：

$$\text{単結合酸素原子}: 6 - 6 - \frac{2}{2} = -1 \qquad (2\text{原子})$$

$$\text{二重結合酸素原子}: 6 - 4 - \frac{4}{2} = 0$$

$$\text{窒素原子}: 5 - 0 - \frac{8}{2} = +1$$

分子全体の総電荷は −1 となる．

3.4.2 代表的無機化合物のルイス構造

代表的な無機化合物のルイス構造については，次のようなものがある．

(i) ハロゲンの酸素酸(図 3.17 および 5.1.8 項)

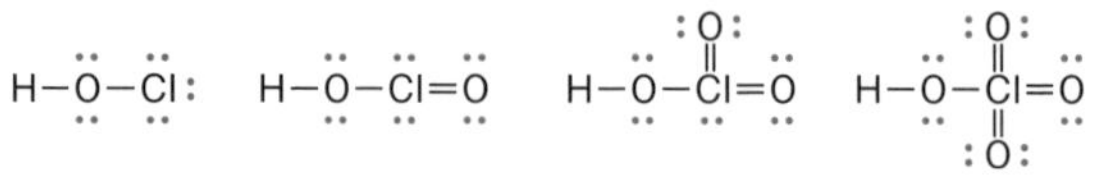

次亜塩素酸　亜塩素酸　塩素酸　過塩素酸

図 3.17 ハロゲンの酸素酸のルイス構造

(ii) 硫黄酸化物(図 3.18 および 5.1.7 項)

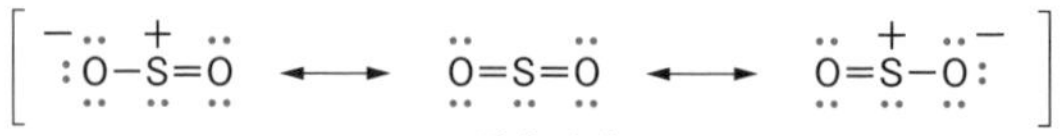

二酸化硫黄

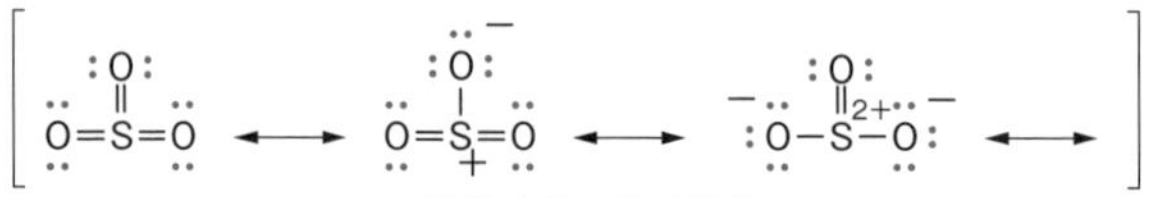

三酸化硫黄の共鳴構造

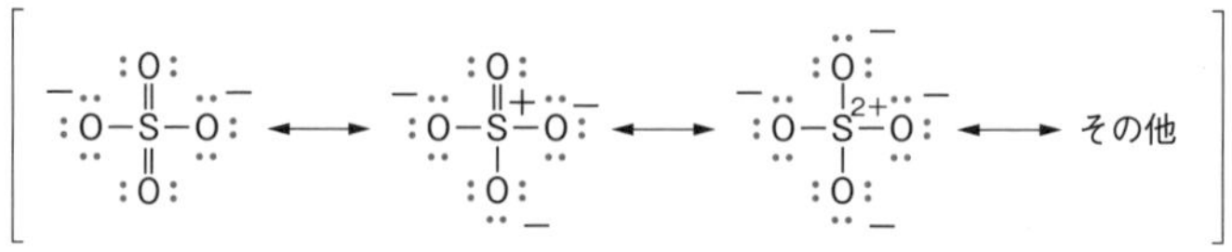

その他

硫酸イオン(SO_4^{2-})の共鳴構造

図 3.18 硫黄酸化物の酸素酸のルイス構造

(iii) 窒素酸化物(図 3.19 および 5.1.6 項)

一酸化二窒素 (N_2O) 　一酸化窒素 (NO)

二酸化窒素 (NO_2)

図 3.19 窒素酸化物の酸素酸のルイス構造

(iv) リン酸化物(図 3.20 および 5.1.6 項)

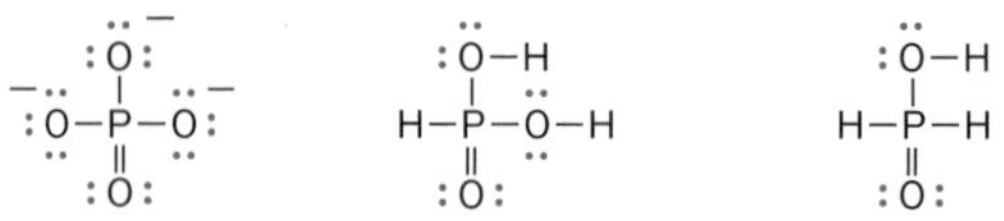

リン酸イオン(PO_4^{3-})　ホスホン酸{$HPO(OH)_2$}　ホスフィン酸{$H_2PO(OH)$}

図 3.20 リン酸化物の酸素酸のルイス構造

(v) 一酸化炭素と二酸化炭素(図 3.21)

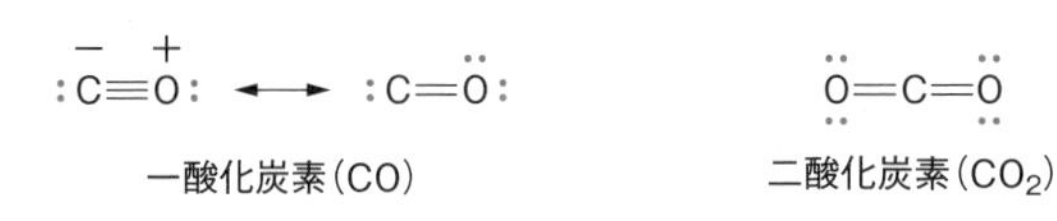

図 3.21 一酸化炭素と二酸化炭素の酸素酸のルイス構造

Advanced ボラン

ホウ素の水素化物であるボラン BH_3(borane)は一般には B_2H_6, B_4H_{10} などの重合体として存在している. 二量体であるジボラン(B_2H_6)は水素化ホウ素ナトリウム($NaBH_4$)と BF_3 との反応によって得られる. 沸点 −92.6 ℃の気体で, 空気中で自然発火し, 水と反応して水素と $B(OH)_3$ に分解する. エーテル溶液は安定で, 還元反応やハイドロボレーション試薬として繁用されている. その構造では, ホウ素原子の sp^3 混成軌道と水素原子の s 軌道との重なりによって結合している. 6 個の水素原子のうち 2 個の H 原子は 2 個の B 原子との間で橋架け構造をとっている. つまり, 2 電子で 3 個の原子(B—H—B)が結合しているので, **3 中心 2 電子結合**(three center two electron bond)という. この構造をルイス構造で表現することは難しいが, あえて表現すれば疑似的にオクテットを満たす図 3.22 の構造となろう. 橋架け構造での H—B 結合長(133 pm)はほかの B—H 結合(119 pm)よりも長く, 4 個の水素原子と 3 中心の水素原子は直交した形をとっている.

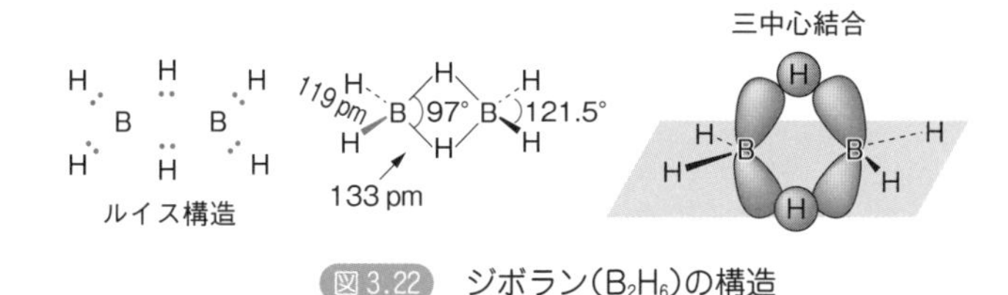

図 3.22 ジボラン(B_2H_6)の構造

3.5 原子価結合法

3.5.1 分子の形と原子価殻電子対反発モデル

> SBO 分子軌道の基本概念および軌道の混成について説明できる.

VSEPR モデル(valence-shell electron-pair repulsion model, 原子価殻電子対反発モデル)とは, 分子は結合電子対および孤立電子との間の電子反発が最も少ない安定な立体構造を取るという考えである. ただし, 電子がどのような原子軌道に存在するかは考慮していない(図 3.23).

(a) 直線構造

$BeCl_2$ における二つの Cl 原子上の孤立電子対どうしの反発, CO_2 分子での二つの酸素原子上の電子対反発のいずれもが最小となる形は互いに 180°

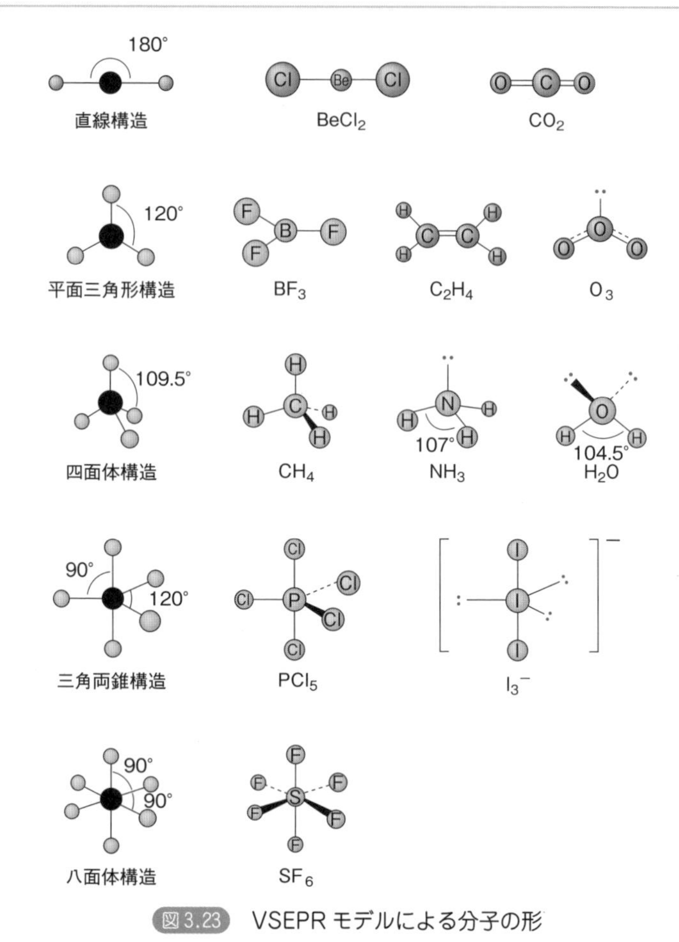

図 3.23 VSEPR モデルによる分子の形

反対側にある場合，すなわち**直線状**(linear)となる．

（b）平面三角形構造

BF_3 では B の三つの電子はすべて結合に使われているので，三つの F に孤立電子対が存在する．これらの電子反発が最小となる形状は**平面三角形**(trigonal planer)である．先に述べたオゾンの構造もこの例であるが，孤立電子対を除いた分子構造で見れば，**曲がった構造**(bent structure)ともいえる．

（c）四面体構造

四原子分子のメタンでは四つの C—H の結合電子対が最も離れる形，C—H 結合間の角度は 109.5°，すなわち正四面体構造をとっている．三原子分子のアンモニア(NH_3)では三つの N—H 結合のほかに窒素原子に孤立電子対が存在する．これら四組の電子反発の結果，**四面体構造**(tetrahedral)をとる．この場合，孤立電子対は電子が結合電子対よりも広がって存在するので，孤立電子対-結合電子対反発のほうが結合電子対どうしの反発よりも大きいため，二つの NH—NH 間角度は 107° とやや狭くなり，やや伸びた四面体構造となっている．二原子分子の水では二組の O—H 結合電子対，二組の O の孤立電子対の反発により，アンモニアの場合よりもさらに二つの O—H 間の結合角が狭まった(104.5°)四面体構造をとっている．孤立電子対を除いた分子構造で見れば，**曲がった構造**(bent structure)ともいえる．

(d) 三角両錐形分子

五塩化リン(PCl_5)では三つの Cl 原子が平面三角の頂点，残りの二つの Cl が平面の上下に位置した**三角両錐構造**(trigonal bipyramidal)をとっている．硫黄原子に一組の非共有電子対をもつ SF_4 も同様な形状をとっている．そのほか，分子状ヨウ素を KI に溶かすと生成する I_3^- イオンも I 上の三組の孤立電子対が平面三角形の頂点に存在し，二つのヨウ素原子がその上下にある形をとっている．

(e) 八面体構造

八面体構造(octahedral)としては，SF_6 や $SbCl_5^{2-}$ イオンが知られている．

VSEPR では，二重結合や三重結合は単結合と同じ扱いで，ただ電子密度が単結合より高い状態にあると考える．したがって，CO_2 や CO_3^{2-} はそれぞれ直線構造，平面三角形構造となる．エテンでも同様に考えると H—C—C と H—C—H がともに約 120° の平面状分子と考えられる．

3.5.2 原子価結合法

VSEPR モデルは分子の形をよく説明できるが，存在する電子についての情報は何も与えていない．ここでは共有結合に存在する電子分布に関して，量子化学的扱いを原子軌道の重なりとして説明する方法(**原子価結合法**，va-

COLUMN **オービットとオービタル**

どちらも日本語訳は「軌道」である．原子の構造について，原子核のまわりを電子が回っている原子模型を思い浮かべる人も多いと思う．このように電子を粒子として考える古典力学的な特定な軌道をオービット(orbit)という．これに対して，量子力学的な軌道はオービタル(orbital；軌道のようなもの)とよんでいる．量子力学のミクロの世界では電子の運動と位置を同時に知ることはできない．そこで，電子の状態を波動関数として扱い，この関数をオービタル(軌道)としている．電子の位置は存在確率として扱うことになる．波動関数の係数を二乗すると電子の存在確率となる．オービタルの形は波動関数あるいは電子の存在確率をある数値(たとえば，90%以上の確率)で境界線を引いた図である．p 軌道は串団子のような形をしていて，二つの団子の間に電子の存在確率がゼロとなる節面がある．節面を境としたこの二つの球の間をどのようにして電子が移動するかなどと考えることは量子力学の世界では無意味である．

lence bond theory；VB 法)について学ぶ．この方法はすでに原子軌道を学んだ人が，その結合の成り立ちを定性的に視覚的にとらえるには非常に便利ではあるが，正確にはあとに述べる分子軌道法の考えが必要である．

原子価結合法においては，原子軌道の形を保ったまま二つの原子軌道が十分に接近して互いにオーバーラップすると，二つの原子核と二つの電子を含む新たな軌道(結合性軌道)を形成して結合ができる．

二つの水素原子から水素分子ができる場合を原子価結合法で考えてみよう．二つの水素原子の 1s 軌道にある価電子が互いに接近して，二つの 1s 電子は電子対(↑↓で表す)を形成して，原子軌道は混ざり合って一つの σ 結合ができる．このとき，電子対は二つの原子核に引きつけられている(図 3.24)．

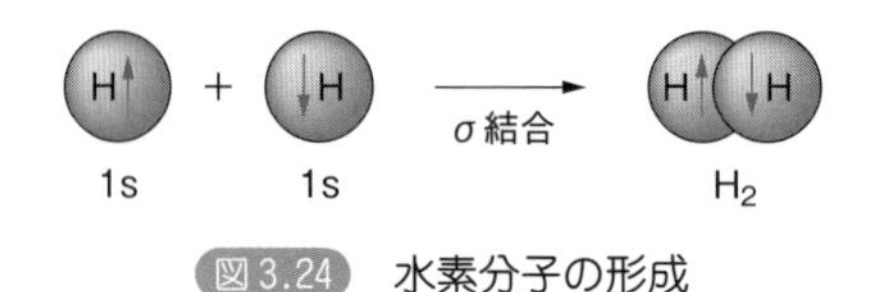

図 3.24 水素分子の形成

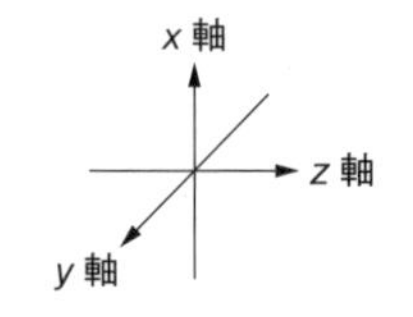

塩化水素(H—Cl)の場合は，水素原子の価電子は 1s であるが，塩素原子では 3p 電子が価電子となっている．1s 軌道と 1 電子のみが占有した 3p 軌道($3p_z$)とが z 軸上にオーバーラップして σ 結合が形成される(図 3.25)．

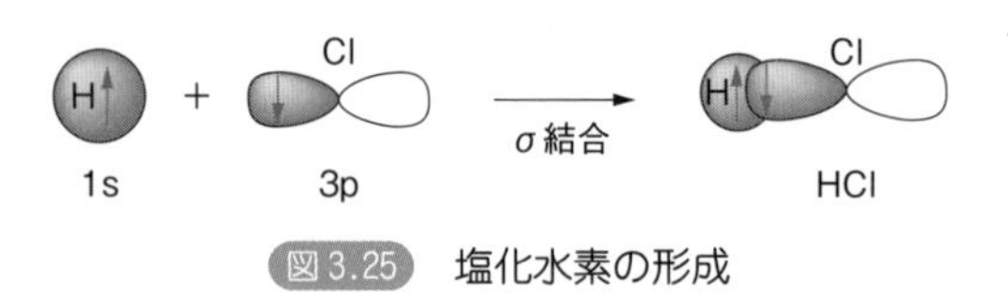

図 3.25 塩化水素の形成

フッ素分子ではどうだろうか．フッ素原子の価電子は 2p 軌道電子であるので，1 電子のみが占有した $2p_z$ 軌道どうしが z 軸に沿って接近して σ 結合ができる(図 3.26)．

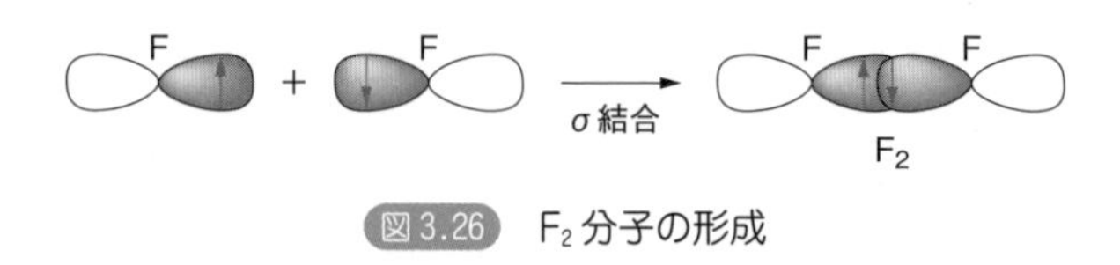

図 3.26 F_2 分子の形成

以上の例はすべて一つの σ 結合(単結合)ができる場合(1 電子の原子軌道が一つだけの場合)であるが，窒素原子二つからなる窒素分子ではどうであろうか．窒素原子の電子配置は $(1s)^2(2s)^2(2p_x)^1(2p_y)^1(2p_z)^1$ で，1 電子のみをもつ軌道が三つ存在している．z 軸上の結合形成は二つの $2p_z$ 軌道どうしのオーバーラップによって一つの σ 結合ができる．残りの二組の p_x-p_x および p_y-p_y 軌道どうしの接近は p 軌道の軸と垂直方向に接近することになる．

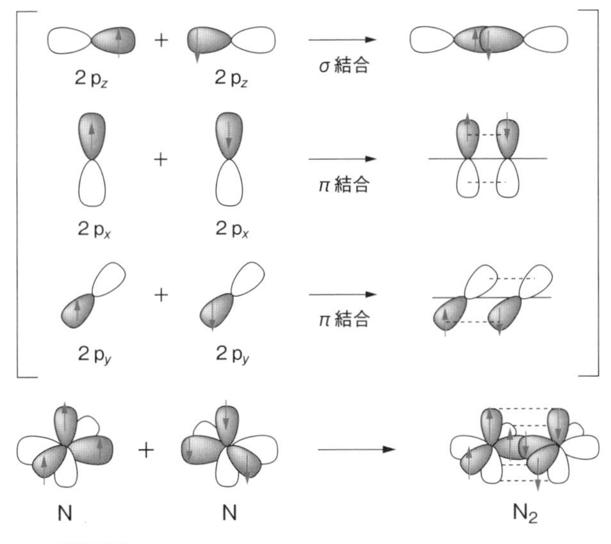

図3.27 N_2 分子の形成と原子価結合法による軌道図

これらp軌道のオーバーラップはσ結合の場合ほど有効ではないのでやや弱い結合となる．この結合をπ結合という．窒素分子の場合，一つのσ結合と，二つのπ結合によって三重結合となる(図3.27．あとに述べる，sp混成軌道によるσ結合でも説明できる)．

3.6 混成軌道

SBO 分子軌道の基本概念および軌道の混成について説明できる．

原子価結合法でメタン(CH_4)のような多原子分子をどのように説明できるだろうか．炭素原子の電子配置〔この状態を**基底状態**(ground state)という〕は$(1s)^2(2s)^2(2p_x)^1(2p_y)^1$で，共有結合に関与する軌道は1電子のみが存在する$2p_x$，$2p_y$軌道のみである．しかし，実際のメタン分子では四つのσ結合が存在している．この事実をどのように説明したらよいのか．炭素原子の基底状態での電子配置から，2s軌道の二つの電子のうち，1電子がエネルギーを吸収して空の2p軌道に移動(励起または昇位という)し，**励起状態**(excited state)の電子配置〔$(1s)^2(2s)^1(2p_x)^1(2p_y)^1(2p_z)^1$〕となる．その結果，

2p
2s
1s
基底状態
励起
エネルギー
2p
2s
1s
励起状態

図3.28 炭素原子の基底状態と励起状態の電子配置

1電子のみが存在する四つの軌道と水素原子の1s軌道電子とから四つのC—H結合が形成されると説明できる(図3.28).

しかし，炭素原子の2sや2pの原子軌道を用いることになると，これらは等価な結合を形成しない．そこで，Paulingは混成軌道の概念を導入して説明した．これは，量子力学における**シュレーディンガー方程式**(Schrödinger equation)から導かれるs軌道とp軌道の波動関数を数学的に混合することで求まる新しい原子軌道である．

（a）sp^3混成軌道

メタンの場合，2s軌道と三つの2p軌道($2p_x$ $2p_y$ $2p_z$)が混じり合って，新たな四つの等価なsp^3混成軌道ができる(図3.29).

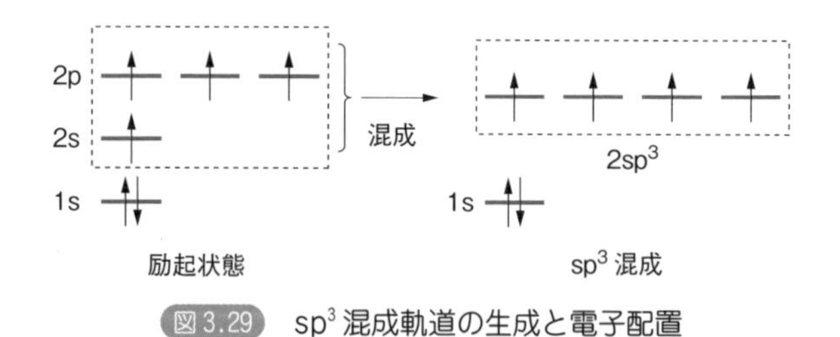

図3.29 sp^3混成軌道の生成と電子配置

一つのsp^3混成軌道は，p軌道の一方のローブを他方よりも大きくした形をしている．この四つのsp^3混成軌道の大きいローブが，正四面体の4方向に向かって延びた形をとっている(図3.30).

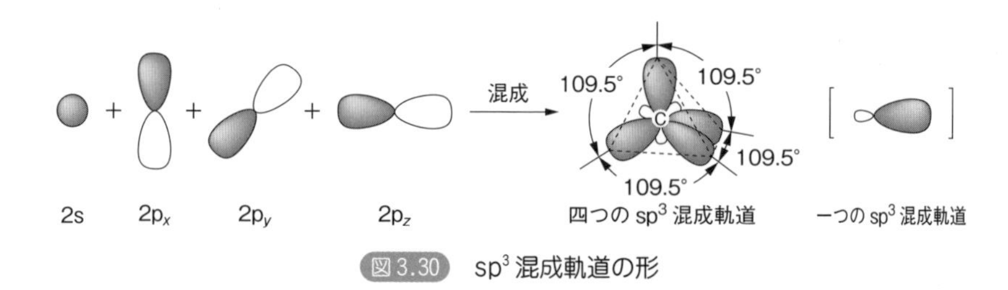

図3.30 sp^3混成軌道の形

メタンではこれらのsp^3混成軌道電子と水素原子の1s軌道電子が対を成して強いσ結合を形成している(図3.31).

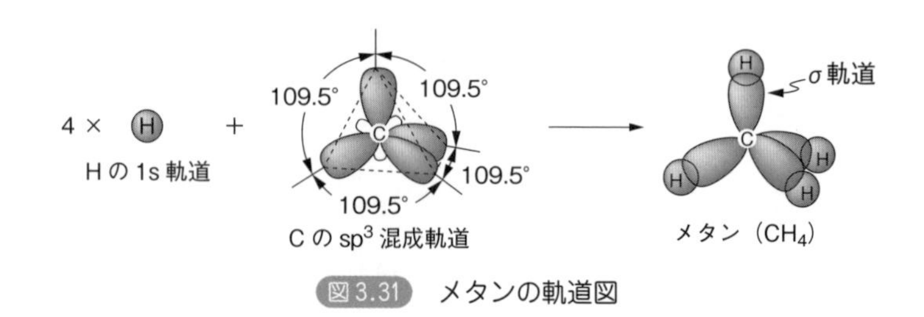

図3.31 メタンの軌道図

窒素原子を含むアンモニアや酸素原子を含む水においても同様にsp^3混成

軌道と水素原子の1s軌道とのσ結合の形成として説明できる．ただし，アンモニアでは，四つのsp^3混成軌道のうちの一つは対を成した電子で埋まっており，三つのsp^3混成軌道のみが水素原子との結合に関与している．また，水分子では二つのsp^3混成軌道は対電子で埋まっているので，二つのsp^3混成軌道のみが水素原子と結合している．いずれも，水素原子および孤立電子対を含んだ形は四面体構造であるが，孤立電子対どうしの電子反発のために正四面体構造からはややゆがんだ四面体構造となっている(VSEPR モデル参照)．

（b）sp^2 混成軌道

一つのs軌道と二つのp軌道が混成すると，三つの等価なsp^2混成軌道ができる(図3.32)．これら三つの軌道はともに平面上に存在し，それらは互いに120° の結合角で三角形の頂点に向かって延びている(平面三角形)．残りの一つのp軌道はこの平面三角形に垂直に位置している(図3.33)．たとえば，エテン($H_2C{=}CH_2$)分子では，炭素原子の三つのsp^2混成軌道のうちの二つは水素原子の1s軌道とσ結合を形成し，一つのsp^2混成軌道は隣接炭素原子のsp^2混成軌道とσ結合を形成している．炭素原子の残りのp軌道(一つの電子のみ存在)は，側面から互いに接近してπ結合を形成し二重結合となっている(図3.34)．

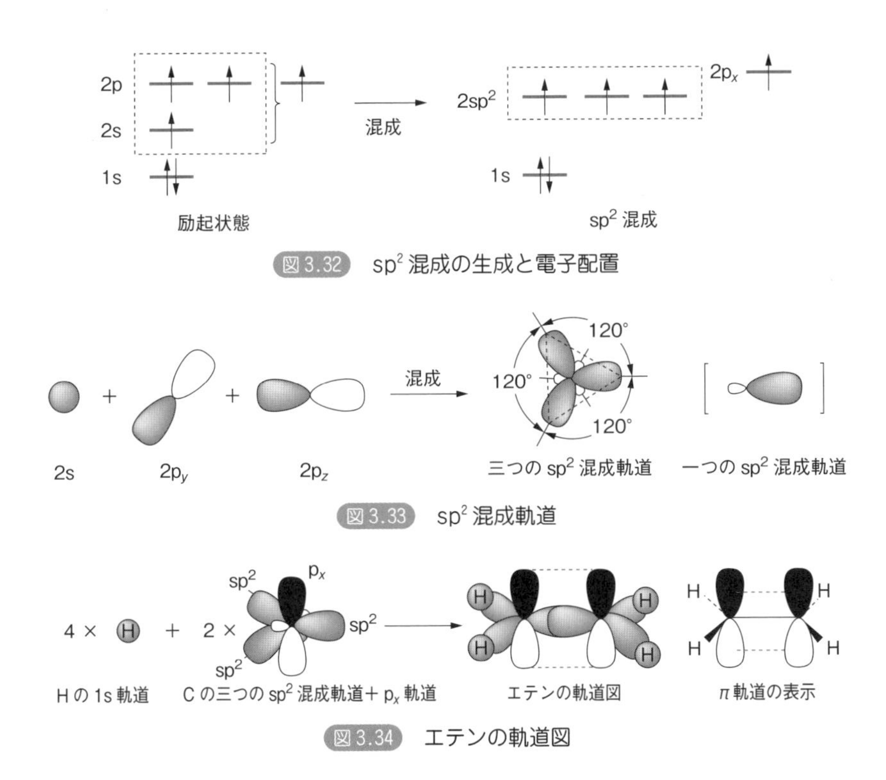

図3.32 sp^2混成の生成と電子配置

図3.33 sp^2混成軌道

図3.34 エテンの軌道図

(c) sp 混成軌道

一つの s 軌道と一つの p 軌道が混成すると，二つの等価な sp 混成軌道ができる(図 3.35)．これら二つの軌道は軸上に反対方向(結合角 180°)に延びて(直線状)いる．残りの二つの p 軌道は軸に垂直，かつ二つの p 軌道は 90° で交差している(図 3.36)．たとえば，アセチレン(エチン，ethyne)では，sp 混成軌道の一つは水素原子と，残りの sp 混成軌道は炭素原子と σ 結合を形成していて，二つの直交する p 軌道は隣接炭素原子の p 軌道と互いに直交する二つの π 結合を形成している(図 3.37)．

二酸化炭素(O=C=O)は直線形の分子(VSEPR モデル参照)であるが，炭素原子と酸素原子の結合は二つの σ 結合と，二つの π 結合からなっている．中心の炭素原子は sp 混成，酸素原子は sp^2 混成と考えればよい．炭素原子の二つの p_x，p_y 軌道は直交しているので，二つの π 結合も直交している(図 3.38)．

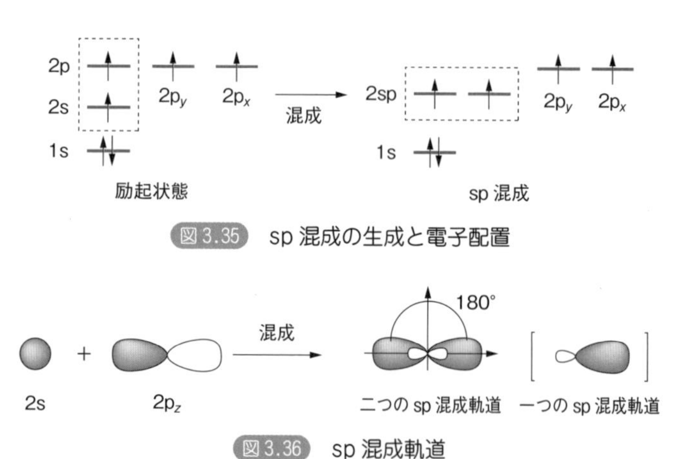

図 3.35 sp 混成の生成と電子配置

図 3.36 sp 混成軌道

COLUMN 二酸化炭素で抽出する

植物成分などを抽出するには一般には，有機溶媒や水を用いる場合が多い．しかし，目的とする成分が不安定な場合や，多量の溶媒の処理法がしばしば問題となる．その点二酸化炭素で抽出する方法は，二酸化炭素は物質を溶解しやすい，蒸発させることで容易に取り除くことができる，また回収も容易であるといった優れた性質をもっている．とはいえ，常温では気体なので分液ロートを使って抽出するわけには行かない．二酸化炭素に適切な加圧と加熱(7.3 MPa，31℃)を行うと気体と液体の性質を合わせもった「超臨界流体」となる．これを用いて不安定な食品成分やビタミン類などの抽出に応用されている．

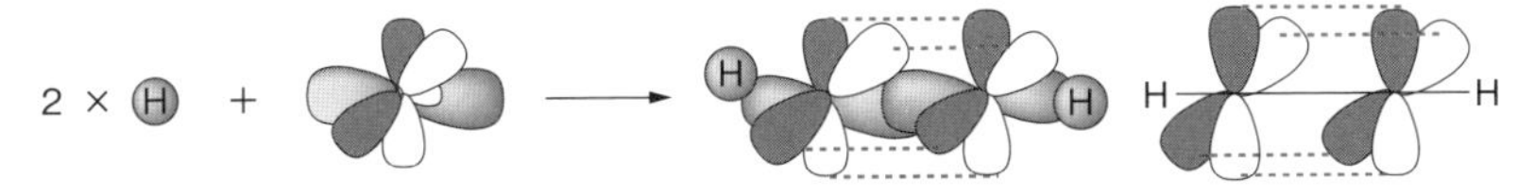

図3.37 アセチレンの軌道図

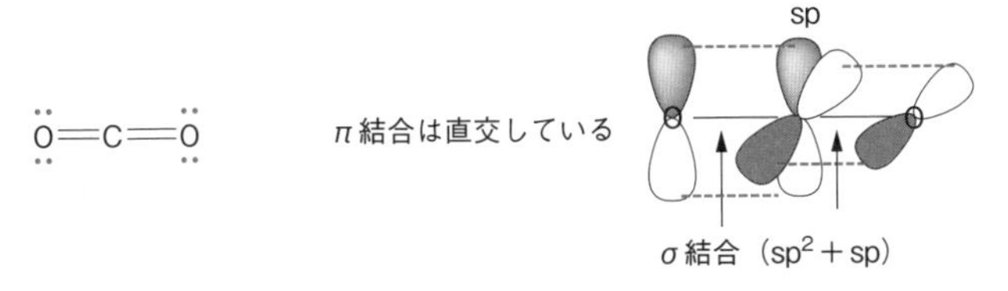

図3.38 二酸化炭素の軌道図

炭素原子，窒素原子，酸素原子を含む一般的な有機化合物では，以上述べた sp^3，sp^2，sp の各混成軌道を考えれば事足りるが，第3周期以降のリン原子や硫黄原子，遷移金属原子などが加わると d 軌道が存在するため，さらに d 軌道を含む混成軌道が必要となる．

Advanced ねじれた分子アレン

同じ炭素原子に二重結合を二つもつアレン（CH_2═C═CH_2）について考えてみよう．三つの炭素原子のうち，両端の二つの炭素原子は sp^2 混成軌道であることは理解できるであろう．しかし，中央の炭素電子はどのように考えればよいのだろうか．二酸化炭素の場合と同様に考えればよい．二組の二重結合は2本の σ 結合と2本の π 結合からなっていると考えられる．すなわち，中央炭素原子は sp 混成軌道である．残る二つの p 軌道は直交しているので，隣接炭素との π 結合は互いに直交する状態をとっている（図3.39）．

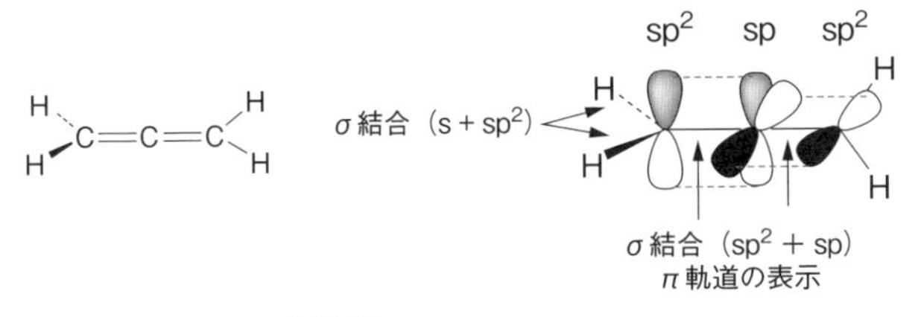

図3.39 アレンの軌道図

（d）sp^3d 混成軌道

五塩化リン（PCl_5）の場合，リン原子の電子配置は $(1s)^2(2s)^2(2p)^6(3s)^2(3p)^3$ なので，このままだと不対電子をもつ三つの p 軌道のみが共有結合に関与できるだけで，PCl_5 の五つの結合が説明できない．これを説明するためには，対電子をもつ3s軌道，三つの p 軌道，電子をもたない空の3d軌道一つが混成して，新たに五つの sp^3d 混成軌道ができ，それぞれに電子が

COLUMN

混成軌道の本当の形

混成軌道(sp, sp^2, sp^3)の形を片方が大きい亜鈴形で表現しているが，本当はそれぞれ下のような形をしている．p軌道も亜鈴形でかかれるが，実際の2p軌道はつぶれた串団子，3p軌道はとっても複雑な形をしている．しかし，このような正確な軌道をかいて説明するととても表現しにくいので，すべて亜鈴形でかくことにしている．

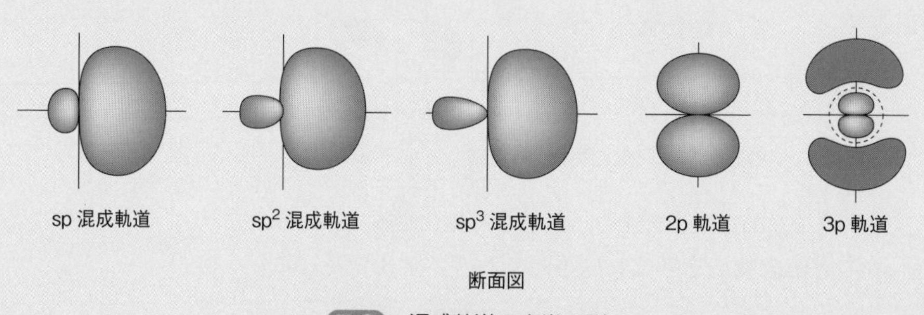

図① 混成軌道の本当の形

1個ずつ入ると考えればよい．五つのsp^3d混成軌道は**三方両錐体**(trigonal bipyramidal)を形成する(図3.40)．

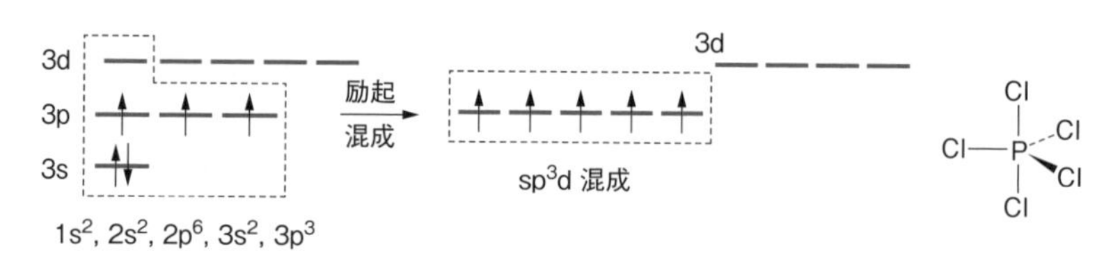

図3.40 リン原子の励起とsp^3d混成(PCl_5)

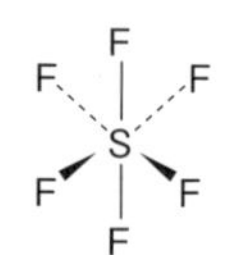

図3.41 SF_6のsp^3d^2混成

(e) sp^3d^2混成軌道

六フッ化硫黄(SF_6)では，3s軌道，三つの3p軌道，二つの3d軌道が混成して，新たに六つのsp^3d^2混成軌道ができる．それらは6方向に延びた**正八面体**(octahedral)構造をとっている(図3.41)．

以上，混成軌道によって形成される分子の形は，いずれも3.5節(p.53)に示したVSEPRモデルによって説明できる．そのほか，遷移金属原子が関与する混成軌道については第5章を参照して欲しい．

3.7 分子軌道理論(分子軌道法)

ルイス理論による原子価結合法は分子の形や性質についての多くを説明できる非常に優れた方法であるが，実際の分子の電子状態を必ずしも正確には表現していない．たとえば，酸素分子はルイス理論では O═O と表現できるが，実際の性質は常磁性（磁石に引きつけられる）化合物で，このことは酸素分子には不対電子が存在することを意味している．この事実を説明するためには**分子軌道理論**（molecular orbital theory）の考え方が必要となってくる．

SBO 分子軌道の基本概念および軌道の混成について説明できる．

3.7.1　分 子 軌 道

原子価結合理論と分子軌道理論の考え方の大きな違いは何だろうか．前者では結合に関与する二つの電子はそれぞれの原子軌道に局在しているが，後者では二つの電子は**新たに形成される**分子全体に広がる**分子軌道**（molecular orbital）に存在する．一つの分子軌道には原子軌道の場合と同じように，スピンを逆にした電子が二つまで入ることができる．分子軌道の波動関数は近似的には構成する原子の波動関数の和として計算することができ，このような近似法を原子軌道の線形結合，**LCAO-MO**（linear combination of atomic orbital）という．

（a）水素とヘリウム

二原子分子である水素分子（H_2）について見てみると，二つの水素原子の波動関数が同一位相（＋と＋）で重なる場合〔式(3.7)〕と，逆位相（＋と－）で重なる場合〔式(3.8)〕の二通りがある（図 3.42）．

$$\psi_{(\text{bonding})} = C_A\psi(1s)_A + C_B\psi(1s)_B \tag{3.7}$$

$$\psi_{(\text{antibonding})} = C_A\psi(1s)_A - C_B\psi(1s)_B \tag{3.8}$$

同位相で重なってできる分子軌道は**結合性軌道**（bonding molecular orbital）といい，二つの原子間に電子密度が大きくなる卵形に近い形をしていて，もとの原子軌道のエネルギー準位よりも低くなっている．この軌道への電子の存在は結合形成に働く．他方，逆位相で重なってできる分子軌道は**反結合性軌道**（antibonding molecular orbital）といい，二つの原子間に電子の存在密度がゼロになる面（節面）が存在するため，結合を切る方向に働く．この分

COLUMN　液体酸素は磁石に引き寄せられる

液化空気を分留していくと，－196℃（77 K）で窒素が，－183℃（90 K）で酸素が気体となるので，これを再び冷却することで液体酸素を得ることができる．さらに冷却すると，－218℃で，固化する．液体酸素は淡青色で磁石の S 極と N 極の間に流すと，両極の間に付着してしまう．このことからも，酸素が常磁性物質であることがわかる．液体酸素はロケットの推進剤（液体水素など）とともに燃焼補助剤として用いられるほか，医療用に用いる大量の酸素ガスの供給源として利用されている．

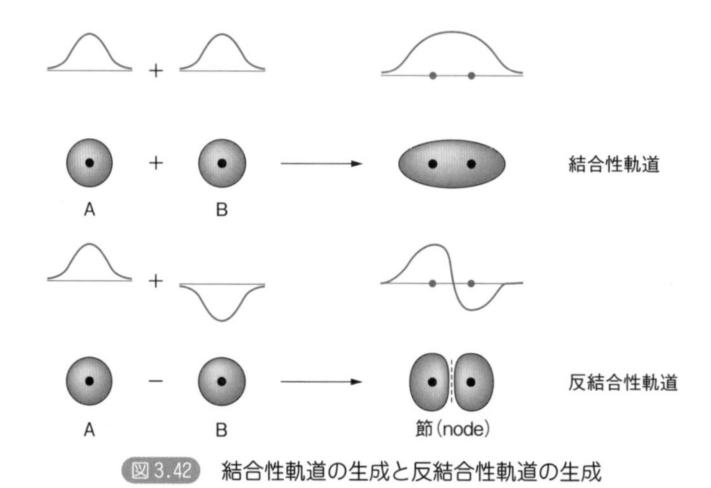

図3.42 結合性軌道の生成と反結合性軌道の生成

子軌道のエネルギー準位は，もとの原子軌道よりも高くなっている．電子の存在確率は波動関数の二乗で表現できるので，波動関数のプラス，マイナスの符号(位相)は電子の存在確率には無関係となる．水素分子では二つの電子がより安定な結合性(σ)軌道に対を成して入り，エネルギーの高い反結合性σ^*軌道(σ^*はシグマスターと読む)は空の状態となるので，二つの水素ラジカルは結合してより安定な水素分子となるほうが有利である(図3.43)．

4電子のヘリウム分子(He_2)の場合はどうだろう．ヘリウムは不活性な単原子分子であることが説明できるだろうか．He_2を構成する四つの電子は新たに生成する二つの分子軌道，結合性軌道(σ)と反結合性軌道(σ^*)にそれぞれ二つずつ入るので，エネルギーの安定化と不安定化の両方が相殺するので，He_2は安定な分子として存在しない(図3.44)．

ここで，**結合次数**(bond order)について述べる．結合次数は以下の式で

COLUMN 不活性ガスは不活性か

第18族の原子であるヘリウム，ネオン，アルゴン，クリプトン，キセノン，ラドンは**希ガス**(rear gas)といわれている．天然界での存在がまれであるからである．また，これらは**貴ガス**(noble gas)ともいわれる．**貴**(noble)とは反応性が低いことを意味し，日本語では不活性ガスともいわれていた．これらはすべて電子配置が閉殻状態にあって反応性が低いため，アルゴンは実験室で不活性雰囲気とするために使われている．しかし，1962年にN. Bartlett(カナダ・ブリティッシュコロンビア大学)はキセノンを含む結晶性固体を合成した．その後，キセノンはフッ素と直接反応することが発見され，フッ化物からキセノンの酸化物がつくられた．いずれにしてもある種の錯体以外は不安定であって，貴ガスの地位を失うことにはなりそうもない．

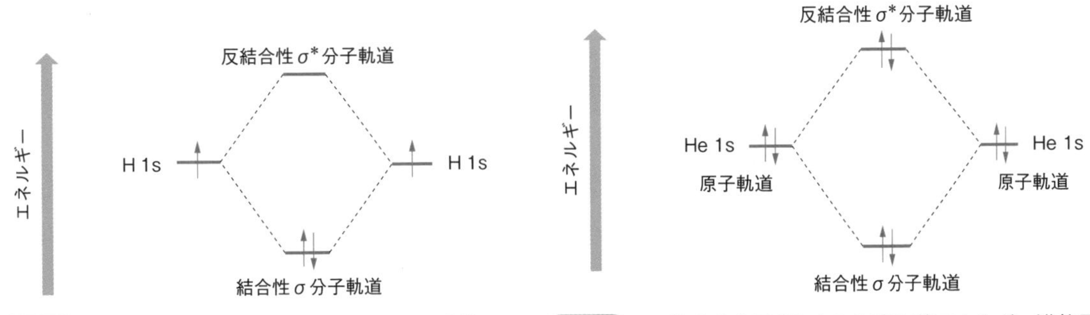

図 3.43　水素分子(H_2)の分子軌道エネルギー準位図

図 3.44　ヘリウム分子(He_2)の分子軌道エネルギー準位図

表現できる．単結合，二重結合，三重結合などの表現で見られるような結合の強さといえる．

$$\text{結合次数} = \frac{\begin{bmatrix}\text{結合性軌道に}\\ \text{存在する電子数}\end{bmatrix} - \begin{bmatrix}\text{反結合性軌道に}\\ \text{存在する電子数}\end{bmatrix}}{2}$$

たとえば，ヘリウム分子(He_2)の結合次数 $= (2 - 2)/2 = 0$ となる．すなわち，結合はできないことを示している．水素分子では，結合次数 $= (2 - 0)/2 = 1$ で単結合である．

一般には，二原子間の結合の数と理解すればよい．たとえば，窒素分子($N{\equiv}N$)では結合次数 3，エテン($H_2C{=}CH_2$)の $C{=}C$ 間は 2，$C{-}H$ 間は 1 となる．ベンゼン環の C┄C 結合は 1.5 である．

COLUMN　軌道相互作用の強さに関する規則

1．軌道の重なりが大きいほど安定化も不安定化も大きい．

2．軌道エネルギーの差が小さいと安定化も不安定化も大きい．

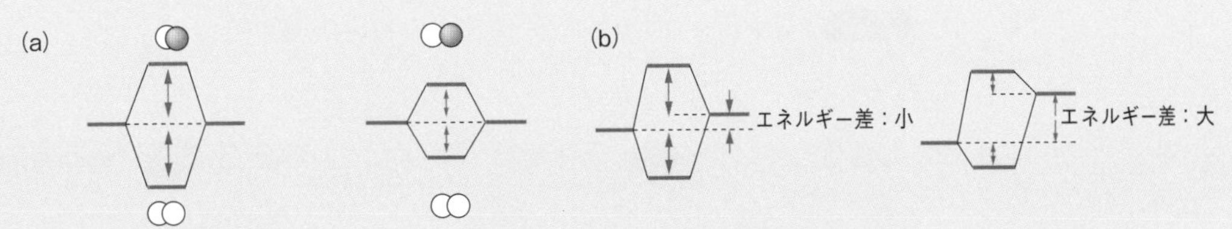

図①　軌道相互作用の強さ
(a) 軌道の重なりと相互作用，(b) 軌道エネルギー差と相互作用．

（b）そのほかの二原子分子の分子軌道

s 軌道のみに電子が存在するリチウム(Li)やベリリウム(Be)では，ともに 1s 軌道には二つの電子が存在する．1s 軌道どうしの重なりによってできる 2 種の分子軌道(結合性軌道と反結合性軌道)は He のときと同様に，二つの軌道ともに電子が 2 個ずつ存在するので結果として結合には関与しない．Li の価電子である 2s 軌道の電子は一つなので，Li_2 では新たに生成する σ 結合性軌道に二つの電子が収まるので，エネルギーは低下する．Be では，$(1s)^2(2s)^2$ の電子配置なので，2s 軌道どうしの重なりによってできる 2 種の分子軌道(結合性軌道と反結合性軌道)ともに 2 電子存在することになり，結合にあずからないので，Be_2 は存在しない(図 3.45)．

B(ホウ素)より原子番号の大きい元素では荷電子が p 軌道に存在するようになる．s 軌道(球形)の重なりでは問題にならなかったが，p 軌道の重なりではその方向性が問題となる．以下に(p + p)の重なりについて考えてみよう．軸方向(図 3.46 では z 軸としている)に重なる場合は，σ 結合となる．軸と垂直方向の重なりは，π 結合となる(図 3.47)．

同種元素の二原子分子の例として，窒素分子と酸素分子について考えてみよう．窒素原子の電子配置は $(1s)^2(2s)^2(2p_x)^1(2p_y)^1(2p_z)^1$ で三つの p 軌道

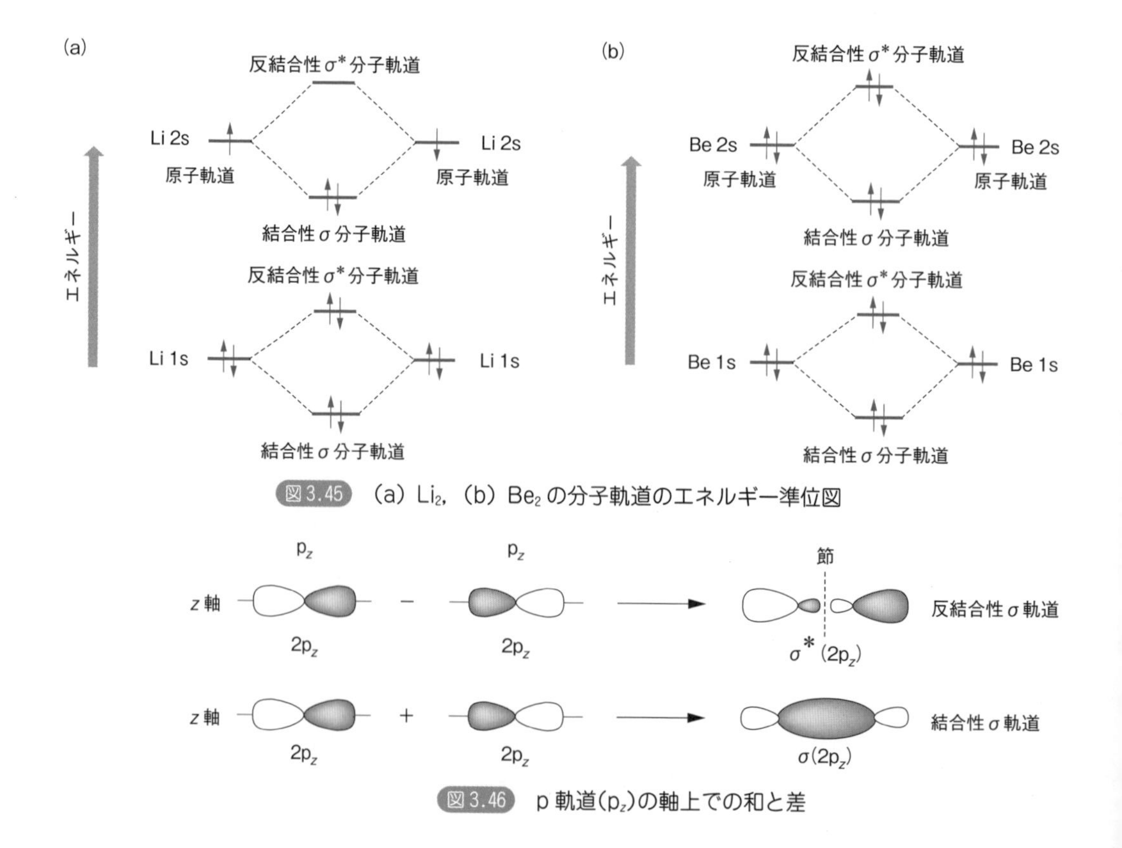

図 3.45　(a) Li_2，(b) Be_2 の分子軌道のエネルギー準位図

図 3.46　p 軌道(p_z)の軸上での和と差

$2p_x$ − $2p_x$ → $\pi^*(2p_x)$ 節 反結合性 π 軌道

$2p_x$ + $2p_x$ → $\pi(2p_x)$ 結合性 π 軌道

図 3.47 軸に垂直な p 軌道(p_x, p_y)の和と差

は縮退(エネルギー準位が同じ)している(図 3.48)．それぞれの N 原子が電子収容している五つの軌道をもつことから新たな N_2 分子軌道が 10 個できる．図 3.46 のように二つの N が z 軸上にあると仮定する．二つの N の 1s 軌道どうしが結合性 σ 分子軌道と反結合性 σ^* 分子軌道を生成する．2s 軌道どうしからも同様に二つの分子軌道ができる．次に，$2p_z$ 軌道は N−N 間の結合軸方向を向いており(図 3.46)，それらの和によって結合性 σ 軌道が，差に

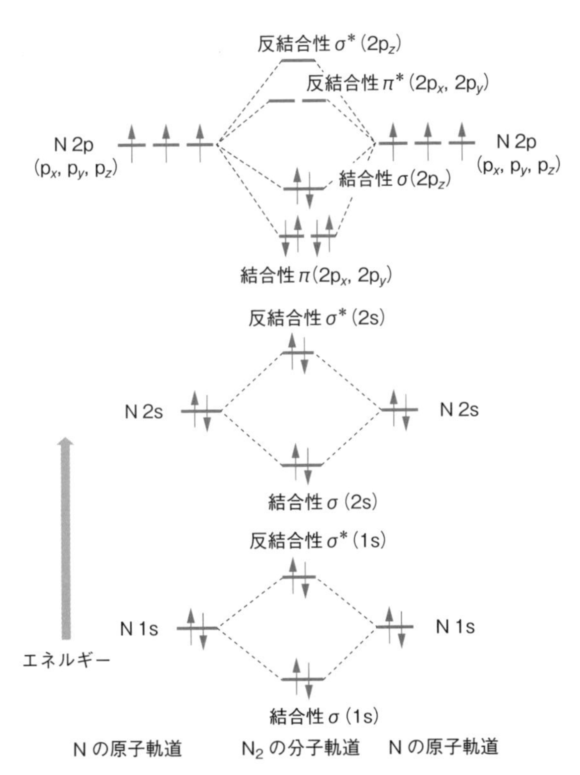

図 3.48 窒素分子(N_2)の分子軌道エネルギー準位図

よって反結合性 σ 軌道が生成する．また，$2p_x$ 軌道どうし，および $2p_y$ 軌道どうしは，いずれも N—N の結合軸に対して垂直方向を向いており，図 3.47 に示したかたちで相互作用し，結合性 π 軌道と反結合性 π 軌道を生成する．このように生成した 10 個の分子軌道のエネルギー準位図(図 3.48)は，エネルギーの低いほうから，$\sigma(1s)^2$，$\sigma^*(1s)^2$，$\sigma(2s)^2$，$\sigma^*(2s)^2$，$\pi(2p_x)^2$，$\pi(2p_y)^2$，$\sigma(2p_z)^2$，$\pi^*(2p_x)$，$\pi^*(2p_y)$，$\sigma^*(2p_z)$ となり，低い順に電子が 14 個(二つの N 原子から)埋まってゆく．結合次数の計算は，$(10-4)/2=3$ となりルイス式で示したような三重結合である．

酸素分子についても同様に考えると，分子軌道のエネルギー準位図は $\sigma(1s)^2$，$\sigma^*(1s)^2$，$\sigma(2s)^2$，$\sigma^*(2s)^2$，$\sigma(2p_z)^2$，$\pi(2p_x)^2$，$\pi(2p_y)^2$，$\pi^*(2p_x)^1$，$\pi^*(2p_y)^1$，$\sigma^*(2p_z)$ となる(図 3.49)．分子軌道のエネルギー準位についての定量的な議論は難しいので，ここではその理由には触れないことにする．エネルギーの低い分子軌道に $\sigma(1s)^2$ から順に電子を入れて行くと(二つの O 原子から 8 電子ずつ，合計 16 個)，縮重した $\pi^*(2p_x)\pi^*(2p_y)$ 軌道に 1 電子ずつ収容される(フントの規則，p. 17 参照)ことになる．ルイス構造では説明できなかった基底状態の分子状酸素が常磁性(不対電子の存在)で，三重項(n 重項：$n=$ 不対電子数 $+1$)であることが説明できる．結合次数は，(10 −

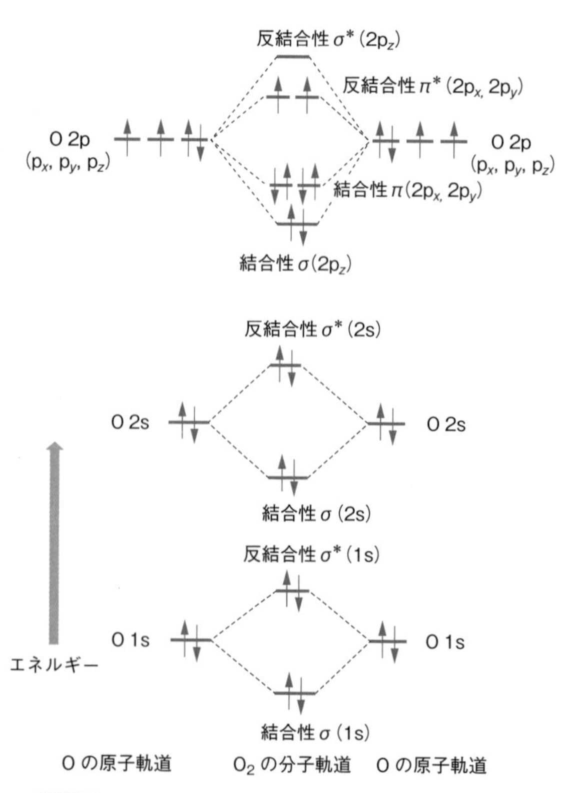

図 3.49 酸素分子(O_2)の分子軌道エネルギー準位図

6)/2 = 2となり二重結合性を示している．

次に，異原子分子である一酸化窒素（N═O）について考えてみよう．異原子分子ではそれぞれの原子軌道エネルギーに違いがあるが，基本的な考え方はまったく同じである．NOの場合，O原子のほうが電子陰性度は大きいので電子がややO原子に偏っていて，エネルギー準位はNよりも低いと考えられる．価電子は，N〔$(2s)^2(2p_x)^1(2p_y)^1(2p_z)^1$〕，O〔$(2s)^2(2p_x)^2(2p_y)^1(2p_z)^1$〕で，生成する分子軌道のエネルギー準位は $\sigma(2s)^2$，$\sigma^*(2s)^2$，$\sigma(2p_z)^2$，$\pi(2p_x)^2$，$\pi(2p_y)^2$，$\underline{\pi^*(2p_x)^1}$，$\pi^*(2p_y)$，$\sigma^*(2p_z)$となる．これらの分子軌道に合計15個（Nから7個，Oから8個）の電子が収容されると，反結合性p軌道に電子が一つ存在する．結合次数は(8 − 3)/2 = 2.5となりルイス構造の共鳴構造式（図3.19）で示したように，二重結合性と三重結合性を合わせもっている構造である（図3.50）．

次に，一酸化炭素（C═O）について考えてみよう．ルイス構造は二重結合の構造と三重結合の構造の共鳴混成体として表すことができる（図3.51）．

これをLCAO近似による分子軌道法によってエネルギー関係図を示すと図3.52のようになり，結合次数は3（三重結合）となる．

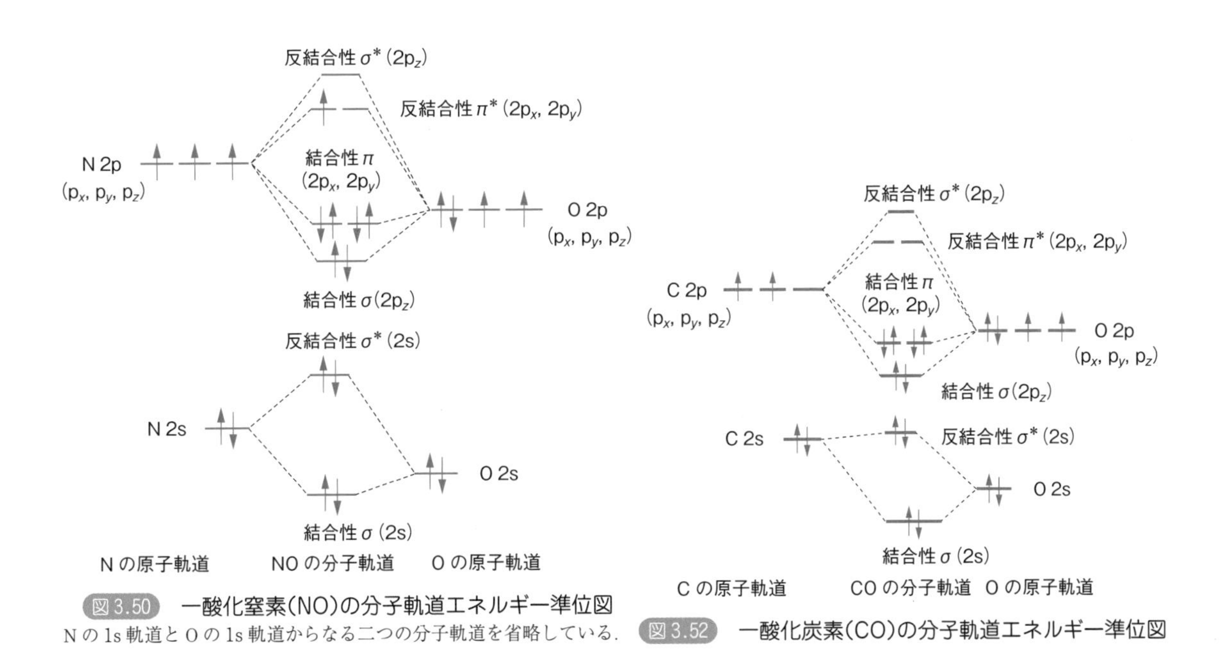

図3.50　一酸化窒素（NO）の分子軌道エネルギー準位図
Nの1s軌道とOの1s軌道からなる二つの分子軌道を省略している．

図3.52　一酸化炭素（CO）の分子軌道エネルギー準位図

$:\mathrm{C}{=}\ddot{\underset{..}{\mathrm{O}}} \longleftrightarrow {}^{-}:\mathrm{C}{\equiv}\underset{..}{\mathrm{O}}^{+}$

図3.51　一酸化炭素（CO）の共鳴構造

Advanced エネルギー準位に大きな差のある場合の分子軌道

異原子分子(A—B)の場合 A と B の原子軌道のエネルギー準位にあまり差のない場合は，いままで述べてきた方法(たとえば，2s と 2s および 2p と 2p の相関)で分子軌道を表現することができる．しかし，A と B の軌道エネルギー準位に大きな差がある場合，2s—2p のような相関がより重要となる．その例としてフッ化水素(H—F)があげられる．フッ化水素では水素の 1s 軌道のエネルギー準位はフッ素の 2p 軌道のエネルギー準位に最も近い(図 3.53)．そのため，水素の 1s 軌道とフッ素の 2p 軌道が混じり合う(相関をもつ)．フッ素の 2s 軌道電子(２個)は共有結合には無関係な非結合性軌道に入る．水素の 1s 軌道とフッ素の $2p_z$ 軌道が z 軸上に接近すると，結合性 σ 軌道および反結合性 σ^* 軌道とになる．フッ素の p_x，p_y 軌道は水素 1s 軌道と接近しても結合性の重なりと反結合性の重なりが相殺するので，結合には関与しない非結合性軌道となる(図 3.54)．結局，結合性 σ 軌道に２電子(単結合)，三つの非結合性軌道に六つの電子が収容される．

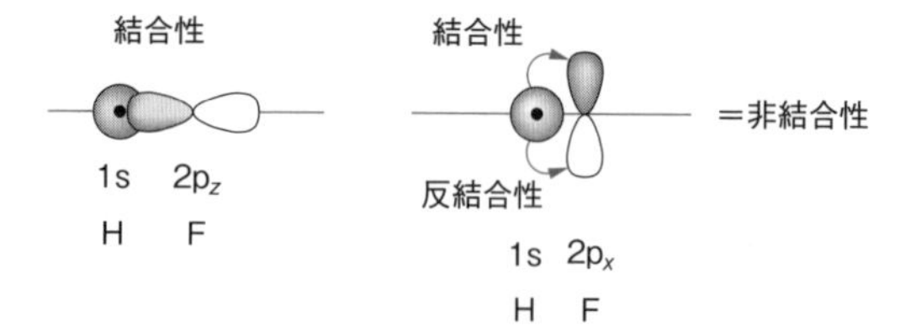

図 3.53 1s—2p のオーバーラップによる結合性 σ 軌道と非結合性軌道

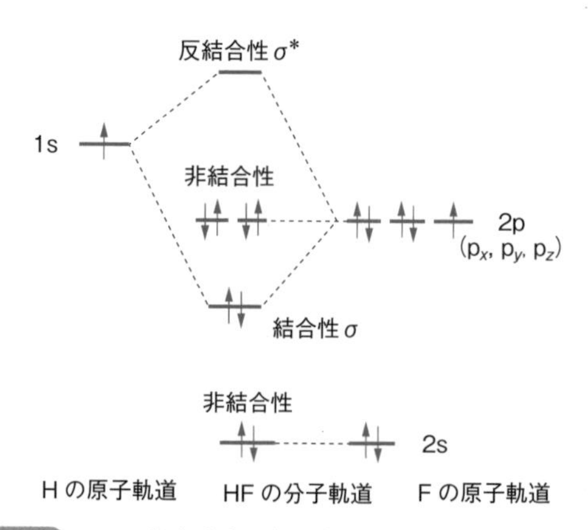

図 3.54 フッ化水素(HF)の分子軌道エネルギー準位図

一酸化炭素(C═O)についてももう少し詳しく見てみよう．先に示したエネルギー準位図では 2s—2s，および 2p—2p の相関のみで表現したが，実際は炭素原子の 2s 軌道エネルギー準位は酸素原子の 2s，2p 軌道の中間に位置する．このため，炭素原子の 2s 軌道と 2p 軌道がともに，酸素原子の 2p 軌道と混じり，複雑に軌道の相関が生じる．細かい点を無視すれば，酸素原子の 2s 軌道は炭素原子の 2s 軌道に比べずっとエネルギーが低いので，

CO 分子軌道での酸素原子の 2s 軌道はほとんど炭素原子の 2s 軌道と相関をもたない．したがってそのまま非結合性の 1σ 軌道となり，2s(C)—$2p_x$(C) 軌道の混合からは 3σ 軌道(非結合性軌道)ができる．2s(C)—$2p_z$(O) 軌道の混合からは結合性の 2σ 軌道ができ，$2p_x$(C)—$2p_x$(O) 軌道との混合および $2p_y$(C)—$2p_y$(O) 軌道からは二つの π 軌道が生成する(図 3.55)．

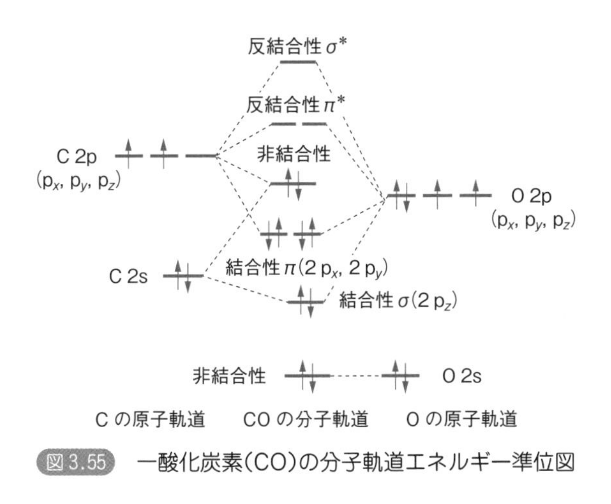

図 3.55 一酸化炭素(CO)の分子軌道エネルギー準位図

3.7.2 原子価結合法と分子軌道法

原子価結合法でのオゾン(O_3)の取扱いでは，二つの σ 結合については明確にできるが，一つの π 結合については共鳴構造の考え方を取り入れなければ説明できなかった(図 3.56)．分子軌道法では，三つの酸素原子を含む π(2p)結合性分子軌道としてとらえることができる(図 3.57)．つまり，σ 結合の説明は原子価結合法で十分であるが，π 電子に関する情報は分子軌道法による扱いのほうがより正しいといえる．

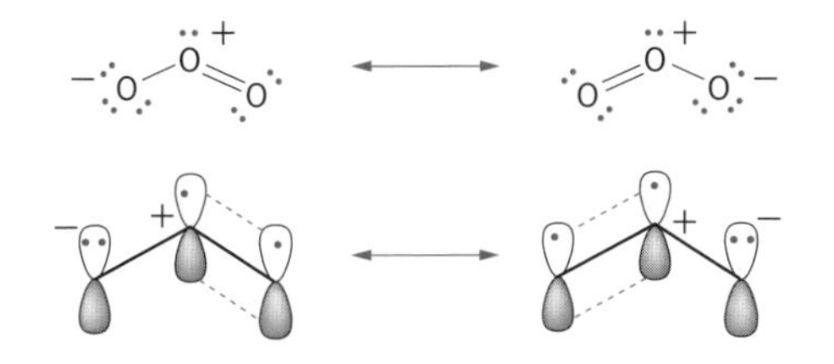

図 3.56 オゾン(O_3)の原子価結合法による表現

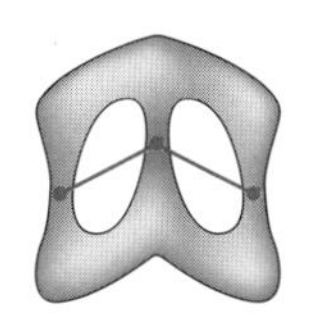

図 3.57 オゾン(O_3)の分子軌道法での表現

3.8 分子間力

医薬品の活性発現では，ペプチドを主体とする受容体や酵素の活性部位と薬物との分子間の相互作用による結びつきが重要となる．この観点から分子

SBO ファンデルワールス力について説明できる.
SBO 静電相互作用について例を挙げて説明できる.
SBO 双極子間相互作用について例を挙げて説明できる.
SBO 分散力について例を挙げて説明できる.
SBO 水素結合について例を挙げて説明できる.
SBO 電荷移動相互作用について例を挙げて説明できる.
SBO 疎水性相互作用について例を挙げて説明できる.

間相互作用の基本的概念について学ぶ. 定量的な詳細については, 本シリーズの『物理化学』*2 に記述があるので合わせて参照して欲しい.

*2 石田寿昌 編,〈ベーシック薬学教科書シリーズ 3〉『物理化学』, 化学同人(2007).

3.8.1 静電相互作用

静電相互作用(electrostatic interaction)とは, いわゆるクーロン引力で電気的な＋, －の引力である. たとえば, カルボキシレート陰イオンとアンモニウム陽イオン間の相互作用に見られる(図 3.58).

図 3.58 カルボキシレート陰イオンとアンモニウム陽イオン間の静電相互作用

3.8.2 イオン－双極子相互作用

双極子分子によるカチオンあるいはアニオンの安定化で見られる. たとえば, NaCl 水溶液では, ナトリウム陽イオンは陰性を帯びた水分子の酸素原子によって取り囲まれて安定化し, 塩素陰イオンはやや陽性を帯びた水分子の水素原子によって取り囲まれて安定化している. このような分子によるイオンの安定化現象を**溶媒和**(solvation)といい, とくに水分子による場合は**水和**(hydration)という(図 3.59).

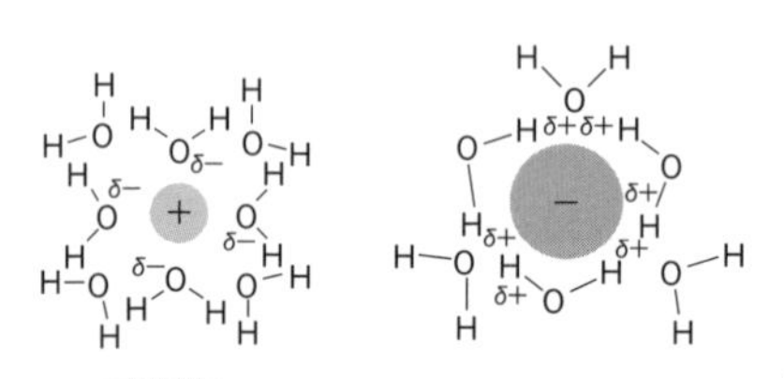

図 3.59 イオン-双極子相互作用

3.8.3 双極子－双極子相互作用

(a) 永久双極子-永久双極子相互作用

双極子-双極子相互作用(dipole-dipole interaction)とは, クロロメタンのような極性分子間に働く相互作用で, 双極子の δ＋側と δ－側が接近するように配向する(図 3.60).

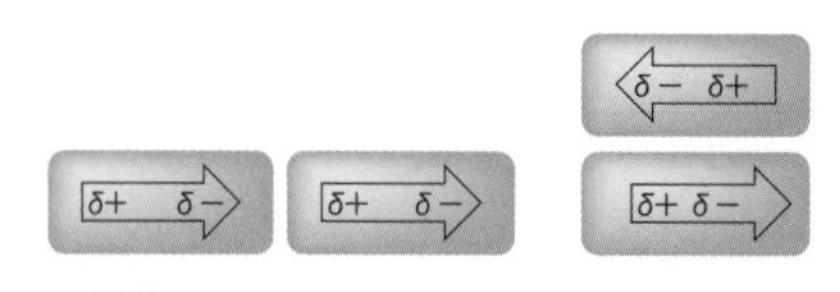

図 3.60 永久双極子-永久双極子相互作用

分子間力の大きさは沸点を比較するとよくわかる. 沸点は分子間力を切るために必要なエネルギーを示しているからである. モノクロロメタン(分子量 50.5)と分子量の比較的近いプロパン(分子量 44)の沸点を比較するとそれぞれ －24℃と －42℃で双極子相互作用が働いていることがわかる. また,

シス-1,2-ジクロロエテン(bp 60.1℃, μ = 1.90 D)とトランス-1,2-ジクロロエテン(bp 48.7℃, μ = 0 D)の沸点の比較では，双極子をもつシス異性体のほうが高く分子間力がより強く働いている(図 3.61).

H　H　C=C　Cl　Cl　μ = 1.90 D
シス-1, 2-ジクロロエテン

H　Cl　C=C　Cl　H　μ = 0 D
トランス-1, 2-ジクロロエテン

図 3.61　ジクロロエテンの異性体

(b) 双極子-誘起双極子相互作用

永久双極子を有する化合物が無極性分子に接近するとその無極性分子に双極子が誘起される．このとき，誘起された双極子と極性分子の永久双極子との間に引力が働く．この場合を**双極子-誘起双極子相互作用**(dipole-induced-dipole interaction)という(図 3.62).

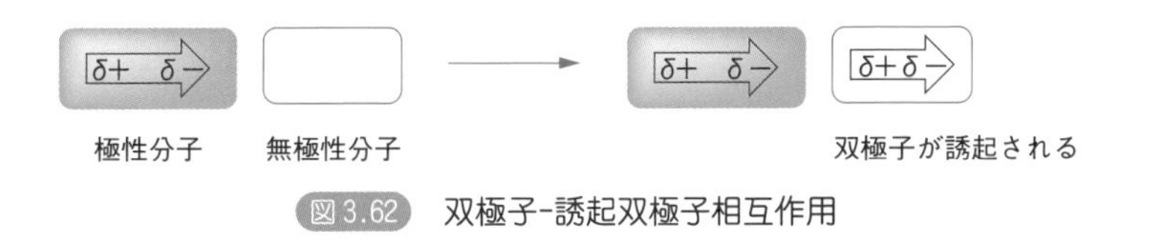

図 3.62　双極子-誘起双極子相互作用

(c) ロンドンの分散力

すべての分子間に働く引力ではあるが，とくに双極子をもたない無極性分子間においては唯一の引力である．アルカンやベンゼンのような無極性分子でも，瞬間瞬間には電子雲での電子の偏りすなわち双極子を生じる．このようにして生じた瞬間的な双極子どうしが引き合って生まれる引力を**ロンドン(分散)力**(London force)という(図 3.63)．大きい分子ほど電子雲が広がっているので，より電子の偏りが生じ，ロンドン力は大きくなる．つまり表面積の大きい分子ほど分子間力が大きく，沸点が高い．構造異性体であるペンタン(bp 36℃)と 2,2-ジメチルプロパン(bp 9.5℃)の沸点を比較すると，表面積の大きいペンタンの方が 20℃近く沸点が高い(図 3.64).

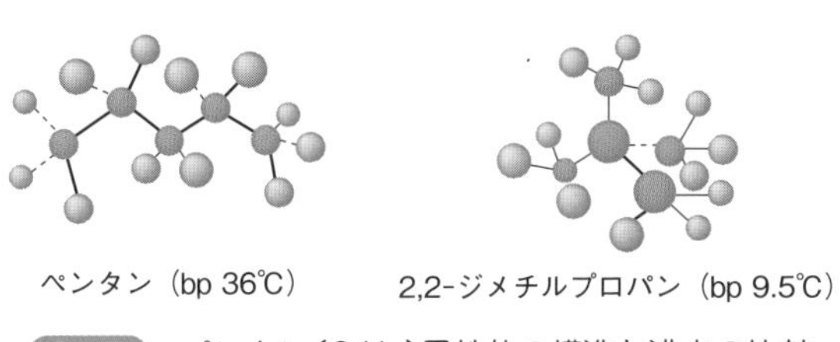

図 3.64　ペンタン(C_5H_{12})異性体の構造と沸点の比較

F. London
(1900-1954)，ドイツ生まれの物理学者．のちに，アメリカに帰化した．

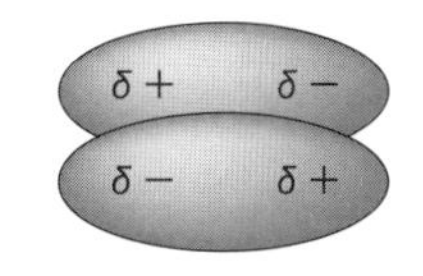

図 3.63　ロンドン力

ファンデルワールス相互作用
中性分子間に働く力で，引力と反発力がある．一般には引力を話題としていることが多い．本項で述べた三つの双極子-双極子相互作用〔(a)～(c)〕の総称である．

3.8.4 水素結合

水の沸点はほかの同程度の分子量の化合物に比べ，異常に沸点が高い．メタンの沸点は −161.5℃なので260℃以上も高く，その原因は分子間の水素結合によると考えられる．電気陰性度の大きい元素に結合した水素原子は＋性を帯て，ほかの分子の負電荷部分と静電的な引力を生じる．このように，水素原子を挟んで働く結合(引力)を**水素結合**(hydrogen bond)という(図3.65)．

図3.65 HFおよび酢酸における水素結合

水素結合はDNAにおける核酸塩基対の形成に重要な役割を果たしている．また，医薬品と受容体あるいは酵素との相互作用においても大きな要素となっている．

3.8.5 疎水性相互作用

水は水素結合によって規則正しい網目状の三次元構造(結合水)をして安定化している．アルカンのような疎水性分子が水中にあると中性分子のまわりを取り囲むように不安定なかご状構造となる．疎水性分子どうしが弱い力で引き合うとその面積分だけ水との接触面が減少して追いだされた自由な水が増える(図3.66)．つまりエントロピーが増大するので安定化する．すなわち，疎水性相互作用は水中でのみ働く相互作用であって，その原動力は中性分子どうしの引力というよりも，水の構造上の安定化に起因している．

3.8.6 電荷移動相互作用

配位結合に見られるように，ある分子(電子供与体)の軌道電子がエネルギー準位の近いほかの分子(電子受容体)の空の分子軌道と相互作用して安定

COLUMN **π－π相互作用**

ロンドン分散力について学んだが，芳香環どうしの間に生じる引力である．平面が重なるように配向するので，π-πスタッキングともいう．ロンドン分散力は電子の瞬間的な偏りなので，π電子が広く分散した芳香族はロンドン分散力が強く，分子の形に影響を及ぼす．タンパク質分子や，核酸，高分子あるいは受容体タンパクを構成する芳香族アミノ酸と医薬品の芳香族部分構造との分子間引力の要因ともなっている．

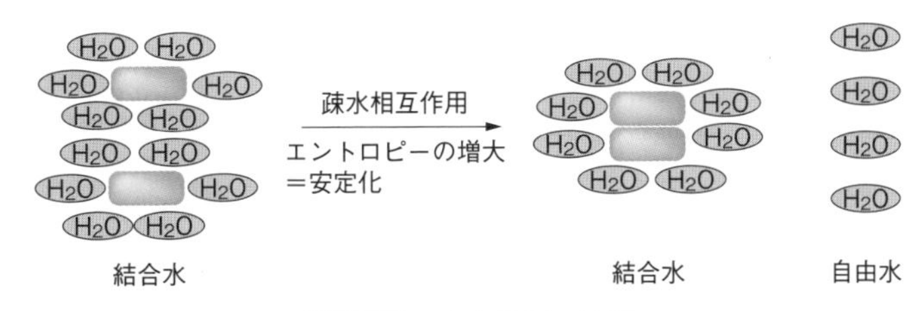

図 3.66 疎水性相互作用

化する．これを**電荷移動相互作用**(charge transfer interaction)という．ヨウ素(電子受容体)とアミン(電子供与体)間の相互作用，ヨウ素とデンプンの相互作用にも見られる．ヨウ素デンプン反応はデンプンの網目状構造の中にヨウ素分子が取り込まれ(包接化合物)，デンプンを構成するグルコースのヒドロキシ基の酸素原子の孤立電子対がヨウ素分子に配位する(電荷移動錯体の形成)ことで青紫色を呈する(図 3.67).

これらの分子間力の強さのおおよその目安の比較を表 3.6 にまとめる.

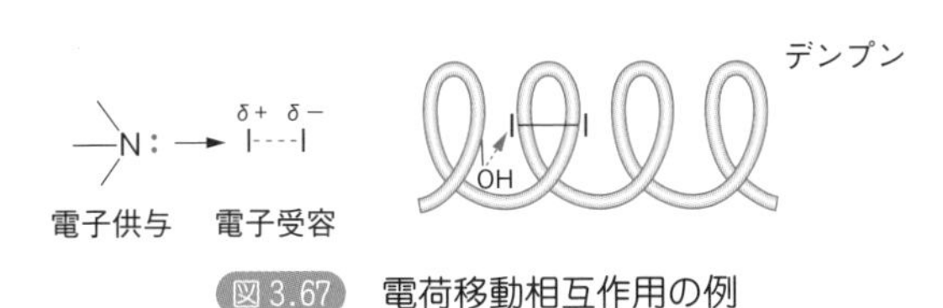

図 3.67 電荷移動相互作用の例

表 3.6 分子間力の種類と大きさ

分子間相互作用の種類	典型的な分子間力の強さ (kJ mol^{-1})	分子間距離(r)と分子間力との反比例関係	相互作用するもの
静電引力	250	r	イオン-イオン
イオン双極子	15	r^2	イオン-極性分子
双極子双極子	2	個体では r^3，気体では r^6	極性分子どうし
双極子誘起双極子	0.3		極性分子-無極性分子
ロンドン分散	2	r^6	すべての分子
水素結合	20		H—X：X=N，O，F など

章末問題

1. 酸素原子の基底状態の電子配置を書け.
2. 亜硝酸イオン(NO_2^-)およびニトロニウムイオン(NO_2^+)のルイス構造式を，その分子の形を示しながら書け.
3. 二酸化硫黄(SO_2)のルイス構造を書け．また，そのおおよその立体構造を書け.
4. 過塩素酸，次亜塩素酸の塩素原子の酸化数はいくらか.
5. 炭酸イオンをルイス構造を用いた共鳴構造式で書け．また，原子価結合法(混成軌道を用いて)で分子の軌道図を書け.
6. Li_2 分子が生成するときのエネルギー準位図を書

き，その分子が安定に存在するか否かを説明せよ．

7． 分子軌道法におけるスーパーオキシドイオン(O_2^-)およびパーオキシドイオン(O_2^{2-})について以下の問に答えよ．

a. エネルギー準位図を書け．

b. 結合次数を求めよ．

c. 常磁性か反磁性かを示せ．

8． 次の分子のうち双極子モーメントがゼロのものはどれか．

a. BF_3　b. CCl_4　c. CH_3OH　d. SO_2

9． 二酸化窒素は一部二量体を形成している．二酸化窒素のルイス構造から二量体のルイス構造を予測せよ．

10. 次の化合物の沸点を比較するとき，より高温な分子はどちらかを示し，その理由を説明せよ．

a. 酢酸と酢酸メチル

b. アンモニアとメタン

c. パラジクロロベンゼンと
オルトジクロロベンゼン

d. 塩化水素とヨウ化水素(ヒント：塩素原子よりもヨウ素原子のほうが電子が豊富で電子雲は広く分布している)

11. 二原子酸素(O_2)が常磁性であり，二原子窒素(N_2)が反磁性である理由を，これらの分子軌道をもとに考えて説明しなさい．

4 化学平衡

❖ 本章の目標 ❖

- なぜ，アレニウス式で反応速度を記述できるのか，またこの式を使って実際に反応速度を定量的に評価する方法までを学ぶ．
- 酸塩基平衡について学ぶ．
- ルイス酸塩基と HSAB 理論について学ぶ．
- 酸化還元平衡について学ぶ．

4.1 化学平衡

4.1.1 化学平衡

物質 A と物質 B をある溶媒に溶解させ，これをある程度加熱すると両者が反応し，物質 C が生成するという単純な化学反応を考える〔式(4.1)〕．

$$A + B \longrightarrow C \tag{4.1}$$

ここでこの反応が単位時間当たりにどのくらい進むか，つまり速度について考えてみる．たとえば，A を 100 分子，B を 100 分子，溶媒に溶解させ加熱すると，加熱した瞬間にすぐに物質 C が生成するのであろうか．それともかなり時間をおかないと物質 C の生成は確認できないのであろうか．また反応にかける温度はどのくらいが適切なのだろうか．さらに最終的には物質 C が 100 分子必ず生成するのであろうか．これらの答を知るには「化学反応速度」という考え方を知る必要があり，この速度を表す基本となる式が**アレニウス式**(Arrhenius equation)である．4.1 節では，化学反応が起こるということはどのような現象ととらえればよいのか，なぜアレニウス式で反応速度を記述できるのか，またこの式を使って実際に反応速度を定量的に評価する方法について概説する．

逆に，物質 C のみをある溶媒に溶解させた状況についても考えてみる．

S. A. Arrhenius
(1859-1927)，スウェーデンの物理化学者．1903 年ノーベル化学賞受賞．

この溶液をやはりある一定の温度まで熱してみると，どのような変化が起こるであろうか．たとえば物質Cが分解して，AとBが生成する以下の反応〔式(4.2)〕が起こることはあり得ないであろうか．

$$\mathrm{C} \longrightarrow \mathrm{A} + \mathrm{B} \tag{4.2}$$

実際の化学反応では，上式(4.2)のように生成物であるCが原料であるAとBに分解する反応を無視できない．つまり，先ほど提示した疑問の一つである100分子のAとBが全部なくなるまで反応して，100分子のCが生成するかという問いの答は，「ある程度反応が進行すると式(4.2)で表される逆反応も進行してしまい，よって100%の収率でCが生成することは実はほぼあり得ない」ということになる．実際にこの反応を行ってみると，A100分子+B100分子からスタートしても，C100分子からスタートしても，十分長い時間をかければほぼ同じ状態(たとえばA30分子，B30分子，C70分子)となって，見かけ上反応が進まなくなり，この混在状態で安定する．この状態を化学平衡状態とよぶ．重要な点は，この平衡状態は静的な状態ではなく，あくまで「見かけ上」何の変化もなく見えるだけであり，反応溶液中ではつねにAとBからCが生成し，それと同じ量だけCがAとBに分解している．このとき，式(4.1)と式(4.2)の二つの化学反応はそれぞれアレニウス式に従った速度で進行しており，化学平衡状態はアレニウス式の延長として記述できる．化学平衡状態を決定するパラメータは何であり，どのような反応条件にすれば最も生成物をたくさん得ることができるのかなど，化学平衡が**正反応**(forward reaction)と**逆反応**(backward reaction)から成り立つ状態であることを理解してほしい．そのうえで，4.2節ではAがプロトンである酸塩基平衡を，4.4節ではAが電子である酸化還元平衡について詳細に学ぶ．また，4.3節では酸塩基平衡の一つの発展系として，硬い酸，軟らかい酸といった新しい概念について紹介する．

4.1.2 化学反応速度と化学平衡

SBO エネルギーの量子化とボルツマン分布について説明できる．

アレニウス式を理解するためには，物質が反応してほかの物質に変化するときに，どのような過程を経るのか，イメージをもつ必要がある．以下，ボール投げを例にして考えてみる．

まず，目の前に高いコンクリートの壁が立っている状況を想像してほしい．その手前に自分はボールをもって立っている．自分に課せられた仕事は，このボールを投げて壁の向こうに投げ入れることである．そのためにはもちろん，壁よりも高く投げあげて，向こう側に投げ入れなければならない．このとき，壁が背の高さくらいならば，誰でも簡単に向こう側に投げ入れることができるが，壁の高さが10 mあるならば，なかなかうまく壁を越すことができなくなるであろう．それでも，ボール投げに慣れている人ならば，何回かに 1 回はうまく壁を越すことができるかもしれない．しかしこの作業を，零下 50 ℃の世界で体がかじかみながら行うのと，30 ℃くらいの比較的暖かい世界で行うのでは，その成功率も大きく異なってくるに違いない．さらに，もしその壁が 100 m の高さであったならば，向こう側に投げ入れることはまず不可能となる．

前節で考えた A + B → C という反応をさらに単純化して考え，物質 X がある温度をかけると異性化を起こし，まったく同じ分子式の異なる物質 Y に変化する反応〔式(4.3)〕を考える．

$$\mathrm{X} \longrightarrow \mathrm{Y} \tag{4.3}$$

このとき，上述のシミュレーションのボールとは物質 X である．物質 X は壁の手前にある限りずっと物質 X であり，壁を越えて向こう側に行った瞬間，物質 Y に変化する．これが化学反応の本質である．つまり反応が起きるためには，何らかの壁を越える必要があり，これが物質 X と物質 Y の分かれ目になっている(図 4.1)．

また，以下に列挙する現象を直感的に理解していれば，それはそのまま化学反応の正しい理解となる．

（i）同じ人が同じ環境で投げあげても，到達できる高さは毎回ばらつく．

（ii）暖かい世界で投げあげるほうが，より高い確率で壁の向こう側に投げ入れられる．

（iii）壁の高さが低いほど，より高い確率で壁の向こう側に投げ入れられる．

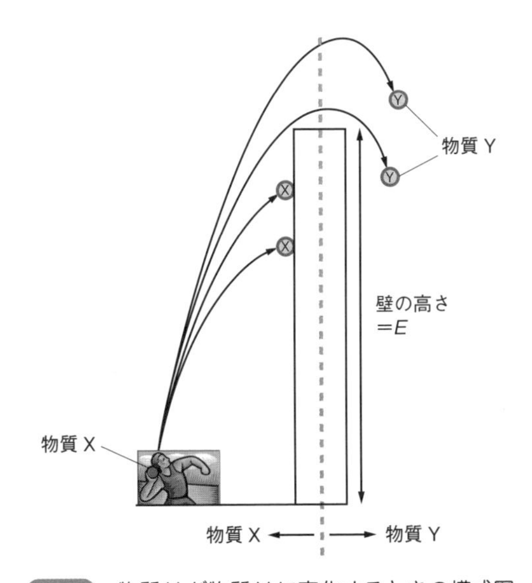

図 4.1 物質 X が物質 Y に変化するときの模式図

(iv) 壁の向こうの世界がどうなっているかは，投げ入れられる確率に何の影響もない．

まず，同じ人が同じ環境で投げあげても，うまく高く投げあげられるときと，うまくいかないときがある．しかし何十回，何百回と繰り返すと，到達できる高さは一定の分布となる．この分布は，以下の式(4.4)で示される**ボルツマン分布**(Boltzmann distribution)となる．

L. E. Boltzmann
(1844-1906)，オーストリアの物理学者．

$$\frac{N}{N_0} = \exp\left(-\frac{E}{\boldsymbol{k}T}\right) \tag{4.4}$$

総試行回数N_0に対して，E以上の高さに投げあげることができた回数Nは，このボルツマン分布式で表される(なお，$\boldsymbol{k}$はボルツマン定数とよばれる係数で，Tは絶対温度を示す)．ここから上に示した(i)〜(iii)の現象はすべて定性的には理解できるかと思う．高さE mを超えられたものはすべて生成物である物質Yに変化したとすると，ボール(物質X)がN_0個あったとき，単位時間当たりにYに変化する数Nはそのまま化学反応速度となる．よって，物質X→物質Yの化学反応速度定数k(上記のボルツマン定数$\boldsymbol{k}$と異なるので注意)を表す以下のアレニウス式(4.5)が得られる．

$$k = A\exp\left(-\frac{E}{RT}\right) \tag{4.5}$$

式(4.5)では，ボルツマンの式を化学で取り扱いやすいようにmolの概念を入れたため，気体定数R(= $\boldsymbol{k}$ ×アボガドロ数)が式中に登場するが，式(4.4)とほぼ同義である．なお，Aは温度に依存しない，反応に固有の定数を表す．

さらにアレニウス式で重要な点は，上述の(iv)であり，物質Y側の世界は一切関係ない点である．つまり反応速度を規定しているのは，壁の高さと温度だけであり，物質Yがどのくらい安定なものなのか，あるいは不安定なものなのかなどの情報は，反応速度定数に関係していない．

ここまでは，ボールの投げあげを例に，X→Yと変化する過程の速さについて考えてみた．しかし本章の最初に記したとおり，ほとんどの化学反応ではY→Xという逆向きの反応も実際には起こる．ではこの逆向きの反応速度はどのように記述されるのだろうか．その答はもちろん，ボールの投げあげモデルにきちんと従う．つまり今度は物質Yというボールを投げあげて，目の前にある高さE' mの壁を越えることを考えればよく(図4.2)，その速度定数k'はアレニウス式に従って，式(4.6)で表される．

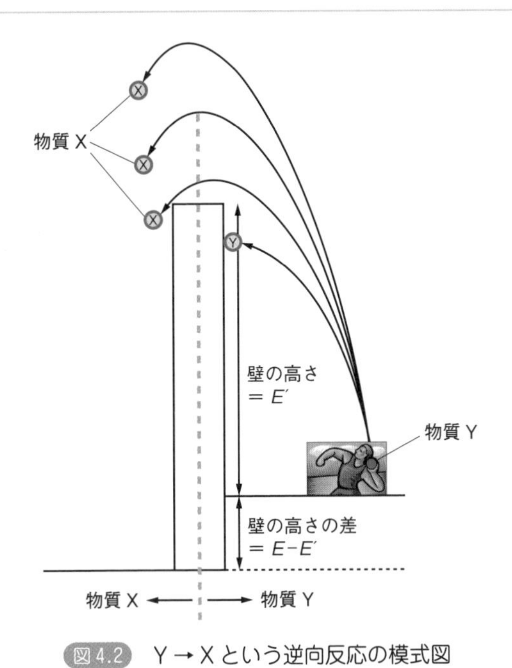

図 4.2 Y → X という逆向反応の模式図

$$k' = A\exp\left(-\frac{E'}{RT}\right) \tag{4.6}$$

最後に，この二つのアレニウス式が同時に進行する状態，つまり壁を隔てた 2 人の人間が，それぞれボール X あるいはボール Y を，壁を越えて相手コートに投げ入れるゲームを考えてみる．

まず物質 X が 100 個壁の左側に存在する状態からスタートする．一番最初は壁の右側に物質 Y は存在しないので，最初の単位時間では物質 X →物質 Y の向きの変化しか起こらず，その変化量は式(4.7)のとおりになる([X] は X の濃度を表す)．

$$v = k[\mathrm{X}] = A[\mathrm{X}]\exp\left(-\frac{E}{RT}\right) \tag{4.7}$$

反応速度 v は，反応速度定数 k に反応可能な物質量(正確には濃度)の積で表されるため，式(4.7)が成立する．その結果，X の物質量は徐々に減っていき，Y の物質量が徐々に増えていく．その結果，逆向きの反応，物質 Y → 物質 X の変化も徐々に起こるようになっていく．その反応速度 v' は，同様に式(4.8)で表される([Y]＝ Y の濃度を表す)．

$$v' = k'[\mathrm{Y}] = A[\mathrm{Y}]\exp\left(-\frac{E'}{RT}\right) \tag{4.8}$$

反応が進行すると，X の物質量はさらに減っていくため，徐々に v は小さくなり，逆に生成物である Y の量は増えるため，v' は徐々に大きくなり，ついにはまったく同じ値となる．そのときの条件は，式(4.9)で表される．

$$v = k\,[\mathrm{X}] = k'\,[\mathrm{Y}] = v' \tag{4.9}$$

$v = v'$ が成り立っている状態では，単位時間当たりに X → Y と変化する量と Y → X と変化する量が等しいため，X と Y の物質量は変化せず，見かけ上化学変化が起こっていないように見える．これが「化学平衡状態」である．しかし実際には，単位時間当たりに同数の X → Y，Y → X という変化が起きている．この平衡状態の理解が，酸塩基平衡，酸化還元平衡を理解するために重要である．

次に，最終的に落ち着いた X と Y の個数はどのように決定されているかについて考えてみる．式(4.9)に式(4.5)と式(4.6)を代入し，式を整理すると式(4.10)が得られる．式(4.10)中の$[\mathrm{X}]_\mathrm{e}$，と$[\mathrm{Y}]_\mathrm{e}$は，平衡状態となったときの X と Y の物質量である．

$$\frac{[\mathrm{X}]_\mathrm{e}}{[\mathrm{Y}]_\mathrm{e}} = \frac{k'}{k} = \exp\left(\frac{E - E'}{RT}\right) \tag{4.10}$$

この式は，平衡状態となったときの X と Y の物質量が，壁の高さの差 $E - E'$ で一意に決まることを意味する．この高さの差 $E - E'$ は，同じ反応の壁を表と裏から見ているので，そのまま物質 X と物質 Y を投げあげている人が立っている地面の高さの差にほかならない．より高いところにある分子は，より不安定であり，その分子側からみる壁の高さは低いため，壁の向こう側に投げ込みやすく，よって平衡状態での物質量は少なくなる．式(4.10)を理解できれば，この一連の流れが理解できるはずである．

この地面の高さの差 $E - E'$ を，反応前物質 X と反応生成物 Y の自由エネルギー差 ΔG とよび，これを用いて平衡状態の両物質量の比を表す式(4.11)がよく用いられる．

$$\frac{[\mathrm{X}]_\mathrm{e}}{[\mathrm{Y}]_\mathrm{e}} = \exp\left(\frac{\Delta G}{RT}\right) \tag{4.11}$$

このように平衡反応における物質 X と Y の量比は，E や E' の大きさには一切関係なく，その差である ΔG のみに依存して決定される．これが平衡反応の本質であり，以下登場する酸塩基平衡，酸化還元平衡も，この考え方で統一的に理解できるようになる．

4.2 酸塩基平衡

4.2.1 電解質

塩化ナトリウムなどのイオン性物質は，水に溶けるとイオンに解離する．この現象を**電離**(ionization)といい，水などに溶解することによって電離する物質を**電解質**(electrolyte)とよぶ．また，水に溶けてほぼ完全にイオンへ電離する物質を強電解質，部分的に電離する物質を弱電解質とよぶ．

Arrehenius は，この理論を酸塩基平衡に適用し，水に溶けると水素イオン〔$H^+(H_3O^+)$〕とアニオンに解離するような化合物を**酸**(acid)，水に溶けると水酸化物イオン(OH^-)とカチオンに解離するような化合物を**塩基**(base)と定義した．これらのことを式に表すと，以下の式(4.12)〜式(4.14)となる．

$$\text{酸(塩酸 HCl の場合)：} HCl \rightleftharpoons H^+ + Cl^- \quad (4.12)$$

$$\text{塩基〔水酸化ナトリウム(NaOH)の場合〕：} NaOH \rightleftharpoons Na^+ + OH^- \quad (4.13)$$

$$\text{中和：} H^+ + OH^- \rightleftharpoons H_2O \quad (4.14)$$

4.2.2 水の電離

F. W. G. Kohlrausch(コールラウシュ)らは，水を徹底的に精製し，精密な電気伝導度測定を行った(1869〜1880 年)．その結果，純粋な水がわずかな導電性をもち，18℃で電気伝導率(1 cm^3 の立方体の溶液が 1 cm^2 の大きさの極板の間にあるときの伝導率)$k = 0.043 \times 10^{-6}$ S(S：ジーメンス)を示すことを明らかにした．また，HCl，NaOH，NaCl のような強電解質のモル伝導率(1 mol の溶質を含む溶液が距離 1 cm の平行極板の間にあるときの電気伝導率)を測定し，無限希釈の溶液状態ではその成分イオンのモル伝導率の和として表されることを見いだした(イオン独立移動の法則)．そして純粋な水にも導電性があるのは，ごくわずかな量の水分子が $H^+(H_3O^+)$ と OH^- に解離する〔式(4.15)〕ためであると考えた．

F. W. G. Kohlrausch
(1840-1910)，ドイツの物理学者．

$$H_2O \rightleftharpoons H^+ + OH^- \quad (4.15)$$

たとえば，水 1 L(1 dm^3)中に H^+ と OH^- が 1 mol ずつ存在するとすれば，その伝導度は上述の H^+ と OH^- の極限モル伝導率(それぞれ，315 S cm^2 mol^{-1} と 171 S cm^2 mol^{-1})を足し合わせた 486 S cm^2 mol^{-1} となるはずである[*1]．この数値で上述の測定値を割れば，純粋な水溶液中に存在する H^+ と OH^- の濃度を式(4.16)のように計算することができる．

＊1 現在では，H^+ と OH^- の極限モル伝導率は，それぞれ 350 S cm^2 mol^{-1}，199 S cm^2 mol^{-1} と求められている(18℃での値)．

$$[H^+] = [OH^-] = \frac{0.043 \times 10^{-6}\,\mathrm{S\,cm^{-1}}}{486\,\mathrm{S\,cm^2\,mol^{-1}}} \times 1000\,\mathrm{cm^3}$$
$$= 0.89 \times 10^{-7}\,\mathrm{mol\,L^{-1}} \qquad (4.16)$$

水の電離平衡 K は式(4.17)のように表され，$[H_2O]$をほぼ一定とみなして新たに水のイオン積 K_w を定義できる．18℃における K_W は，式(4.18)のように計算される．

$$K = \frac{[H^+][OH^-]}{[H_2O]} \qquad (4.17)$$

$$K_W = [H_2O]K = [H_3O^+][OH^-] = (0.89 \times 10^{-7})^2$$
$$= 0.78 \times 10^{-14}(\mathrm{mol\,L^{-1}})^2 \qquad (4.18)$$

現在，K_W の値は，電池の起電力測定から求められた値である $0.68 \times 10^{-14}(\mathrm{mol\,L^{-1}})^2$(18℃)，$1.01 \times 10^{-14}(\mathrm{mol\,L^{-1}})^2$(25℃)が汎用されている．

4.2.3 pH

SBO pH および解離定数について説明できる.

SBO 溶液の pH を測定できる.

$K_W = [H^+][OH^-]$の関係は，酸性，アルカリ性の溶液についても成立する．$[H^+] = 10^{-3}\,\mathrm{mol\,L^{-1}}$ である酸性水溶液中の$[OH^-]$は，$1 \times 10^{-14}/10^{-3} = 1 \times 10^{-11}\,\mathrm{mol\,L^{-1}}$ である．一方，$[OH^-] = 10^{-5}\,\mathrm{mol\,L^{-1}}$ のアルカリ性水溶液中の$[H^+]$=は，$1 \times 10^{-14}/10^{-5} = 1 \times 10^{-9}\,\mathrm{mol\,L^{-1}}$ である．このように，H^+ は水溶液中で非常に広い濃度範囲で存在し，溶質の状態や化学反応に密接に関係している．

S. P. L. Sørensen（セーレンセン）は，プロトン濃度をわかりやすく表示するために，$[H^+]$($= 10^{-x}\,\mathrm{mol\,L^{-1}}$)の常用対数を取り，それにマイナスをかけた pH という表現法を提唱し〔式(4.19)〕，現在それが一般的に用いられている．

$$\mathrm{pH} = -\log[H^+] \qquad (4.19)$$

たとえば，$0.001\,\mathrm{mol\,L^{-1}}$ の HCl 水溶液中では，HCl は 100%電離していると考えられるので，式(4.20)のように pH = 3 となる．

$$\mathrm{pH} = -\log[1.0 \times 10^{-3}\,\mathrm{mol\,L^{-1}}] = 3 \qquad (4.20)$$

常温における水溶液の酸性, 中性, アルカリ性は, 以下のように定義される.

酸　　性：$[H^+] > 10^{-7}\,\mathrm{mol\,L^{-1}} > [OH^-]$すなわち $\mathrm{pH} < 7$
中　　性：$[H^+] \sim 10^{-7}\,\mathrm{mol\,L^{-1}} \sim [OH^-]$すなわち $\mathrm{pH} \approx 7$
アルカリ性：$[H^+] < 10^{-7}\,\mathrm{mol\,L^{-1}} < [OH^-]$すなわち $\mathrm{pH} > 7$

4.2.4 酸および塩基の平衡

J. N. Brønsted（ブレンステッド）と T. M. Lowry（ローリー）は，それぞれ独自にプロトン〔H^+（H_3O^+）〕を与える物質を酸，プロトンを受け取る物質を塩基と定義した．このような酸塩基を，ブレンステッド酸およびブレンステッド塩基という．

プロトンを与える能力を**酸性度**(acidity)とよぶ．たとえば，水溶液中における酸 HA は式(4.21)のような解離平衡を保っており，この系の平衡定数 K は，式(4.22)のように表される．この場合，式(4.21)の左辺($HA + H_2O$)が図 4.1 および図 4.2 の壁の左側に，式(4.21)の右辺($A^- + H_3O^+$)が図 4.1 および図 4.2 の壁の右側に相当する．

SBO 酸と塩基の基本的な性質および強弱の指標を説明できる．

$$HA + H_2O \rightleftharpoons A^- + H_3O^+ \tag{4.21}$$

$$K = \frac{[A^-][H_3O^+]}{[HA][H_2O]} \tag{4.22}$$

通常，酸性度を測定する HA(A^-)の希薄溶液では，[H_2O]はほぼ一定(純水の濃度＝ 55.6 mol L^{-1})とみなせるので，式(4.22)の両辺に[H_2O]をかけて，これを新たに K_a と定義する〔式(4.23)〕．この K_a は HA の解離しやすさ(H^+ の放出のしやすさ)，すなわち酸の強さを表す指標となる．これを**酸解離定数**(acid dissociation constant)とよぶ．

SBO 酸・塩基平衡の概念について説明できる．

$$K_a = K[H_2O] = \frac{[A^-][H_3O^+]}{[HA]} \tag{4.23}$$

通常，K_a の値は小さい場合が多いので，その常用対数値にマイナスをかけた値である pK_a として表す〔式(4.24)〕．したがって，酸性度が強い場合には，式(4.21)の平衡はより右辺に偏り，その結果，K_a の値は大きくなり，pK_a の値は小さくなる．一方，酸性度が弱い場合には，pK_a の値が大きくなる．

塩基性分子の塩基性は，塩基解離定数 K_b によって定義される．K_b は実際にはあまり使われないが，共役酸の K_a から算出することができる．
$K_a \times K_b = K_W = 1.0 \times 10^{-14}$
したがって，pK_a + pK_b = 14
K_b が大きいほど，すなわち pK_b が小さいほど，塩基性は強い．

$$pK_a = -\log K_a = -\log\left(\frac{[A^-][H_3O^+]}{[HA]}\right) \tag{4.24}$$

また，酸(HA)と，酸に解離によって生成したアニオン(A^-)は互いに**共役**(conjugate)しているといい，A^- を HA に対する**共役塩基**(conjugate base)とよぶ．HA は，塩基(A^-)に対する**共役酸**(conjugate acid)である．表 4.1 に，代表的な有機化合物の pK_a 値と共役塩基を示した．強酸はプロトンを離しやすい一方，その共役塩基の塩基性は弱く，弱酸はプロトンを離しにくいので，その共役塩基の塩基性が強い，という関係がある．ちなみに，水は酸〔H_2O の pK_a = 15.7(表 4.1)〕としても塩基(H_3O^+ の pK_a = −1.7)としても働くことができる両性分子である．

表 4.1 代表的な有機化合物の pK_a 値

酸	pK_a	共役塩基
$CH_3—CH_3$	50	$CH_3—\ddot{C}H_2^-$
CH_4	49	$:CH_3^-$
$CH_2=CH_2$	44	$CH_2=\ddot{C}H^-$
(ベンゼン)	43	$C_6H_5^-$
$[(CH_3)_2CH]_2\ddot{N}H$	38	$[(CH_3)_2CH]_2\ddot{N}^-$
$\ddot{N}H_3$	36	$\ddot{N}H_2^-$
$CH_2=CH—CH_3$	35	$CH_2=CH—\ddot{C}H_2^-$
CH_3SOCH_3	31	$CH_3SO\ddot{C}H_2^-$
$CH_3CO_2CH_3$	25	$^-\ddot{C}H_2CO_2CH_3$
$HC\equiv CH$	25	$HC\equiv\ddot{C}^-$
CH_3COCH_3	20	$CH_3CO\ddot{C}H_2^-$
$(CH_3)_3C\ddot{O}H$	18	$(CH_3)_3C\ddot{O}:^-$
(シクロペンタジエン)	16	(シクロペンタジエニドイオン)
$C_2H_5\ddot{O}H$	16	$C_2H_5\ddot{O}:^-$
$H_2\ddot{O}$	15.7	$H\ddot{O}:^-$
$CH_3\ddot{O}H$	15	$CH_3\ddot{O}:^-$
$(RO_2C)_2CH_2$	13.5	$(RO_2C)_2\ddot{C}H^-$
$(H_2N)_2C=\overset{+}{N}H_2$	13.4	$(H_2N)_2C=\ddot{N}H$
$CH_3COCH_2CO_2R$	11	$CH_3CO\ddot{C}HCO_2R$
RNH_3^+, $R_2NH_2^+$, R_3NH^+	~10	$R\ddot{N}H_2$, $R_2\ddot{N}H$, $R_3\ddot{N}$
CH_3NO_2	10.2	$^-\ddot{C}H_2NO_2$
$C_6H_5\ddot{O}H$	10.0	$C_6H_5\ddot{O}:^-$
(スクシンイミド) $:NH$	9.6	$:N:^-$
O_2N–(ベンゼン環, メタ)–$\ddot{O}H$	9.3	O_2N–(ベンゼン環, メタ)–$\ddot{O}:^-$
NH_4^+	9.2	$:NH_3$
(アセチルアセトン)	8.8	(アセチルアセトナートアニオン)
O_2N–(ベンゼン環, パラ)–$\ddot{O}H$	7.2	O_2N–(ベンゼン環, パラ)–$\ddot{O}:^-$
$H_2\ddot{S}$	7.0	$H\ddot{S}:^-$
H_2CO_3	6.4	HCO_3^-
(ピリジニウムイオン, $\overset{+}{N}H$)	5.2	(ピリジン, $\ddot{N}$)
CH_3CO_2H	4.8	$CH_3CO_2^-$
$C_6H_5NH_3^+$	4.6	$C_6H_5\ddot{N}H_2$
$C_6H_5CO_2H$	4.2	$C_6H_5CO_2^-$
O_2N–(ベンゼン環, NO_2)–$\ddot{O}H$	4.0	O_2N–(ベンゼン環, NO_2)–$\ddot{O}:^-$
HCO_2H	3.7	HCO_2^-
HNO_2	3.3	NO_2^-
HF	3.2	$:\ddot{F}:^-$
$ClCH_2CO_2H$	2.9	$ClCH_2CO_2^-$
H_3PO_4	2.2	$H_2PO_4^-$
Cl_2CHCO_2H	1.3	$Cl_2CHCO_2^-$
Cl_3CCO_2H	0.7	$Cl_3CCO_2^-$
CF_3CO_2H	0.2	$CF_3CO_2^-$
HNO_3	−1.4	NO_3^-
$H_3\ddot{O}^+$	−1.7	$H_2\ddot{O}$
H_2SO_4	−5.2	HSO_4^-
HCl	−7.0	$:\ddot{Cl}:^-$
HBr	−9.0	$:\ddot{Br}:^-$
HI	−10	$:\ddot{I}:^-$

4.2.5 水溶液中における酸塩基の水平化効果

水溶液中では，非常に強い酸 HA や塩基 B は，完全に電離して$[H_3O^+]$や$[OH^-]$を与える．したがって，水溶液中では H_3O^+ より強い酸（H_3O^+ の pK_a =

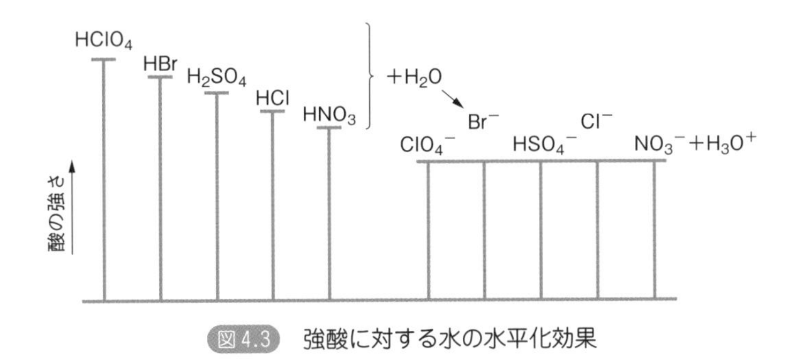

図 4.3 強酸に対する水の水平化効果

SBO pH および解離定数について説明できる.

SBO アルコール, フェノール, カルボン酸, 炭素酸などの酸性度を比較して説明できる.

−1.7), および OH^- より強い塩基(H_2O の pK_a = 15.7)が存在しない. これを**水平化効果**(leveling effect)とよぶ. 強酸(たとえば $HClO_4$, HBr, H_2SO_4, HNO_3)のように pK_a が上記した H_3O^+ の pK_a より小さい物質は, 水溶液中で完全に電離し, すべて同程度の酸として測定される(図 4.3). 一方, プロトン受容能が水よりも劣る酢酸(水よりも弱い塩基)中では, HA は部分的にしか解離せず, その解離の程度は酸の強さに依存する.

通常, 0 ~14 までの pK_a は水中で測定可能であるが, 水平化効果のために, この範囲外の pK_a を測定することは困難である. そこで, 強酸の pK_a は酸性媒質中で, 弱い有機酸の pK_a は DMSO*2 などの有機溶媒中で測定され, pK_a 既知の化合物と比較して決定される. pK_a 値は, 溶媒の種類によってほぼ一定した差があることがわかっているので〔たとえば, pK_a(水中) = pK_a(エタノール中) +5.8〕, これらの値を水溶液中の pK_a 値尺度の延長上に記載している.

＊2 dimethyl sulfoxide(ジメチルスルホキシド)

4.2.6 pK_a と pH の関係

SBO 含窒素化合物の塩基性度を比較して説明できる.

前述の式(4.24)は, $-\log[H_3O^+]$ = pH であるから式(4.25)および式(4.26)のように変形できる. この式を, **ヘンダーソン・ハッセルバルヒの式**(Henderson-Hasselbalch equation)とよぶ. 酸 HA の水溶液の pH が HA の pK_a と等しい場合には, 式(4.26)は, $-\log([A^-]/[HA]) = 0$ すなわち $[A^-]=[HA]$ となる. たとえば, CH_3CO_2H(pK_a = 4.8)の水溶液の pH を 4.8 に合わせると, 50%が分子型(CH_3CO_2H)であり, 50%がイオン型($CH_3CO_2^-$)となる. pH を 3.8 にすると $[CH_3CO_2H]$: $[CH_3CO_2^-]$ = 10 : 1 となり, pH 7.8 では $[CH_3CO_2H]$: $[CH_3CO_2^-]$ = 1 : 1000 になる.

$$pK_a = -\log\left(\frac{[A^-]}{[HA]}\right) - \log[H_3O^+]$$

$$= -\log\left(\frac{[A^-]}{[HA]}\right) + pH \qquad (4.25)$$

$$\mathrm{p}K_\mathrm{a} - \mathrm{pH} = -\log\left(\frac{[\mathrm{A}^-]}{[\mathrm{HA}]}\right) \tag{4.26}$$

図4.4に，酢酸の分子型とイオン型の存在確率を，溶液のpHに対してプロットした結果を示す．上述のヘンダーソン・ハッセルバルヒの式(4.26)からわかるように，pH 4.8においてCH_3CO_2Hと$CH_3CO_2^-$が，全濃度の50%になる．

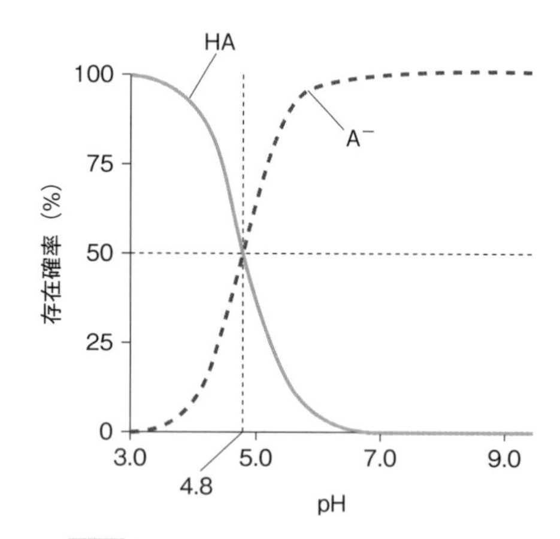

図4.4 酢酸の各pHにおける存在状態

無機リン酸は解離する可能性のあるプロトンを3個もっているため，式(4.27)〜式(4.29)に示すように，3段階の酸解離平衡が存在し，合計4種類の存在種になりうる．それぞれの酸解離定数$\mathrm{p}K_\mathrm{a1}$，$\mathrm{p}K_\mathrm{a2}$，$\mathrm{p}K_\mathrm{a3}$は，2.16，7.21，12.3と異なる値となる．

$$H_3PO_4 + H_2O \rightleftharpoons H_3O^+ + H_2PO_4^- \quad (\mathrm{p}K_\mathrm{a1} = 2.16) \tag{4.27}$$

$$H_2PO_4^- + H_2O \rightleftharpoons H_3O^+ + HPO_4^{2-} \quad (\mathrm{p}K_\mathrm{a2} = 7.21) \tag{4.28}$$

$$HPO_4^{2-} + H_2O \rightleftharpoons H_3O^+ + PO_4^{3-} \quad (\mathrm{p}K_\mathrm{a3} = 12.3) \tag{4.29}$$

図4.5に，四つの化学種H_3PO_4，$H_2PO_4^-$，HPO_4^{2-}，PO_4^{3-}の存在率を，pHに対してプロットした．pH 4以下ではほとんどH_3PO_4と$H_2PO_4^-$だけで，HPO_4^{2-}とPO_4^{3-}は0.1%以下である．pH 5〜9ではほとんど$H_2PO_4^-$とHPO_4^{2-}だけ，pH 10以上ではHPO_4^{2-}とPO_4^{3-}が主要な存在種である．

リン酸基は，生命にとって非常に重要な成分である(5.1.5項も参照)．動物の骨や歯の主成分はリン酸カルシウムであり，また遺伝子情報を有する核酸DNAやRNAは，核酸塩基(ヌクレオシド)どうしがリン酸ジエステル結合で結合した高分子である．リン酸ジエステルの$\mathrm{p}K_\mathrm{a}$は3以下なので，生理的pHではモノアニオンとして存在する．また，生体内，細胞内の情報は，

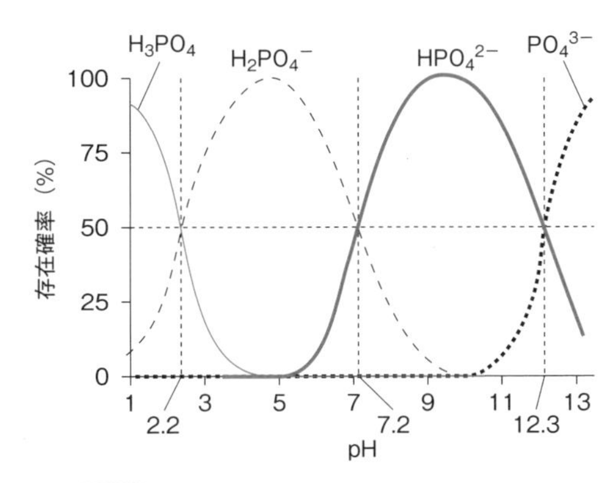

図4.5 リン酸の各 pH における存在状態

タンパク質や酵素のリン酸化/脱リン酸化によって伝達されている．さらに，それらのリン酸化は，**ATP**(adenosine 5′-triphosphate，アデノシン 5′-三リン酸)などの高エネルギーリン酸化化合物からのリン酸基が転位することによって進行する．生理的 pH における ATP の三リン酸部の電荷は(−4)である．

4.2.7 オキソ酸の強さ(ポーリングの規則)

前述した H_3PO_4 の pK_{a1}，pK_{a2}，pK_{a3} を指数に変換すると，$K_{a1} = 7.11 \times 10^{-3}$，$K_{a2} = 6.32 \times 10^{-8}$，$K_{a3} = 4.4 \times 10^{-13}$ となり，これらの比はおおよそ $1 : 10^{-5} : 10^{-10}$ である．すなわち，リン酸の脱プロトン化が進むと約 10 万(10^5)倍ずつ H^+ が外れにくくなる．このように，$H_2PO_4^-$，HPO_4^{2-} のようなアニオン型でリン酸種から H^+ が外れにくくなり，それは正負電荷間のクーロン引力によるものと考えられる．

L. C. Pauling は，このように多塩基酸の逐次解離定数 K_{a1}，K_{a2}，K_{a3} …… K_{an} の比が，ほぼ $1 : 10^{-5} : 10^{-10}$ …… 10^{-5n} になるという規則性を見いだした(第 1 法則)．ポーリングの第 2 法則は，オキソ酸の 1 番目の pK_{a1} が，OH 基以外の酸素原子の数によって決まるというものである．たとえば，$HClO_4$(過塩素酸 perchloric acid)，$HClO_3$(塩素酸 chloric acid)，$HClO_2$(亜塩素酸 chlorous acid)，HClO(次亜塩素酸 hypochlorous acid)の pK_{a1} はそれぞれ −10，−1，2.0，7.2 である．Pauling は，中心原子($HClO_{n+1}$ では Cl)に結合している OH でない酸素の数を n とすると，オキソ酸の pK_a が近似的に $pK_a = 8 - 5n$ で表されるとした．このことを $HClO_{n+1}$ を例として，H^+ が外れて生成するアニオン種である ClO_4^-，ClO_3^-，ClO_2^-，ClO^- について考えてみる．これらの陰イオン(−1)電荷は，酸素原子 1 個について，ClO_4^- では 1/4，ClO_3^- では 1/3，ClO_2^- では 1/2，ClO^- では 1 となる．したがって，各陰イオンに対する引力はこの順番に増大し，それだけ Cl に結合している酸素原子が酸を放出しにくくなる(pK_a が大きくなる)と考えられる.

4.2.8 緩 衝 液

SBO 緩衝作用や緩衝液について説明できる.

SBO 代表的な緩衝液の特徴とその調製法を説明できる.

弱酸または弱塩基と，それらの塩の混合水溶液には，溶液の pH を一定に保つ働き，すなわち緩衝作用がある．たとえば，pK_a = 4， 6， 8，10 の酸(HA)を NaOH で滴定した場合の中和滴定曲線(HA に対する NaOH の量を横軸に，pH を縦軸にプロットする)は，図 4.6 のようになる．この図のように，溶液に酸または塩基を加えても pH 変化が小さい領域(色アミの四角の部分)では，pH を緩衝することができる．当量点より前([HO^-]/[HA] < 1)では，半中和点(酸と共役塩基が 1：1 のとき)付近で最も緩衝能が大きい．また，当量点付近([HO^-]/[HA] ~ 1)では，急激な pH 変化が起こりやすい．

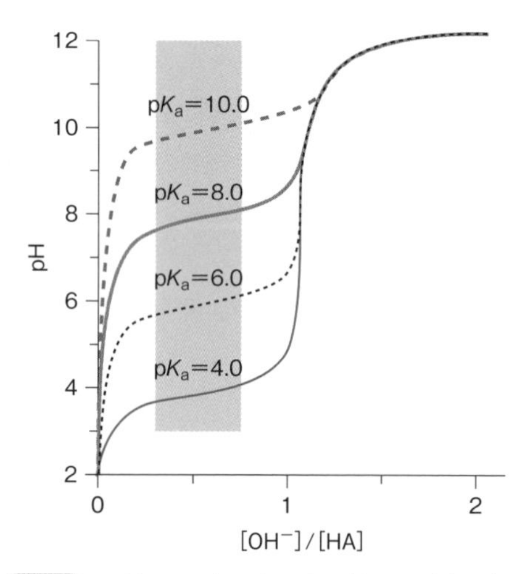

図 4.6 pK_a ＝ 4，6，8，10 の 酸(HA)を NaOH で滴定した場合の中和滴定曲線

代表的な緩衝液と利用最適 pH 範囲を以下にあげる.

グリシン/HCl	利用最適 pH 範囲	pH 2.2〜3.6
クエン酸/クエン酸ナトリウム	利用最適 pH 範囲	pH 3.0〜6.2
酢酸/酢酸ナトリウム	利用最適 pH 範囲	pH 3.7〜5.6
NaH_2PO_4/Na_2HPO_4	利用最適 pH 範囲	pH 5.8〜8.0
トリス(ヒドロキシメチル)アミノメタン(Tris)/HCl	利用最適 pH 範囲	pH 7.1〜8.9
グリシン /NaOH	利用最適 pH 範囲	pH 8.6〜10.6

また，N. E. Good(グッド)らは生化学緩衝液として望ましい条件を考慮して，**双性イオン**(zwitterion)構造をもつ 12 種類のアミノエタンスルホン酸およびア

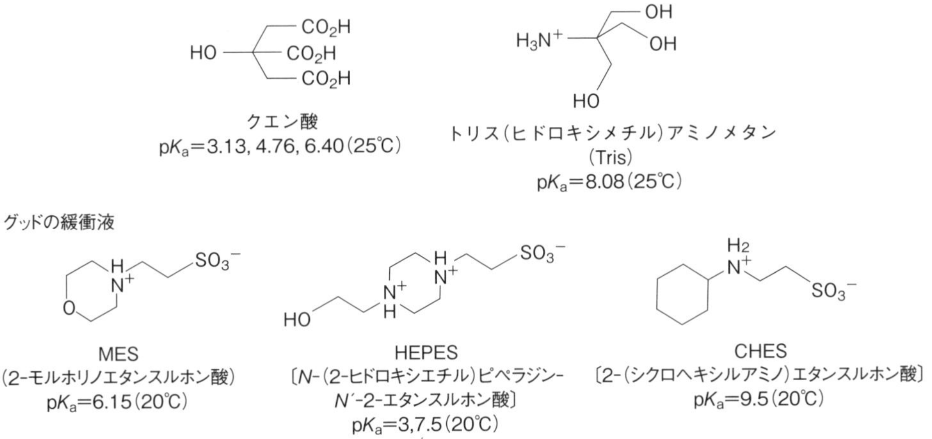

クエン酸
pK_a=3.13, 4.76, 6.40（25℃）

トリス（ヒドロキシメチル）アミノメタン
（Tris）
pK_a=8.08（25℃）

グッドの緩衝液

MES
（2-モルホリノエタンスルホン酸）
pK_a=6.15（20℃）

HEPES
〔*N*-（2-ヒドロキシエチル）ピペラジン-*N*′-2-エタンスルホン酸〕
pK_a=3,7.5（20℃）

CHES
〔2-（シクロヘキシルアミノ）エタンスルホン酸〕
pK_a=9.5（20℃）

図 4.7　pH 緩衝剤の構造（イオン型で表記している）

ミノプロパンスルホン酸誘導体を合成した．これらは（i）水によく溶け，濃い緩衝液が作成可能，（ii）生体膜を透過しにくい，（iii）pK_a が濃度，温度およびイオン強度の影響を受けにくい，（iv）金属イオンとの錯体生成能が低い，などの特徴をもち，汎用されている．代表的なグッドの緩衝液の構造を図 4.7 に示す．

MES〔（2-モルホリノエタンスルホン酸）pK_a = 6.15（20℃）〕
利用最適 pH 範囲　pH 5.5～7.0

HEPES〔[*N*-（2-ヒドロキシエチル）ピペラジン-*N*′-2-エタンスルホン酸]
pK_a = 7.5（20℃）〕　利用最適 pH 範囲　pH 6.8～8.2

CHES〔[2-（シクロヘキシルアミノ）エタンスルホン酸]pK_a = 9.5（20℃）〕
利用最適 pH 範囲　pH 8.6～10.0

4.3 ルイス酸塩基と HSAB 理論

SBO ルイス酸・塩基，ブレンステッド酸・塩基を定義することができる．

金属錯体は，後述（第 6 章）するように，金属イオンと有機化合物が結びついて生成した化合物である．$[Co(NH_3)_6]^{2+}$ などの金属錯体では，NH_3 が直接 Co イオンに結合していると推定したのがウェルナーの配位説である（第 6 章）．NH_3 と Co 間の N—Co 結合では，結合にかかわる 2 電子が NH_3 から供与されており，これを**配位結合**（coordinate bond）とよぶ．

NH_3 が H^+ と結合をつくって NH_4^+ イオンが生成する場合〔式（4.30）〕と，NH_3 が Co^{2+} と結合をつくって $[Co(NH_3)_6]^{2+}$ 錯体が生成する場合〔式（4.31）〕ではよく似た反応が起こっているが，式（4.31）では H^+ の移動がないので，4.2.4 項のブレンステッド・ローリー酸塩基にはあてはまらない．このことは，式(4.32)に示した NH_3 と BF_3 の反応でも同様である．そこで G. N. Lewis は，式(4.31)，式(4.32)中の NH_3 のように，電子対を供与するものを塩基，Co^{2+} や BF_3 のように，電子対を受け取るものを酸と定義した．

$$NH_3 + H^+ \rightleftharpoons N^+H_4 \tag{4.30}$$

$$6\,NH_3 + Co^{2+} \rightleftharpoons [Co(NH_3)_6]^{2+} \tag{4.31}$$

$$NH_3 + BF_3 \rightleftharpoons H_3N\text{-}BF_3 \tag{4.32}$$

ルイス酸である金属イオン(M^{n+})と，ルイス塩基である配位子(リガンド)(L)との反応〔式(4.33)〕によって生成する配位化合物の安定性は，式(4.34)に示す錯体生成定数(平衡定数)K_{ML} で表すことができる．

$$M^{n+} + L \overset{K_{ML}}{\rightleftharpoons} ML \tag{4.33}$$

$$K_{ML} = \left(\frac{[ML]}{[M^{n+}][L]}\right) \tag{4.34}$$

いくつかの金属イオンについて，ハロゲン化物イオンとの 1：1 錯体の生成定数($\log K_{ML}$)を表 4.2 に示す．この表 4.2 では，金属イオンはハロゲン化物イオンとの親和性の傾向の違いによって，クラス(a)と(b)に分類される．つまり，クラス(a)の金属イオンでは，$\log K_{ML}$ の値が $F^- > Cl^- > Br^- > I^-$ のようになっているが，クラス(b)の金属イオンでは，$\log K_{ML}$ の値が $F^- < Cl^- < Br^- < I^-$ である．これらの結果は，ルイス塩基であるハロゲン化物イオンとの親和性は，ルイス酸である金属イオンによって異なることを示している．

これらのことから，R. G. Pearson(ピアソン)は，クラス(a)の金属イオンを**硬い酸**(hard acid)，クラス(b)の金属イオンを**軟らかい酸**(soft acid)と定義した．一方，F^-，O，N などのアニオンまたは配位子を**硬い塩基**(hard base)，I^-，

SBO ハードソフト理論について説明できる．

表 4.2 金属イオンとハロゲン化物イオンの 1：1 錯体の $\log K_{ML}$ 値

金属イオン	F	Cl	Br	I
クラス(a)の金属				
H^+	3.17	−7	−9	−9.5
Mg^{2+}	1.84			
Fe^{3+}	6.04	1.41	0.49	
Cu^{2+}	1.23	0.05	−0.03	
Zn^{2+}	0.77	−0.19	−6.0	<−1.3
Sn^{2+}	3.95	1.15	0.73	
クラス(b)の金属				
Ag^+	0.36	3.04	4.38	9.13
Cd^{2+}	0.57	1.59	1.76	2.08
Hg^{2+}	1.03	6.74	8.94	12.87
Pb^{2+}	<0.3	0.96	1.11	1.26
Cu^+		4.60	5.04	8.19

表 4.3 ルイス酸およびルイス塩基の分類

ルイス酸	ルイス塩基
硬い酸 H^+, Li^+, Na^+, K^+, Mg^{2+}, Ca^{2+}, Sr^{2+}, BF_3, BCl_3, Al^{3+}, Ti^{4+}, Cr^{3+}, Fe^{3+}, Co^{3+}	硬い塩基 F^-, Cl^-, ClO_4^-, H_2O, OH^-, O^{2-}, SO_4^{2-}, NH_3, RNH_2, NO_3^-, $MeCO_2^-$
中間的な酸 Fe^{2+}, Co^{2+}, Ni^{2+}, Cu^{2+}, Zn^{2+}, Pb^{2+}, Sb^{3+}, Bi^{3+}, Rh^{3+}, Ir^{3+}, $C_6H_5^+$, Ir^{3+}	中間的な塩基 N_2, N_3^-, SO_3^{2-}, NO_2, Br^-
軟らかい酸 Cu^+, Ag^+, Au^+, Cd^{2+}, Hg^+, Pd^{2+}, Pt^{2+}, Pt^{4+}, Rh^{3+}, Ir^{3+}, Br_2, Br^+, I_2, I^+, CH_2(カルベン)	軟らかい塩基 H^-, I^-, S^{2-}, SCN^-, RSH, R_3P, CN^-, R^-, C_2H_4, CO

S, P などを**軟らかい塩基**(soft base)と分類した．そして，「硬い酸は硬い塩基との親和性が強く，軟らかい酸は軟らかい塩基との親和性が強い」と考えた．このような考え方を，**HSAB 理論**(principle of hard and soft acids and bases)という．表 4.3 に，ルイス酸とルイス塩基の分類を示す．

一般に，硬いルイス酸は，H^+，Li^+，Mg^{2+}，Al^{3+} のように，サイズが小さくて酸化状態が高く，還元されにくい．外殻に非共有 p 電子や d 電子をもっていない，という傾向がある．一方，Ag^+，Cu^+，Hg^{2+}，I_2 のような軟らかい酸は，サイズが大きくて電荷が 0 または低く，還元されやすい，励起されやすい外殻電子をもっていて，分極しやすい，という特徴がある．硬いルイス酸と軟らかい酸の中間的な酸としては，Fe^{2+} や Cu^{2+} などの 2 価遷移元素イオンが分類される．

一方，硬い塩基は，F^-，H_2O，OH^-，CO_3^{2-} のように，電子対をもつ原子が分極されにくく，電気陰性度が大きい，酸化されにくい，という特徴をもつ．逆に軟らかい塩基は，I^-，H^-，S^{2-} のように分極しやすく，結合に関与する原子の電気陰性度が小さい．中間的な塩基としては，Br^-，N_2，SO_3^{2-} が分類される．

酸(A)と塩基(B)の反応は，図 4.8 のように酸のもつ空軌道のうち最もエネルギーの低い軌道(**最低空軌道**，lowest unoccupied molecular orbital；LUMO)と，塩基のもつ占有軌道のうち最もエネルギーの高い軌道(**最高被占軌道**，highest occupied molecular orbital；HOMO)のエネルギー準位の差に支配されると考えられる．硬い酸は，LUMO のエネルギー準位が高く，硬い塩基は HOMO のエネルギー準位が低いため，分極しにくい．硬い酸と硬い塩基の反応では，両者のエネルギー差が大きく，軌道の相互作用よりも電荷の相互作用のほうが酸-塩基複合体の安定化に寄与する．

一方，軟らかい酸は LUMO のエネルギー準位が低く，軟らかい塩基は

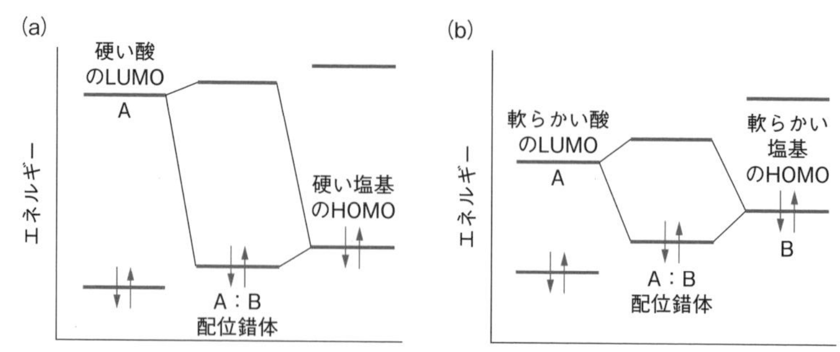

図4.8 酸塩基反応における酸の LUMO と塩基の HOMO の関係
(a)硬い酸と硬い塩基の反応，(b)軟らかい酸と軟らかい塩基の反応．

HOMO のエネルギー準位が高いため，両者は分極しやすい．それらの反応では，両者のエネルギー差が小さいので，軌道の相互作用が大きく，酸–塩基複合体の共有結合性が大きいと説明できる．

【硬い酸】

- LUMO のエネルギー準位が高い(電荷が大きい，サイズが小さい，還元されにくい)
- HOMO が低い(電子が分極を受けにくい)
- 遷移金属では d 電子が少ない

【軟らかい酸】

- Hg^{2+} のように LUMO が低い(電荷が小さい，還元されやすい)
- サイズが大きい(電子が分極を受けやすい)
- 遷移金属においては d 電子が多い

【硬い塩基】

- F^- のように HOMO が低い(酸化されにくい，電子が分極を受けにくい)
- サイズが小さい

【軟らかい塩基】

- I^- や S^{2-} のように HOMO が高い(酸化されやすく，電子が分極しやすい)
- サイズが大きい

硬い酸の LUMO と硬い塩基の HOMO のエネルギー差は大きく，軌道の重なりによる相互作用(共有結合)はできにくいが，それぞれがもつ電荷間の静電相互作用によって強いイオン結合的相互作用が可能である．逆に軟らかい酸の LUMO と軟らかい塩基の HOMO のエネルギー差は小さいので，軌道間相互作用によって強い共有結合が可能である．硬い酸と軟らかい塩基，または軟らかい酸と硬い塩基とのあいだでは，このような強い相互作用が期待できない．HSAB 則は定性的であるが，配位子と金属イオンの錯体生成反応などの酸・塩基反応を予測するうえで有用である．

4.4 酸化還元平衡

SBO 酸化と還元について電子の授受を含めて説明できる．

SBO 電極電位（酸化還元電位）について説明できる．

一般に，酸化は原子，イオン，分子が電子を放出することであり，還元は逆に電子を受け取ることである．酸化還元反応は，ある化学種からほかの化学種へ電子移動を伴う化学反応であり，酸化と還元は必ず同時に進行する．また，酸化還元反応の進行の程度は，それぞれの化学種の**半反応**（half reaction）の平衡の度合いで決まる．

式(4.35)は，化学種 Ox_1 が n 個の電子(e^-)を受け取って還元体 Red_1 へ変換される半反応，式(4.36)は化学種 Red_2 が n 個の電子(e^-)を失って酸化体 Ox_2 へ変換されることを表す．これを合わせると，式(4.37)のように表され，左辺($Ox_1 + Red_2$)が図 4.1 および図 4.2 の壁の左側，右辺($Red_1 + Ox_2$)が壁の右側に対応する．

$$Ox_1 + ne^- \rightleftharpoons Red_1 \qquad (Ox_1 \text{ が還元される半反応}) \qquad (4.35)$$

$$Red_2 \rightleftharpoons Ox_2 + ne^- \qquad (Red_2 \text{ が酸化される半反応}) \qquad (4.36)$$

$$Ox_1 + Red_2 \rightleftharpoons Red_1 + Ox_2 \qquad (4.37)$$

4.4.1 標準電極電位

SBO 電極電位（酸化還元電位）について説明できる．

SBO 酸化還元平衡について説明できる．

金属片をその金属イオンの溶液に浸すと，金属と溶液の間（界面）に電位差が生じ，**半電池**（half cell）ができる．その電位差の大きさは，金属の種類，金属イオンの**活量**に依存する．金属イオンの活量が 1 であるときの電位差は，式(4.38)に示す**標準電極電位**（standard electrode potential あるいは normal electrode potential）$E°$ と定義される．

$$M^{n+} + ne^- \rightleftharpoons M \qquad (4.38)$$

この系が $E°$ 値より高い電位に置かれた場合，平衡は左へ偏り（すなわち M から電子が放出される），$E°$ 値より低い電位に置かれた場合，平衡は右へ偏る（M が電子を受け取る）．このような電位差は，一つの系（平衡系）だけで測定できないので，別の半電池を基準として，相対的な電位差を測定する．基準として，標準状態における水素電極反応〔式(4.39)〕が用いられる．この電位差はすべての温度においてゼロと決められている．

$$H_2 \rightleftharpoons 2\,H^+ + 2\,e^- \qquad (4.39)$$

標準水素電極（normal hydrogen electrode；NHE）は，表面に白金黒をつ

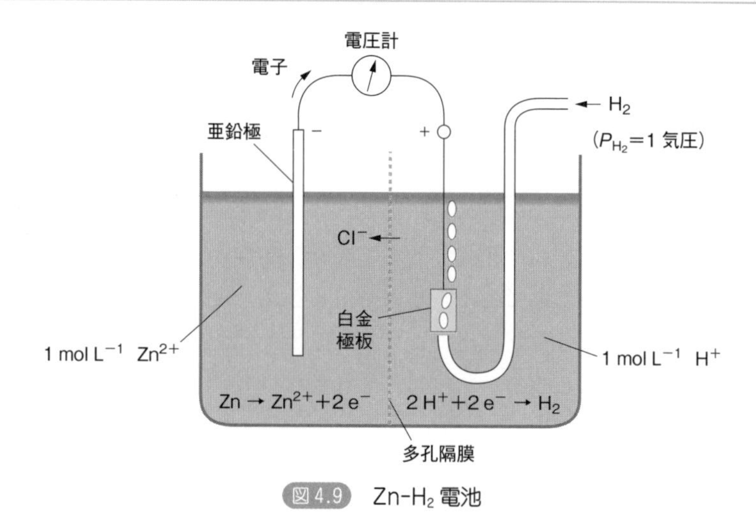

図 4.9 Zn-H_2 電池

けた白金電極を，H^+イオンの活量が1である溶液(1.18 mol L^{-1} HCl)中に浸し，1気圧のH_2ガスを溶液に通じて接触させる(図 4.9 右)．金属の標準電極電位は，金属極をその金属イオンの活量が1である溶液に浸し(図 4.9 左)，塩橋で水素電極とつないだ電池の起電力を測定することによって求めることができる．

この電池の酸化還元反応は，式(4.40)〜式(4.42)のように表される．これらの式から，水素電極と亜鉛電極を組み合わせた電池の起電力を測定すると，亜鉛極は(−)極となり，起電力$\Delta E^\circ (= |E^\circ_{H_2} - E^\circ_{Zn}|)$は，0.763 V となる．

$$\mathrm{Zn} \rightleftharpoons \mathrm{Zn}^{2+} + 2\,\mathrm{e}^- \qquad E^\circ_{\mathrm{Zn}} = -0.763\ \mathrm{V} \qquad (4.40)$$

$$2\,\mathrm{H}^+ + 2\,\mathrm{e}^- \rightleftharpoons \mathrm{H}_2(\text{気体}) \qquad E^\circ_{\mathrm{H_2}} = 0\ \mathrm{V} \qquad (4.41)$$

$$\mathrm{Zn} + 2\,\mathrm{H}^+ \rightleftharpoons \mathrm{Zn}^{2+} + \mathrm{H}_2(\text{気体}) \qquad \Delta E^\circ = +0.763\ \mathrm{V} \qquad (4.42)$$

この電池の酸化還元反応では，亜鉛金属が塩酸と反応してH_2(気体)を放出する．ほかの金属の同じ反応を起こすときのE°と比較することによって，この反応がどのくらい右に進むかを判断することができる．表 4.4 に，いろいろな酸化還元反応と，そのE°値を示す．

一般に，E°値が負に大きいほど(表 4.4 の上方)，式(4.36)で表される反応が右に進みやすい，すなわち酸化状態を取りやすいために還元力が強い．逆にE°値が正に大きいほど(表 4.4 の下方)，すなわち還元状態になりやすく，これは酸化力が強いことを意味する．たとえば，E°値が最も負であるのはLi^+/Li 系の$E^\circ = -3.045$ V〔表 4.4 の(a)中〕であり，E°値が最も正であるのはF_2/HF 系の$E^\circ = +3.053$ V〔表 4.4 の(d)中〕である．これらのことは，Li が最も強い還元剤であり，F_2は一番強い酸化剤であること，また電気化学の世界がこれら二つのE°値の間隔約 6 V におさまっていることを示す．

表 4.4 代表的な標準酸化還元電位(V vs. NHE. pH 0.0, 25℃)

(a) M_n^+/M 系

電極反応	$E°$	電極反応	$E°$
$Li^+ + e^- = Li$	−3.045	$Cd^{2+} + 2e^- = Cd$	−0.403
$K^+ + e^- = K$	−2.925	$Co^{2+} + 2e^- = Co$	−0.277
$Rb^+ + e^- = Rb$	−2.924	$Ni^{2+} + 2e^- = Ni$	−0.257
$Ba^{2+} + 2e^- = Ba$	−2.92	$Mo^{3+} + 3e^- = Mo$	−0.2
$Sr^{2+} + 2e^- = Sr$	−2.89	$Sn^{2+} + 2e^- = Sn$	−0.138
$Ca^{2+} + 2e^- = Ca$	−2.84	$Pb^{2+} + 2e^- = Pb$	−0.126
$Na^+ + e^- = Na$	−2.714	$2H^+ + 2e^- = H_2$	0.0000
$Mg^{2+} + 2e^- = Mg$	−2.356	$Cu^{2+} + 2e^- = Cu$	+0.337
$Be^{2+} + 2e^- = Be$	−1.97	$Cu^+ + e^- = Cu$	+0.520
$Al^{3+} + 3e^- = Al$	−1.676	$Hg_2^{2+} + 2e^- = 2Hg$	+0.796
$U^{3+} + 3e^- = U$	−1.66	$Ag^+ + e^- = Ag$	+0.799
$Ti^{2+} + 2e^- = Ti$	−1.63	$Hg^{2+} + 2e^- = Hg$	+0.85
$Zr^{4+} + 4e^- = Zr$	−1.55	$Pd^{2+} + 2e^- = Pd$	+0.915
$Mn^{2+} + 2e^- = Mn$	−1.18	$Pt^{2+} + 2e^- = Pt$	+1.188
$Zn^{2+} + 2e^- = Zn$	−0.763	$Au^{3+} + 3e^- = Au$	+1.52
$Cr^{3+} + 3e^- = Cr$	−0.74	$Au^+ + e^- = Au$	+1.83
$Fe^{2+} + 2e^- = Fe$	−0.44		

(b) M^{n+}/M^{m+} 系

電極反応	$E°$	電極反応	$E°$
$Cr^{3+} + e^- = Cr^{2+}$	−0.424	$2\,Hg^{2+} + 2e^- = Hg_2^{2+}$	+0.9110
$V^{3+} + e^- = V^{2+}$	−0.255	$Mn^{3+} + e^- = Mn^{2+}$	+1.51
$Sn^{4+} + 2e^- = Sn^{2+}$	+0.15	$Ce^{4+} + e^- = Ce^{3+}$	+1.71
$Cu^{2+} + e^- = Cu^+$	+0.159	$Ag^{2+} + e^- = Ag^+$	+1.980
$Fe^{3+} + e^- = Fe^{2+}$	+0.771		

(c) X_2/X^- 系

電極反応	$E°$	電極反応	$E°$
$S + 2e^- = S^{2-}$	−0.447	$Cl_2(g) + 2e^- = 2\,Cl^-$	+1.3583
$Br_2(l) + 2e^- = 2\,Br^-$	+1.0652	$Cl_2(aq) + 2e^- = 2\,Cl^-$	+1.396
$Br_2(aq) + 2e^- = 2\,Br^-$	+1.0874	$F_2(g) + 2e^- = 2\,F^-$	+2.87

(d) 無機物

電極反応		$E°$
$O_2 + e^-$	$= O_2^{-\bullet}(aq)$	−0.284
$N_2(g) + 6\,H^+ + 6e^-$	$= 2\,NH_3(aq)$	−0.0922
$S + 2\,H^+ + 2e^-$	$= H_2S(g)$	+0.174
$O_2 + 2\,H^+ + 2e^-$	$= H_2O_2$	+0.695
$NO_3^- + 2\,H^+ + e^-$	$= NO_2 + H_2O$	+0.835
$NO_3^- + 4\,H^+ + 3e^-$	$= NO(g) + 2\,H_2O$	+0.957
$ClO_4^- + 2\,H^+ + 2e^-$	$= ClO_3^- + H_2O$	+1.201
$O_2 + 4\,H^+ + 4e^-$	$= 2\,H_2O$	+1.229
$MnO_2 + 4\,H^+ + 2e^-$	$= Mn^{2+} + 2\,H_2O$	+1.23
$Cr_2O_7^{2-} + 14\,H^+ + 6e^-$	$= 2\,Cr^{3+} + 7\,H_2O$	+1.36
$MnO_4^- + 8\,H^+ + 5e^-$	$= Mn^{2+} + 4\,H_2O$	+1.51
$2\,HClO(aq) + 2\,H^+ + 2e^-$	$= Cl_2(g) + 2\,H_2O$	+1.630
$H_2O_2 + 2\,H^+ + 2e^-$	$= 2\,H_2O$	+1.763
$S_2O_8^{2-} + 2e^-$	$= 2\,SO_4^{2-}$	+1.96
$O_3 + 2\,H^+ + 2e^-$	$= O_2 + H_2O$	+2.705
$F_2(g) + 2\,H^+ + 2e^-$	$= 2\,HF$	+3.053

また，$E°$ 値が負のときは，H_2 よりも強い還元剤として働き，電子を与えやすい．一方，$E°$ 値が正の場合には．H^+ よりも強い酸化剤として働き，電子を受け取りやすい．

表 4.5 に生体内酸化還元反応のなかで，代表的なものの標準酸化還元電位を示す．

表 4.5 代表的な生体内反応関連の標準酸化還元電位（V vs. NHE. pH 7.0）

半反応		$E°$(V)
$O_2 + 4\,H^+ + 4\,e^-$	$\longrightarrow 2\,H_2O$	0.816
$O_2 + 2\,H^+ + 2\,e^-$	$\longrightarrow H_2O_2$	0.30
シトクロム c-$Fe^{3+} + e^-$	$\longrightarrow$ シトクロム c-Fe^{2+}	0.25
メトミオグロビン -$Fe^{3+} + e^-$	$\longrightarrow$ メトミオグロビン -Fe^{2+}	0.046
アセトアルデヒド$+ 2\,H^+ + 2\,e^-$	$\longrightarrow$ エタノール	−0.163
$FAD + 2\,H^+ + 2\,e^-$	$\longrightarrow FADH_2$	−0.181
ピルビン酸$+ 2\,H^+ + 2\,e^-$	$\longrightarrow$ 乳酸	−0.190
リボフラビン$+ 2\,H^+ + 2\,e^-$	$\longrightarrow$ リボフラビン -H_2	−0.200
$GSSG + 2\,H^+ + 2\,e^-$	$\longrightarrow 2\,GSH$	−0.23
$NAD^+ + H^+ + 2\,e^-$	$\longrightarrow NADH$	−0.320
$H^+ + e^-$	$\longrightarrow \frac{1}{2}H_2$	−0.420
酢酸$+ 2\,H^+ + 2\,e^-$	$\longrightarrow$ アセトアルデヒド $+H_2O$	−0.60

4.4.2 電 池

酸化還元反応に伴うギブズエネルギーの減少（$\Delta G<0$）を利用して，電気的仕事を得ることができる．これが**ガルバニ電池**(galvanic cell)である．一般的な電池では，二つの電極が電解質溶液に浸されている．たとえば，**ダニエル電池**(Daniell cell)では，亜鉛電極が硫酸亜鉛溶液に，銅電極が硫酸銅溶液に浸され，これらの溶液は多孔性の隔壁で隔てられている（図 4.10）．図 4.10 の左側（亜鉛電極）では，金属亜鉛(Zn)から電子が 2 個放出され，亜鉛イオン(Zn^{2+})が水溶液へ溶解する．一方，右側（銅電極）では，水溶液中の

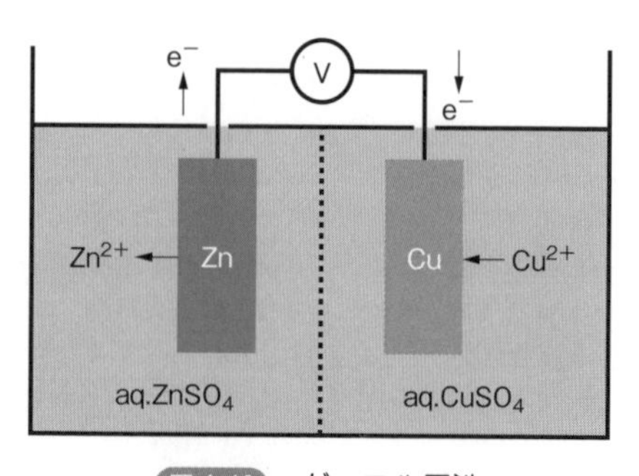

図 4.10 ダニエル電池

銅イオン(Cu^{2+})が銅電極から電子を2個受け取ることによって金属銅(Cu)となり，電極表面に析出する．

ダニエル電池の反応は，式(4.43)，式(4.44)の二つの半電池からなる．これらの式と $E°$ 値から，ダニエル電池の**起電力**(electromotive force)は1.1 Vと求められる〔式(4.45)〕．図4.11に両者の電位差(起電力)を図示した．この図の縦軸では，負に大きい $E°$ 値を上に，正に大きい $E°$ 値を下へ表している．上述したとおり，標準水素電極(NHE)の電位(ゼロ)より上に記している Zn の酸化還元平衡〔式(4.43)〕は右へ偏り(Zn から電子が放出されやすい)，標準水素電極より下に記している式(4.44)の平衡も右へ偏る(Cu が電子を受け取る)．両者の高低差(1.1 V)がダニエル電池の起電力に相当する．

SBO 起電力とギブズエネルギーの関係について説明できる．

$$\mathrm{Zn} \rightleftharpoons \mathrm{Zn}^{2+} + 2\,\mathrm{e}^- \qquad E°_{\mathrm{Zn^{2+}/Zn}} = -0.763\ \mathrm{V} \qquad (4.43)$$

$$\mathrm{Cu}^{2+} + 2\,\mathrm{e}^- \rightleftharpoons \mathrm{Cu} \qquad E°_{\mathrm{Cu^{2+}/Cu}} = +0.34\ \mathrm{V} \qquad (4.44)$$

$$\mathrm{Zn} + \mathrm{Cu}^{2+} \rightleftharpoons \mathrm{Zn}^{2+} + \mathrm{Cu} \qquad \Delta E° = +1.1\ \mathrm{V} \qquad (4.45)$$

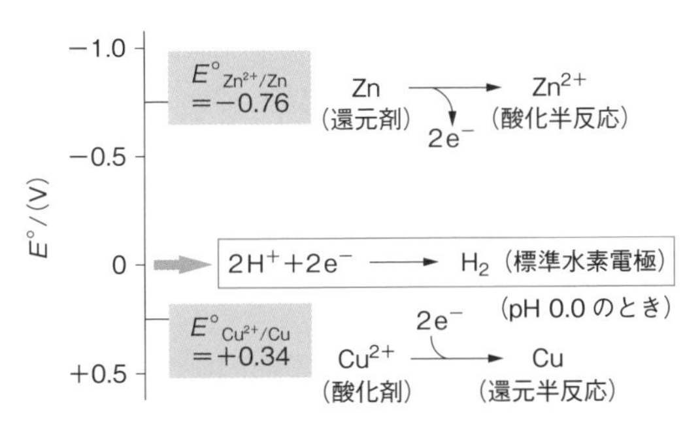

図4.11 ダニエル電池を構成する半反応の酸化還元電位の関係

W. H. Nernst
(1864-1941)，ドイツの化学者．1920年ノーベル化学賞受賞．

4.4.3 ネルンストの式と酸化還元平衡

SBO Nernst の式が誘導できる．

一般に，式(4.37)で示される酸化還元系の電位 E は，式(4.46)で示す**ネルンストの式**(Nernst equation)で表すことができる．a_{Red} と a_{Ox} は，Ox，Red それぞれの活量，R は気体定数(1.987 cal mol^{-1} K^{-1})，T は熱力学温度(K，ケルビン)，n は反応の電荷数(反応で移動する電子の数)，F はファラデー定数(23063 cal V^{-1} equivalent^{-1})，$E°$ は物質の活量がすべて1であるときの電極電位である．298.15 K では，式(4.47)のようになる．

$$E = E° + \frac{RT}{nF}\ln\frac{a_{\mathrm{Ox1}}}{a_{\mathrm{Red1}}} \qquad (4.46)$$

$$E = E° + \frac{2.303\,RT}{nF}\log\frac{a_{\mathrm{Ox1}}}{a_{\mathrm{Red1}}} = E° + \frac{0.0591}{n}\log\frac{a_{\mathrm{Ox1}}}{a_{\mathrm{Red1}}} \qquad (4.47)$$

次に，式(4.37)の両辺は熱力学的平衡にあり，その平衡定数 K〔式(4.48)〕

ある化学種(x)が溶液中に存在するとき，溶媒和などの影響によって，その物質が示す機能や効果の大きさが，濃度よりも低くなることがある．それを活量 a_{x} として表す．活量 a_{x} は化学種(x)の有効濃度に相当するものであり，$a_{\mathrm{x}} = \gamma_{\mathrm{x}} c_{\mathrm{x}}$〔$c_{\mathrm{x}}$ は物質の濃度，γ_{x} は活量係数($0 \leqq \gamma_{\mathrm{x}} \leqq 1$)で表される(ベーシック薬学教科書シリーズ第2巻「分析化学(第3版)」も参照〕．
$\log x$ は10を底とする常用対数であり，$\ln x$ は自然対数 e(=2.7183)を底とする自然対数である．
$\ln x = \log_e x = 2.303 \log x$

が，おのおのの半電池反応の E° の差で与えられることを示す．式(4.46)と式(4.47)の半電池反応の電位は，それぞれ式(4.49)および式(4.50)で与えられる．

$$K = \frac{a_{\mathrm{Red1}} a_{\mathrm{Ox2}}}{a_{\mathrm{Ox1}} a_{\mathrm{Red2}}} \tag{4.48}$$

$$E_1 = E_1^\circ + \frac{RT}{nF} \log_e \frac{a_{\mathrm{Ox1}}}{a_{\mathrm{Red1}}} \tag{4.49}$$

$$E_2 = E_2^\circ + \frac{RT}{nF} \log_e \frac{a_{\mathrm{Ox2}}}{a_{\mathrm{Red2}}} \tag{4.50}$$

両方の半電池反応の電位が等しくなるところでは，$E_1 = E_2$ が成り立つので，式(4.51)となり，これを変形すると式(4.52)が得られる．式(4.52)に式(4.48)を代入すると，式(4.53)となり，次のようになる．

$$E_1^\circ + \frac{RT}{nF} \log_e \frac{a_{\mathrm{Ox1}}}{a_{\mathrm{Red1}}} = E_2^\circ + \frac{RT}{nF} \log_e \frac{a_{\mathrm{Ox2}}}{a_{\mathrm{Red2}}} \tag{4.51}$$

$$RT \log_e \frac{a_{\mathrm{Red1}} a_{\mathrm{Ox2}}}{a_{\mathrm{Ox1}} a_{\mathrm{Red2}}} = nF (E_1^\circ - E_2^\circ) \tag{4.52}$$

$$RT \log_e K = nF(E_1^\circ - E_2^\circ) \tag{4.53}$$

この酸化還元対の電位は，平衡反応の右辺と左辺の化学ポテンシャルの差であり，自由エネルギー変化(ΔG°)に等しいので，式(4.54)が成立する($\Delta E^\circ = E_1^\circ - E_2^\circ$)．

$$-\Delta G^\circ = RT \log_e K = nF(E_1^\circ - E_2^\circ) = nF\Delta E^\circ \tag{4.54}$$

上記のダニエル電池では $\Delta E^\circ = 1.1$ V，$n = 2$ であり，上記の R(気体定数)，F(ファラデー定数)，$T = 298$ K(25 ℃)とともに式(4.54)へ代入すると，式(4.55)が得られる．これから，式(4.56)と式(4.57)が得られる．式(4.57)は，式(4.45)の平衡が右へ $10^{37.4}$ 倍偏ることを意味する．

$$\begin{aligned} -\Delta G^\circ &= 593 \log_e K = 593 \times 2.3 \log K = 1364 \log K \\ &= 5.1 \times 10^4 \mathrm{cal/mol} \end{aligned} \tag{4.55}$$

$$\log K = 37.4 \tag{4.56}$$

$$K = 10^{37.4} \tag{4.57}$$

4.4.4 酸素の酸化還元電位

分子状酸素 O_2 は，生体内でさまざまな酵素によって還元され，$O_2^{-\bullet}$(スーパーオキシドイオン)，O_2^{2-}(ペルオキシドイオン)，$OH^\bullet$(ヒドロキシルラジカル)などに変換される(図 4.12)．水溶液中において，$O_2^{-\bullet}$ や O_2^{2-} はプロトネーションされるため，これらの酸化還元電位は，pH によって変化する(図4.12)．表 4.6 には，各酸化還元電位を，アルカリ性溶液中および酸性溶液中で測定した結果を示す．図 4.13 と表 4.6 から，O_2 の還元体である $O_2^{-\bullet}$ や O_2^{2-}，$HO^{\bullet}$(これらを活性酸素種，reactive oxygen species；ROS とよぶ)の $E°$ のほうが，O_2 自身のそれよりも正(図の下方)になっていて，O_2 よりも酸化力が強い(還元されやすい)こと，これらの酸化力は，酸性溶液中のほうが強いことがわかる．有機化合物の多くが酸素種で酸化されるのは，それらの酸化還元電位が酸素種の酸化還元電位よりも低い[*3] からである(表 4.5 を参照)．

＊3 より負の値をとる．すなわち，図 4.13 中の曲線よりも上にある．

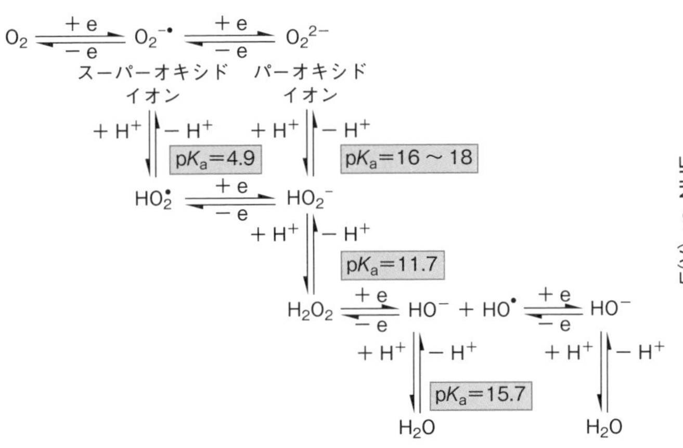

図 4.12　分子状酸素(O_2)の酸化還元反応

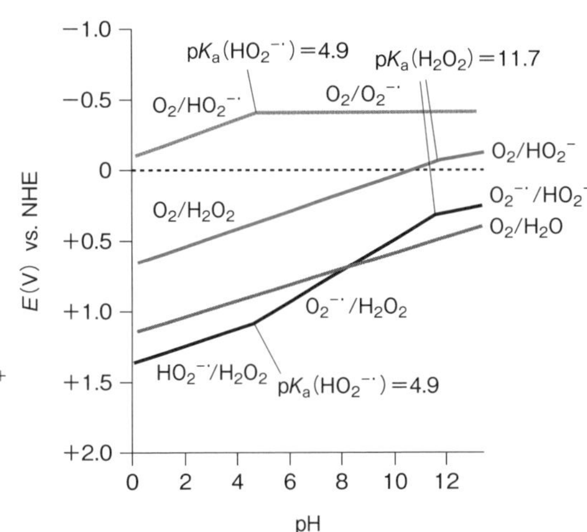

図 4.13　分子状酸素(O_2)の酸化還元電位とその pH 依存性

表 4.6　代表的な $O_2 \longrightarrow H_2O$ の各過程における酸化還元電位

反　応			$E°$(V)
酸性			
$O_2 + e^- + H^+$	$\rightleftharpoons$	$HO_2^{-\bullet}$	−0.13
$O_2 + 2\,e^- + 2\,H^+$	$\rightleftharpoons$	H_2O_2	+0.70
$O_2 + 4\,e^- + 4\,H^+$	$\rightleftharpoons$	$2\,H_2O$	+1.23
$HO_2^{-\bullet} + H^+ + e^-$	$\rightleftharpoons$	H_2O_2	+1.5
$H_2O_2 + 2\,e^- + 2\,H^+$	$\rightleftharpoons$	$2\,H_2O$	+1.76
アルカリ性			
$O_2 + e^-$	$\rightleftharpoons$	$O_2^{-\bullet}$	−0.33
$O_2 + H_2O + 2\,e^-$	$\rightleftharpoons$	$HO_2^- + OH^-$	−0.065
$O_2^{-\bullet} + e^- + H_2O$	$\rightleftharpoons$	$HO_2^- + OH^-$	+0.20
$O_2 + 4e^- + 2\,H_2O$	$\rightleftharpoons$	$4OH^-$	+0.401

4.4.5 過酸化水素による酸化還元反応

過酸化水素(H_2O_2)は，MnO_4^- に加えると，Mn^{7+} を Mn^{2+} へ還元し，自身は O_2 へ酸化される．一方，Fe^{2+} と混ぜた場合には，Fe^{2+} を Fe^{3+} へ酸化し，

自身は H_2O へ還元される．この現象を，酸化還元電位をもとに考えてみる．

H_2O_2/O_2 系の $E°$ は $+0.68$ V〔式(4.58)〕，MnO_4^-/Mn^{2+} 系の $E°$ は $+1.51$ V〔式(4.59)〕である．図 4.14 左半分に示すように，これら二つの半反応の間には，0.83 V の差($\Delta E°$)が生じるため，電子が H_2O_2 から MnO_4^- へ移動する反応が優先する〔式(4.60)の左辺→右辺〕．

$$H_2O_2 \rightleftharpoons O_2 + 2\,H^+ + 2\,e^- \qquad E° = +0.68\ V \quad (4.58)$$

$$MnO_4^- + 8\,H^+ + 5\,e^- \rightleftharpoons Mn^{2+} + 4\,H_2O \qquad E° = +1.51\ V \quad (4.59)$$

$$2\,MnO_4^- + 6\,H^+ + 5\,H_2O_2 \rightleftharpoons 2\,Mn^{2+} + 5\,O_2 + 8\,H_2O$$

$$\Delta E° = +0.83\ V \quad (4.60)$$

次に，H_2O_2 と Fe^{2+} の反応を考える．式(4.61)に示すとおり，Fe^{2+}/Fe^{3+} 系の $E°$ は$+$ 0.77 V である(図 4.14 右半分)．一方，H_2O_2 には H_2O との酸化還元平衡〔式(4.62)〕が存在し，その $E°$ 値は$+$ 1.76 V である．したがって，この場合は 0.99 V($=\Delta E°$)の差が生じ，Fe^{2+} の酸化半反応と H_2O_2 の還元半反応が進行する〔式(4.63)の左辺→右辺〕．

$$Fe^{2+} \rightleftharpoons Fe^{3+} + e^- \qquad E° = +0.77\ V \quad (4.61)$$

$$H_2O_2 + 2\,H^+ + 2\,e^- \rightleftharpoons 2\,H_2O \qquad E° = +1.76\ V \quad (4.62)$$

$$2\,Fe^{2+} + H_2O_2 + 2\,H^+ \rightleftharpoons 2\,Fe^{3+} + 2\,H_2O$$

$$\Delta E° = +0.99\ V \quad (4.63)$$

これらのことから，酸化還元反応は，その反応系を構成する半反応の酸化還元電位を比較することで，予測，定量できることがわかる．

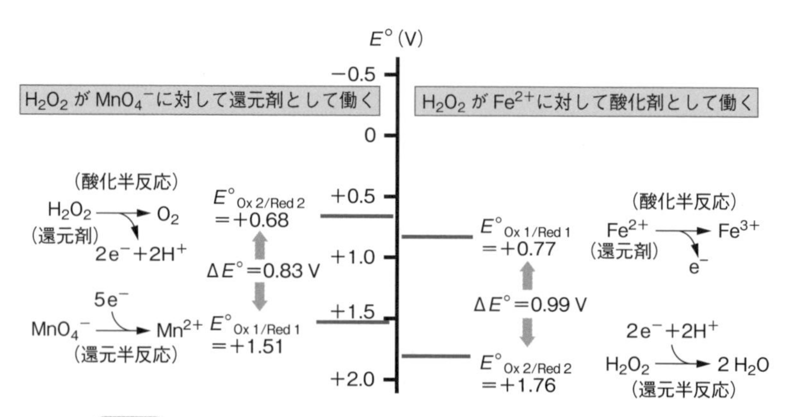

図 4.14 過酸化水素(H_2O_2)による MnO_4^- の還元と Fe^{2+} の酸化

章末問題

1． 以下の水溶液の水素イオン濃度およびpHを計算せよ．

a．0.002 mol L^{-1} HCl水溶液

b．0.1 mol L^{-1} NH_3 水溶液〔NH_3 の pK_b 値 = 4.75 (K_b = 1.78 × 10^{-5})〕

c．0.1 mol L^{-1} NH_4Cl 水溶液

2． 弱酸HAの0.2 mol L^{-1} 水溶液があり，HAの0.1%が解離しているとする．

a．HAの K_a 値とpK_a 値を計算せよ．

b．この溶液のpHを求めよ．

c．0.2 mol L^{-1} のHA水溶液(500 mL)を完全に中和するのに，0.1 mol L^{-1} のKOH水溶液が何mL必要か，求めよ．

3． NaH_2PO_4，Na_2HPO_4 を水に溶かしたときの液性を，それぞれ予想せよ．

4． 以下の化合物のpK_a 値を比較し，酸性度の強いものから順番に並べよ(色で示したプロトン)．

a．CH_3CO_2H　$ClCH_2CO_2H$　Cl_2CHCO_2H　CCl_3CO_2H　$ClCH_2CH_2CO_2H$

b．フェノール（OH）　p-ニトロ安息香酸（O_2N, CO_2H）　安息香酸（CO_2H）　p-ニトロフェノール（O_2N, OH）

c．p-ニトロフェノール（O_2N, OH）　p-メトキシフェノール（H_3CO, OH）　m-ニトロフェノール（O_2N, OH）　フェノール（OH）

d．2,4-ペンタンジオン（H H, O O）　アセトン（CH_3, O）　$CH_3CO_2CH_3$　シクロペンタジエン（H）　アセト酢酸メチル（H H, CO_2CH_3, O）

e．CH_3CH_3　$H_2C{=}CH_2$　$HC{\equiv}CH$　$H_2C{=}CH{-}CH_3$

f．H_2O　$CH_3N^+H_3$　グアニジニウムイオン（NH_2, H_2N, $\overset{+}{N}H_2$）　イミダゾリウムイオン（HN, N^+H）

g．HF　HCl　HBr　HI　HNO_3

5． 以下の化合物のpK_b 値を比較して，塩基性度の強いものから順番に並べよ．

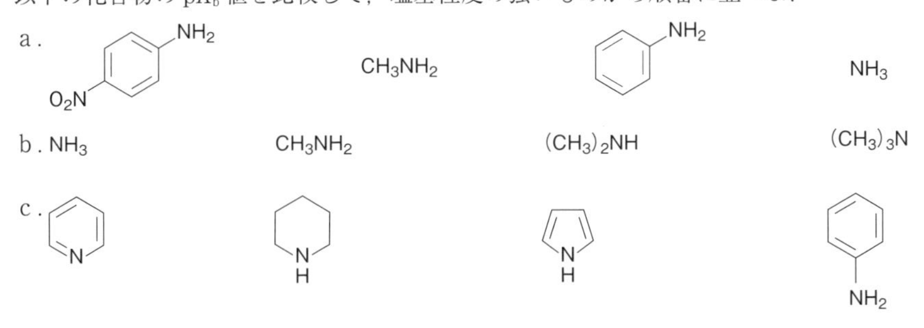

6． a．水溶液中において考えられるグリシンの酸-塩基状態を，平衡式を用いて書け．

b．グリシン塩酸塩を水溶液中でNaOHを用いてpH滴定したときに得られる滴定曲線を予想して，下図中央のグラフに書き入れよ．点A，B，Cにおいて，グリシンはどのような酸-塩基状態になっているか書き，グリシンの水溶性が一番低下するpHを予想せよ．また，その右のグラフに，pH変化に伴う，存在種の存在率をプロットせよ．

c．グリシンを緩衝液の溶質として用いる場合，どのくらいのpHにおいてその緩衝能力を最大限に発揮できると考えられるか．

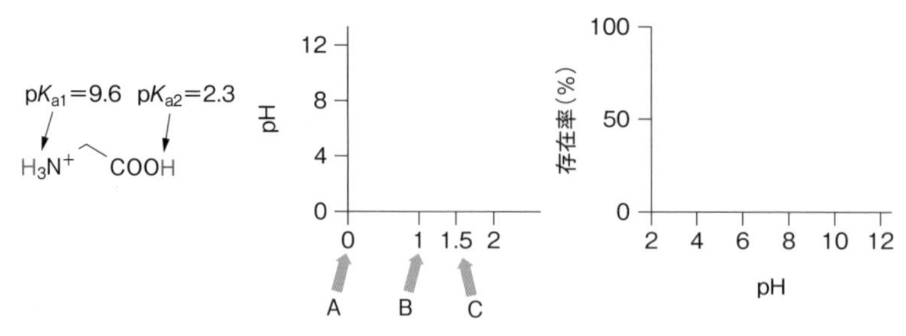

［グリシンに対する NaOH の当量］

7．Fe^{2+} を 0.01 mol L^{-1}，Fe^{3+} を 0.001 mol L^{-1} 含む溶液の酸化還元電位を予想せよ．Fe^{2+}/Fe^{3+} の $E°$ 値は，表 4.4(b)を参照し，ネルンストの式を用いて計算せよ．

8．MnO_4^- と Fe^{2+} を酸性溶液中で混合すると，どのような反応が起こるか，予想せよ．反応後に，原系(MnO_4^- ＋ Fe^{2+})と生成系の比を計算せよ(T = 298 K とする)．

9．ピルビン酸，乳酸，NAD^+，NADH が，ピルビン酸：乳酸＝1：1，NAD^+：NADH ＝ 1：1 の比で溶けている水溶液に，酸化還元酵素である乳酸デヒドロゲナーゼを加えた．この溶液中で進行する反応を書け．また，この反応条件下での ΔG を計算せよ〔本文中の式(4.54)を使うこと〕．

5 元素の化学および生体必須元素

❖ 本章の目標 ❖

- それぞれの族の元素の化学的な性質を学ぶ.
- 生命の維持に必要な元素を学ぶ.
- 代表的な典型元素を列挙し，その特徴を学ぶ.
- 代表的な遷移元素を列挙し，その特徴を学ぶ.
- 窒素酸化物の名称，構造，性質を学ぶ.
- 硫黄，リン，ハロゲンの酸化物，オキソ化合物の名称，構造，性質を学ぶ.

5.1 典型元素

典型元素(typical element)は s 軌道または p 軌道に電子が満たされていく元素群である．第 1 族および第 2 族と第 12～18 族を典型元素という．第 1 族および第 2 族元素は s 軌道の電子数が変化するので s-ブロック元素ともいい，第 13～18 族元素は p 軌道の電子数が変化するので，p-ブロック元素ともいう．

SBO 代表的な典型元素と遷移元素を列挙できる.

5.1.1 水　素

水素原子は，周期表の上では第 1 族に分類されるが，アルカリ金属とはかなり異なる性質をもつ．宇宙全体では存在量が最大の元素であり，地球上でも酸素，ケイ素についで多く，重量としては 1% 近く存在する．地球上では，水(H_2O)および二原子分子(H_2)(大気中)として存在する．

水素は $n\,s^1$ 電子配置であり，1s 軌道に 1 個の電子をもち，これを失うと H^+(プロトン)になり，電子を 1 個獲得すると，ヘリウム He と同じ電子配置をもつ H^-(ヒドリド)になる．また，水素には三つの同位体，^1H，^2H〔重水素，D(Deuterium)とも表記される〕，^3H〔トリチウム，T(Tritium)とも表記される〕がある．これらはいずれも 1s 軌道に電子を 1 個，原子核に陽子 1 個を

SBO 同素体，同位体について，例を挙げて説明できる.

もつところは共通しているが，それぞれ0，1，2個の中性子をもつ点で異なる．自然界には，^{1}Hが99.985%，^{2}Hが0.015%含まれている．一方^{3}Hは，^{14}Nに宇宙線が照射されて生じる放射性元素であり，β-壊変(半減期12.3年)によって^{3}Heになる．

(a) 水素分子(H_2)

二原子分子(H_2)は，通常の状態での単体の安定形であって，H—H結合の長さは0.74 Åと短く(3.1節と図3.3参照)，H_2の解離($H_2 \rightarrow 2\,H$)には436 kJ/molという大きいエネルギーが必要である(3.2節と表3.2参照)．パラジウムやルテニウム錯体などを触媒として用いることにより，H—H結合の解離反応を容易にしてオレフィンなどの還元反応(不斉還元反応)に用いることができる(第6章p. 173のコラム参照)．

(b) プロトン(H^+)

プロトン(H^+)を含む代表的な化合物であるHClは中性である(表5.1も参照)．それ自身を液化したり，ベンゼン溶液にしてもほとんど電気を通さないが，HClの水溶液は電流を通す．これは，真空中やベンゼン中でHCl結合を解離させるには非常に大きなエネルギーを要するが，水中ではプロトンに対する水和によって容易に解離するためである．たとえば，ハロゲン化水素水溶液の酸としての強さの順番は，HI＞HBr＞HCl＞HFであり，このことはH—X(X＝ハロゲン)結合の解離エネルギーが小さいものから大きいものへ並べた順番と一致する(3.2.2項および4.2節参照)．

(c) ヒドリド(H^-)

水素の1s軌道に，外から電子を一つ受け取って$(1s)^2$という電子配置をとったものがヒドリド(H^-)であり，塩基性〔プロトン(H^+)に対する反応性〕と求核性(カルボニル炭素などに対する反応性[*1])をもつ．H_2が，H(χ_H = 2.2)より小さい電気陰性度(2.5節参照)をもつ元素(アルカリ金属やアルカリ土類金属)と反応すると，イオン結合性の高いヒドリド化合物(M^+H^-)が生成する．たとえば，ナトリウム(χ_{Na} = 0.93)と水素から水素化ナトリウム(NaH)が生成する〔式(5.1)および表5.2〕．

＊1　高橋秀依，夏苅英昭 編，〈ベーシック薬学教科書シリーズ5〉『有機化学』，の第6章を参照．

$$Na + \frac{1}{2}H_2 \longrightarrow NaH \tag{5.1}$$

また，水素化ホウ素ナトリウム($NaBH_4$)や水素化リチウムアルミニウム($LiAlH_4$)のような試薬は，それぞれBH_4^-やAlH_4^-という陰イオン性四面体構造をもつヒドリド錯体とNa^+またはLi^+との塩であり，有機合成化学における有用な還元剤として汎用されている．これらに含まれる水素は，いずれもヒドリドとして，カルボニル炭素などに対する求核剤として反応する．

(d) 非金属の水素化物

水素は，非金属元素と分子性水素化物(共有結合性水素化物)をつくる．表

5.1 に代表的な分子性水素化物の化学式と名称を示す（ と の部分）．水素はボラン〔ジボラン(B_2H_6)として存在する，詳細は3.4節のコラム参照〕以外とは，一般的に単共有結合をもつ．一方で，より電気陰性度の小さいアルカリ金属やアルカリ土類金属などとイオン結合性水素化物を与える（表5.1の 部分に示す）．さらに，遷移金属や希土類元素と金属類似水素化物を生成する〔例：$ZnH_{1.92}$，Ga_2H_6（ジガラン），SnH_4（スタナン），$LaH_{2.76}$〕．

表5.1 代表的な分子性水素化物とイオン結合性水素化物〔表中の（ ）内は，Hと結合する元素の電気陰性度〕

周期＼族	1	2	13	14	15	16	17
2	LiH 水素化リチウム (χ_{Li}=0.98)	BeH_2 水素化ベリリウム (χ_{Be}=1.57)	BH_3 ボラン (χ_B=2.04)	CH_4 メタン (χ_C=2.55)	NH_3 アンモニア (χ_N=3.04)	H_2O 水 (χ_O=3.44)	HF フッ化水素 (χ_F=3.98)
3	NaH 水素化ナトリウム (χ_{Na}=0.93)	MgH_2 水素化マグネシウム (χ_{Mg}=1.31)	AlH_3 水素化アルミニウム (χ_{Al}=1.61)	SiH_4 シラン (χ_{Si}=1.90)	PH_3 ホスフィン (χ_P=2.19)	H_2S 硫化水素 (χ_S=2.58)	HCl 塩化水素 (χ_{Cl}=3.16)
4	KH 水素化カリウム (χ_K=0.82)	CaH_2 水素化カルシウム (χ_{Ca}=1.00)	GaH_3 水素化ガリウム (χ_{Ga}=1.81)	GeH_4 ゲルマン (χ_{Ge}=2.01)	AsH_3 アルシン (χ_{As}=2.18)	H_2Se セレン化水素 (χ_{Se}=2.55)	HBr 臭化水素 (χ_{Br}=2.96)

イオン結合性水素化物（固体），分子性水素化物（液体），分子性水素化物（気体）．

(e) 水素結合

水素原子を含む極性の高い極性分子どうしが静電気力で引き合う力を**水素結合**(hydrogen bonding)とよぶ(3.8.4項)．直観的には，水素原子が原子Aに結合しているとき(A—H)，水素原子の電子が原子Aに引き寄せられることによって原子Aにマイナス，水素原子にプラスの電荷の偏りが生じる．ここで電気陰性度の大きな別の原子BがA—Hの水素原子に接近すると，プラスに偏ったHと原子Bの間に静電的な力が働く，と考えられる．水素結合は，共有結合，イオン結合，金属結合より弱いが，双極子-双極子相互作用やロンドンの分散力よりも強い〔第3章の表3.6(p.75)参照〕．

5.1.2 第1族元素（アルカリ金属）

第1族のうち，水素以外のリチウムLi，ナトリウムNa，カリウムK，ルビジウムRb，セシウムCsは**アルカリ金属**とよばれ，最外殻に一つのs電子をもち，残りは内殻電子が希ガスの電子配置をとっている(表5.2)．同じ周期の元素のなかで最も第一イオン化エネルギーが小さく，容易に1電子を放出して(酸化されて)，安定な希ガス構造をもつ1価の陽イオンになりやすい．したがって，アルカリ金属は最も強い還元剤である(4.4.1項参照)．

リチウムからセシウムへ原子の大きさが増すと，最外殻軌道のエネルギー

COLUMN メタンハイドレート

メタンハイドレート(methane hydrate)とは，低温高圧下で水分子どうしが水素結合によってかごのような形状の集合体を形成し，その内部にメタン(CH_4)やエタン(C_2H_6)などの有機分子が取り込まれた物質，無色のシャーベットまたは雪のような固体状である．水分子の集合の仕方には，いくつかの幾何学的多面体構造があり，それらが三次元的に組み合わさっている．たとえば，下図の構造は正 12 面体(dodecahedron)と 14 面体(tetrakaidecahedron)の組み合わせでできており，これらの構造のなかに 1 分子のメタンや二酸化炭素が取り込まれる．その結果，メタンと水のモル比は 1：5.75 となる．空気中常圧常温で分解してメタンと水になるのでクリーンであり，燃えるが爆発はしない．

取り込まれる有機ゲスト分子は，メタン，エタン～アルゴン(分子サイズ：3.8 Å)やブタン(分子サイズ：6.5 Å)までいろいろあり，二酸化炭素(CO_2)も容易にハイドレートを形成できる．

メタンハイドレートに代表されるガスハイドレート(気体包接化合物)は，19 世紀の石炭(固体)，20 世紀の石油(液体)につぐ，21 世紀の天然ガス資源として期待されている．一次エネルギー供給の 8 割を海外に依存する資源小国である日本の近海の大陸周辺部や永久凍土地帯に天然ガスハイドレートの海底堆積層が発見され，注目されている．

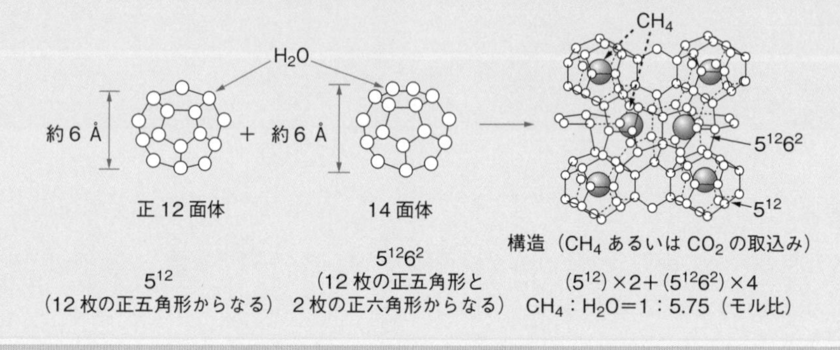

準位が高くなるので電子が原子核から離れて抜けやすくなる．したがって，周期表で下へいくほどイオン化エネルギーが減少する．また，第二イオン化

表 5.2 アルカリ金属の物理化学的性質

	リチウム Li	ナトリウム Na	カリウム K	ルビジウム Rb	セシウム Cs
原子番号	3	11	19	37	55
電子配置	$[He]2s^1$	$[Ne]3s^1$	$[Ar]4s^1$	$[Kr]5s^1$	$[Xe]6s^1$
共有結合半径（Å）	1.34	1.54	1.96	2.11	2.25
イオン半径（Å）（6 配位のとき）	0.90	1.16	1.52	1.66	1.81
第一イオン化エネルギー (kJ/mol)	520	496	419	403	376
第二イオン化エネルギー (kJ/mol)	7298	4563	3052	2632	2422
電子親和力(kJ/mol)	59.8	53.1	48.2	47.3	76.2
電気陰性度	0.98	0.93	0.82	0.82	0.79

エネルギーは非常に大きく，通常 +2 以上のカチオン種は存在しない．アルカリ金属の塩 MX は，ほぼ完全なイオン結合化合物であり，水溶性が高い．

(a) アルカリ金属の単体

ナトリウムとカリウムは，岩石圏のなかに，岩塩($NaCl$)やカーナリット($KCl \cdot MgCl_2 \cdot 6\,H_2O$)という沈積物(それぞれ2.6%，2.4%)として含まれている．リチウム，ルビジウム，セシウムは存在量が少なく，少数のケイ酸塩鉱物中に存在する．

リチウムの第一イオン化エネルギー(2.3節参照)は第1族のなかで一番大きく，Li^+ になりにくいが，水溶液中での還元力は一番強い(表4.4参照)．これは Li^+ のイオン半径が最も小さく，水和エネルギーが最も大きいためであると考えられる．また，リチウムが負極に用いられているリチウム電池は，小型で高電圧，大電流が得られ，寿命が長い，用途によっていろいろな形状にできる，という特徴があり，広く使われている．

リチウム，ナトリウム，カリウム，ルビジウム，セシウムの炎色反応では，それぞれ赤，黄，紫，赤紫，青紫という固有の色が観察される．リチウム，ナトリウム，カリウム，セシウムは水より軽く，融点が低いため，ナトリウムは原子炉(高速増殖炉)の冷却剤などとして使用されている(カリウムが使われることもある)．セシウムは夏には融解して液体となる．なお，ナトリウムやカリウムには，水と激しく反応して水素と高熱を発し，その水素に引火して爆発を起こす性質があるので，注意が必要である．

また，リチウム，ナトリウム，カリウムはナイフなどで切断できるほど柔らかい金属である．切断直後の断面は銀色に光るが，空気中の酸素と反応して酸化物の膜が生成して光沢を失う．リチウムは空気中の窒素と反応して Li_3N(窒化リチウム)になる．そのため，これらの金属は，石油類のなかに沈めて保存される．

ナトリウムは，放電によって生ずるナトリウムランプの黄色光(589.0 nm，589.6 nm，1.3.4項参照)が，旋光計など光学機器の光源として用いられる(D線とよばれる)．また，ナトリウムランプの黄色光は透過性がよく，トンネル内の照明などにも使われている．カリウムは，空気中で速やかに酸化されるとともに，ナトリウムよりも水と激しく反応して発火しやすい．

(b) アルカリ金属の水素化物

アルカリ金属の水素化物は，式(5.2)や式(5.3)のように合成され，おもに還元剤として用いられる．

$$4\,LiH + AlCl_3 \longrightarrow LiAlH_4 + 3\,LiCl \tag{5.2}$$

$$4\,NaH + B(OMe)_3 \longrightarrow NaBH_4 + 3\,CH_3ONa \tag{5.3}$$

(c) アルカリ金属の酸化物

アルカリ金属を酸素と反応させると，それぞれ対応する酸化物が生成する〔式(5.4)〜式(5.6)〕．イオンのサイズが大きくなると，酸化物よりも**過酸化物**(M_2O_2, peroxide)や**超酸化物**(MO_2, superoxide)が安定になる傾向がある．KO_2 は不対電子をもち，青色を呈する．

$$4\,Li + O_2 \longrightarrow 2\,Li_2O \tag{5.4}$$

$$2\,Na + O_2 \longrightarrow Na_2O_2\text{(過酸化物)} \tag{5.5}$$

$$K + O_2 \longrightarrow KO_2\text{(超酸化物)} \tag{5.6}$$

(d) アルカリ金属の水酸化物およびアルカリハライド(ハロゲン化アルカリ)

アルカリ金属は，水やアルコールと激しく反応して水酸化物を与える〔式(5.7)，式(5.8)〕．

$$2\,M + 2\,H_2O \longrightarrow 2\,MOH + H_2 \tag{5.7}$$

$$2\,M + 2\,ROH \longrightarrow 2\,MOR + H_2 \tag{5.8}$$

アルカリ金属の水酸化物(MOH)は水に溶けやすく，強いアルカリ性を示す．水酸化カリウム(KOH)はせっけん液，炭酸カリウム(K_2CO_3)はガラス工業の原料などとして用いられる．水酸化ナトリウム(NaOH)や KOH はメタノールなどのアルコールに溶けにくいが，クラウンエーテル(6.3.3項)を加えると，Na^+ と K^+ がクラウンエーテルの内孔に包接されて溶解度が増大する．また，アルカリハライドは，最も典型的なイオン性固体である(3.2.3項)．

(e) アルカリ金属イオンおよびそれらの塩の生物学的役割と薬理作用

Li^+ は抗躁(そう)作用をもつが，血中濃度の上昇による副作用を抑えるために，難溶性の炭酸リチウム(Li_2CO_3)が抗うつ薬として日本薬局方第一部に収載されている．Li_2CO_3 は水にやや溶けやすく熱湯に溶けにくい(7.4.1項参照)．

炭酸水素ナトリウム($NaHCO_3$)は重曹ともよばれ，アシドーシス治療薬，制酸剤および製剤原料として用いられる(日本薬局方第一部収載)．

塩化カリウム(KCl)は電解質補給薬として使われる(日本薬局方第一部収載)．水に溶けやすく，溶解時に吸熱が起きる．また，KOH は劇薬であり，製剤原料に用いられる．その水溶液は強アルカリ性である．

ナトリウムとカリウムは生体必須元素であり，身体のホメオスタシスの維持，タンパク質合成，細胞内外の水の輸送など，多くの生体機能にかかわっている(5.3節，表5.24参照)．

5.1.3　第2族元素(アルカリ土類金属)

第2族にはベリリウム Be，マグネシウム Mg，カルシウム Ca，ストロンチウム Sr，バリウム Ba，ラジウム Ra がある(表5.3)．

表5.3 アルカリ土類金属(この表にはBe, Mgを含めている)の物理化学的性質

	ベリリウム Be	マグネシウム Mg	カルシウム Ca	ストロンチウム Sr	バリウム Ba	ラジウム Ra
原子番号	4	12	20	38	56	88
電子配置	[He]2s^2	[Ne]3s^2	[Ar]4s^2	[Kr]5s^2	[Xe]6s^2	[Rn]7s^2
共有結合半径(Å)	0.90	1.30	1.74	1.92	1.98	
イオン半径(+2価)(Å)(6配位のとき)	0.41	0.86	1.14	1.32	1.49	
第一イオン化エネルギー(kJ/mol)	899	738	590	550	503	509
第二イオン化エネルギー(kJ/mol)	1757	1451	1145	2632	965	979
電子親和力(kJ/mol)	−50	−40	−30	−30	−30	
電気陰性度	1.57	1.31	1.00	0.95	0.89	0.90

第2族は最外殻s軌道に2電子もっており(ns^2), そのns電子2個を放出して閉殻の2価陽イオンとなりやすい. ベリリウムBeはほかの金属に比べて共有結合性の化合物をつくりやすい. また, ベリリウムとマグネシウムMgは炎色反応を示さないが, カルシウムCa, ストロンチウムSr, バリウムBaは, 炎色反応でそれぞれ橙赤, 深赤, 黄緑色を示す.

これらのことから, ベリリウムとマグネシウムを除いた金属を, **アルカリ土類金属**(alkaline earth metal)とよぶ. マグネシウムとカルシウムは地殻中に大量に(2～3%)含まれ, ケイ酸ミネラル中で$CaCO_3$, $CaMg(CO_3)_2$(ドロマイト), $MgKCl_3 \cdot 3H_2O$(カルナライト)の析出物として産出される. また, フッ化カルシウム(CaF_2)とリン酸ミネラルは, それぞれフッ素Fとリン酸Pの供給源である.

ベリリウムの天然存在量は少ない. 一方, ストロンチウムとバリウムは, 天然ではそれぞれ$SrSO_4$と$BaSO_4$として存在する. ラジウムRaは放射性で, 最長寿命の同位体^{226}Raは1600年の半減期をもつ.

(a) アルカリ土類金属の単体

アルカリ土類金属は, アルカリ金属よりも硬く, 密度, 融点ともに高い. 水に加えると, アルカリ金属よりも反応性は低いものの, 反応して水酸化物を与える〔式(5.9)〕.

$$M + 2H_2O \longrightarrow M(OH)_2 + H_2 \qquad (5.9)$$

アルカリ金属と比べると, 第一イオン化エネルギーが大きい. また, 第二イオン化エネルギーは第一イオン化エネルギーの約2倍である. 最外殻の二番目の電子が一番目と同じs軌道から外れ, 不活性ガスと同じ閉殻構造になる. Ca, Sr, Ba, Raの炎色反応は, それぞれ橙赤, 深赤, 黄緑, 洋紅色を示す.

(b) アルカリ土類金属の酸化物

ベリリウム以外は空気中で酸化されにくい．Mg は低温では反応性が低いが，高温度では，カルシウム以下のアルカリ土類金属と同様，空気中で熱すると激しく燃えて MgO になる〔式(5.10)〕．

$$2\,M + O_2 \longrightarrow 2\,MO \tag{5.10}$$

MgO(酸化マグネシウム，日本薬局方第一部収載)：制酸剤，瀉下薬(しゃげやく)(いわゆる下剤)．

CaO(酸化カルシウム，日本薬局方第二部収載)：製剤原料．

(c) アルカリ土類金属の水素化物

BeH_2 や MgH_2 は多少共有結合性を帯びたイオン結合，カルシウム以下のアルカリ土類金属の水素化物はいずれも完全なイオン結合でできている(表 5.1 参照)．

(d) アルカリ土類金属塩

炭酸マグネシウム($MgCO_3$，日本薬局方第一部収載)：薬局方品は含水塩基性炭酸マグネシウム $Mg_2(OH)_2CO_3 \cdot nH_2O$ または含水正炭酸マグネシウム $Mg_2CO_3 \cdot nH_2O$ である．いずれも水に難溶で，希塩酸に二酸化炭素をだしながら溶解する．制酸剤や瀉下薬として用いられる．

炭酸カルシウム($CaCO_3$，日本薬局方第一部収載)：白色の微細な結晶性粉末で，水にほとんど溶けず，CO_2 を含む水には $Ca(HCO_3)_2$ を形成することによって溶解性が増す．希酢酸，希塩酸，または希硝酸に泡立って溶ける．胃・十二指腸潰瘍，胃炎などの疾患に対する制酸剤として用いられる．

硫酸バリウム($BaSO_4$，日本薬局方第一部収載)：水に溶けにくく，X 線を通さないので，レントゲンなどでの X 線造影剤として使われる．Ba^{2+} は毒性が強いが，$BaSO_4$ が難水溶性であるため，毒性は低い．

Ca^{2+} イオンは生体必須元素である．生体内での役割については，5.3.5 項を参照されたい．

5.1.4 第 13 族元素(ホウ素族)

ホウ素 B は非金属元素に，アルミニウム Al，ガリウム Ga，インジウム In，タリウム Tl は金属元素に分類される(表 5.4)．アルミニウム以下のホウ素族の元素は 3 価の陽イオンになる(インジウム，タリウムは 1 価になることもある)．

(a) 第 13 族元素の単体

ホウ素の単体は，原子どうしが共有結合で強く結ばれているため，電気抵抗が大きい非金属的性質をもつ．ホウ素の電子配置は，$(1s)^2(2s)^2(2p)^1$ であり，原子価殻の軌道の数(2s，2p×3)より一つ小さい数の価電子(3 個)を

表 5.4 第 13 族元素(ホウ素族)の物理化学的性質

	ホウ素 B	アルミニウム Al	ガリウム Ga	インジウム In	タリウム Tl
原子番号	5	13	31	49	81
電子配置	$[He]2s^22p^1$	$[Ne]3s^23p^1$	$[Ar]3d^{10}4s^24p^1$	$[Kr]3d^{10}5s^25p^1$	$[Xe]4f^{14}5d^{10}6s^26p^1$
共有結合半径 (Å)	0.82	1.18	1.26	1.44	1.48
第一イオン化エネルギー (kJ/mol)	801	578	579	558	589
電子親和力(kJ/mol)	27	44	29	29	30
電気陰性度	2.04	1.61	1.81	1.78	2.04

もっている．アルミニウムは地球の地殻中に酸素，ケイ素についで多量に(約 8%)存在するが(金属では一番多い)，人体中にはない．展性・延性に富み，加工しやすく，腐食に強い軽金属である．また，アルミニウムは希塩酸，水酸化ナトリウム水溶液のいずれにも H_2 を発生して溶ける両性元素である．

(b) 第 13 族元素の酸化物

ホウ素の酸化物(B_2O_3)は水溶性で，水に溶けるとホウ酸(H_3BO_3)になる．一方，アルミニウムの酸化物〔三酸化アルミニウム(Al_2O_3)〕はアルミナとよばれ，水に溶けない．ルビー(+Cr)やサファイア(+Fe または Ti)に含まれる．また，生体親和性，耐食性，強度が高いなどの特徴があるため，ファインセラミックス(ニューセラミックス)の原料として刃物や医療用人工骨，人工関節などに使われている．

(c) 第 13 族元素の水素化物

ホウ素はボラン(BH_3)という水素化物を生成することがよく知られている(表 5.1)．ホウ素の電気陰性度はあまり小さくないので，水素とは共有結合性化合物をつくる．実際には，BH_3 は二量体であるジボラン(B_2H_6，無色刺激臭の気体)という形で存在する．B_2H_6 の化学結合に関与するホウ素と水素の最外殻電子は合計 12 個であるが，B_2H_6 の化学結合の数は八つであり，すべての結合を生成するのに必要な $2 \times 8 = 16$ 個の電子をもっていない．そのため，三中心二電子構造を形成する(3.4.2 項の p. 53 の Advanced 参照)．ジボランは常温常圧で気体であり，空気中で自然発火する〔式(5.11)〕．また，水とも反応しやすく，ホウ酸と水素が発生する〔式(5.12)〕．また，BH_3 のホウ素にはエーテルやスルフィドが配位することができ，たとえば $BH_3 \cdot OEt_2$ や $BH_3 \cdot SMe_2$ として入手可能である．これらの BH_3 類縁体はアルケンのヒドロホウ素化反応，ケトンやアミドの還元反応などに有用である．また BF_3 や三塩化ホウ素(BCl_3)は，電子不足の状態にあるため，強いルイス酸性(4.3 節)をもつ．

ジボラン(B_2H_6)の構造

$$B_2H_6 + 3\,O_2 \longrightarrow B_2O_3 + 3\,H_2O \qquad (5.11)$$

$$B_2H_6 + 6\,H_2O \longrightarrow 2\,B(OH)_3 + 6\,H_2 \qquad (5.12)$$

また，第13族元素の水素化物はルイス酸としてヒドリド(H^-)を受け取ることで，四面体構造をもつBH_4^-やAlH_4^-となり，Li^+やNa^+との塩，すなわち$NaBH_4$や$LiAlH_4$を生成する．これらは強力な還元剤として有機合成化学反応で汎用される．

(d) 第13族元素の水酸化物

H_3BO_3は一塩基酸であり，その酸塩基平衡は式(5.13)で表される(4.2節参照)．弱い殺菌作用，防かび作用があり，皮膚に対する刺激が小さく，洗浄力が大きい．そのため，その水溶液が洗眼剤や洗浄剤として日本薬局方第一部に収載されている．

$$H_3BO_3 + 2\,H_2O \rightleftharpoons [B(OH)_4]^- + H_3O^+ \qquad (pK_a = 9.24) \quad (5.13)$$

上に記したとおり，Al^{3+}は両性イオンであり，酸性，アルカリ性水溶液中で式(5.14)および式(5.15)のような平衡が存在する．水酸化アルミニウム〔$Al(OH)_3$，日本薬局方第一部収載〕は水，エタノール，ジエチルエーテルにほとんど溶けないが，希塩酸または水酸化ナトリウム水溶液に溶ける．制酸剤には無晶系のものが使われ，乾燥水酸化アルミニウムゲルとよばれる．

$$Al(OH)_3 + 3\,H_2O + 3\,H^+ \rightleftharpoons [Al(H_2O)_6]^{3+} \quad (5.14)$$

$$Al(OH)_3 + OH^- \rightleftharpoons [Al(OH)_4]^- \quad (5.15)$$

(e) 第13族元素のハロゲン化物

5.1.4(c)項で述べたとおり，三フッ化ホウ素(BF_3)や三塩化ホウ素(BCl_3)は，電子不足(6e)の状態にあるため，強いルイス酸性(4.3節)をもつ．中心のホウ素原子はsp^2混成軌道をもつので，平面三角形構造をとる(3.6節)．これらの化合物のホウ素中心にルイス塩基が配位すると，ホウ素はsp^3混成へと変化し，四面体構造になると考えられる．BX_3(X＝ハロゲン)を，アクセプターとして強いものから並べると，$BI_3 > BBr_3 > BCl_3 > BF_3$となる．この順

COLUMN　有機合成を飛躍的に発展させたクロスカップリング反応

フェニルホウ酸〔$PhB(OH)_2$〕は比較的安定な化合物であるが，Pd触媒存在下でアリールハライドと反応させると，フェニル基とアリール基の間で炭素一炭素結合生成反応が起きる．この反応をクロスカップリング反応とよぶ．とくに，ホウ酸を基質として用いる鈴木–宮浦カップリング反応と，亜鉛試薬を基質とする根岸カップリング反応を開発した鈴木章教授と根岸英一教授(およびR. Heck教授)が，2010年のノーベル化学賞を授与された．これらの反応は，試薬，薬剤，発光素子などさまざまな化合物の効率的合成に用いられ，化学の発展に大きく貢献している．

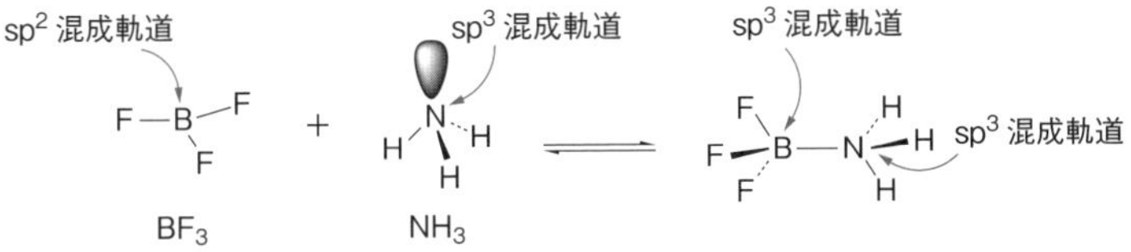

図 5.1 ハロゲン化物とルイス塩基との反応

番は，電気陰性度が大きいハロゲンを含む BX_3 のほうが，ルイス酸性が小さいことを意味している．フッ素ではπ結合性が最も強く，ルイス塩基との複合体が四面体構造を取りにくくなっているから，と推測される（図 5.1）．

一方，三塩化アルミニウム（$AlCl_3$）や三臭化アルミニウム（$AlBr_3$）も強力なルイス酸であり，有機合成化学で Friedel-Crafts のアルキル化およびアシル化の触媒および反応剤として汎用されている．

5.1.5 第 14 族元素（炭素族）

第 14 族元素は炭素族ともいい，炭素 C，ケイ素 Si，ゲルマニウム Ge，スズ Sn，鉛 Pb がある（表 5.5）．

表 5.5 第 14 族元素（炭素族）の物理化学的性質

	炭素 C	ケイ素 Si	ゲルマニウム Ge	スズ Sn	鉛 Pb
原子番号	6	14	32	50	82
電子配置	$[He]2s^2 2p^2$	$[Ne]3s^2 3p^2$	$[Ar]3d^{10} 4s^2 4p^2$	$[Kr]4d^{10} 5s^2 5p^2$	$[Xe]4f^{14} 5d^{10} 6s^2 6p^2$
共有結合半径（Å）	0.77	1.17	1.22	1.40	1.46
第一イオン化エネルギー（kJ/mol）	1086	786	762	708	715
電子親和力（kJ/mol）	122	134	120	121	110
電気陰性度	2.55	1.90	2.01	1.96	2.33

（a）第 14 族元素の単体

炭素には，ダイヤモンド（金剛石），グラファイト（黒鉛，石墨），フラーレンという三つの**同素体**がある（図 5.2）．ダイヤモンドは，無色で最も硬い物質であり，電気伝導性を示さない．宝石や削岩機の刃先に用いられる．ダイヤモンドの単位格子には 8 個の炭素原子があり，それらはすべて sp^3 混成軌道であり，隣接する四つの炭素原子と単結合を形成することで三次元的な構造を形成している．対照的に，グラファイトは黒色で柔らかく，電気伝導性が高い．グラファイト中の炭素は sp^2 混成軌道であり，ベンゼン状の平面六角形が平面方向へ無限につながった二次元的構造をつくり，さらにそれらが層状構造を形成している．層間距離は約 3.4 Å であり，弱いファンデルワールス力によって結びついているので，潤滑性がある．したがって，グラファイトは鉛筆やるつぼ，電極に使われている．

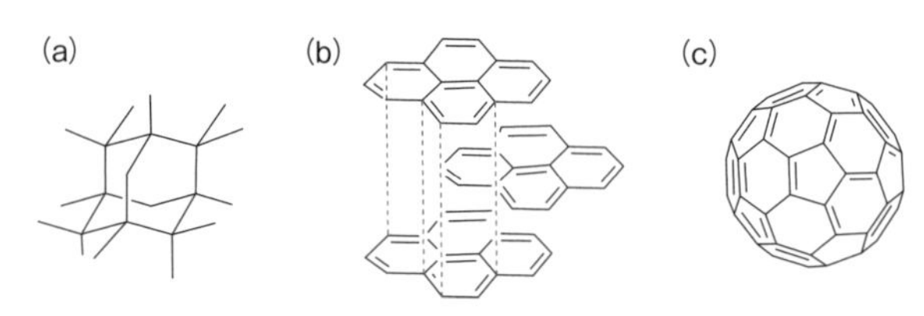

図5.2　炭素の同素体
(a) ダイヤモンド，(b) グラファイト，(c) フラーレン(C_{60}).

フラーレンは第三の炭素同素体の総称である．とくに，サッカーボール(バックミンスターフラーレン)とよばれる C_{60} に代表され，C_{60} は，1970年代に大澤映二らによってその存在が予言された．1985年に R. S. Smalley, H. W. Kroto らによって，黒鉛のレーザー加熱生成物の質量スペクトル中に検出され，その後単離された．正二十面体の各頂点を切り落とした切頭二十面体構造であり，炭素原子間には二重結合性がある．1990年代に，アーク放電を用いる大量合成が開発された．内部空間にカリウムなどがドーピングされた物質が低温で超伝導性を示すなど，これまでにない性質が見いだされている．

ケイ素は，酸素についで天然存在量が多く，地殻中に約25％含まれる．ケイ素は，低温では抵抗率が大きく電気を通しにくいが，温度が上昇すると抵抗率が小さくなって電気を通しやすくなる(真性半導体)．これに微量の不純物を加えると，抵抗率が小さくなるため(不純物半導体)，発光ダイオードなどに用いられる．ケイ素の単体は，シリコーン樹脂などの原料や，太陽電池，電子基盤などの半導体材料になる．

スズは青みを帯びた灰白色の金属であり，鉄板にメッキすることでブリキができる．また，鉛の最大の用途は鉛蓄電池である．鉛蓄電池は代表的な二次電池であり，正極に PbO_2，負極に Pb を用いることで，2 V の電圧を発生させる．また，鉛ガラス(PbO)は放射線遮蔽ガラスとして用いられている．

(b) 第14族元素の水素化物

炭素の水素化物は，メタン(CH_4)，エタン(C_2H_6)など〔C_nH_{2n+2}〕で表され，その性質，反応性については，他書[*2]を参照してほしい．ケイ素の水素化物 Si_nH_{2n+2} は一般的に不安定で実用性に乏しい．

＊2　高橋秀依，夏苅英昭 編，〈ベーシック薬学教科書シリーズ5〉『有機化学』，化学同人(2008)を参照．

(c) 第14族元素の酸化物

一酸化炭素(CO)は，無色無臭の気体であり，毒性が高い(p.70 の Advanced も参照)．二酸化炭素(CO_2)は，常温常圧で気体であり，空気の約1.5倍の比重である．等体積の水に溶けて炭酸となり，微酸性を示す．CO_2 が固体化したのがドライアイスである．

ケイ素の酸化物である二酸化ケイ素(SiO_2)はシリカともよばれ，天然の結晶として石英や水晶がある．Si═O 二重結合は生成せず，四面体構造をもっている(図5.3)．SiO_2 に Na_2CO_3 や K_2CO_3，Ca_2CO_3 などを加えて加熱溶解し，

O^-, Si, ^-O, O^-, ^-O

図5.3　SiO_4^- の四面体構造

COLUMN

カーボンナノチューブ

1990年代に見いだされたC_{60}のアーク放電合成法では，C_{60}は「陽極」にたまった「すす」に大量に含まれていた．それに対し，飯島澄男らは，「陰極側」のすす中に生成したフラーレンを観察した．その結果，球状のフラーレンとはまったく構造が異なる，絡み合った細長いチューブ状のものを観察した．これが「カーボンナノチューブ(CNT；carbon nanotube)」の発見であった．

CNTは，グラファイトのシート構造がチューブ状に丸まったものである．発見直後は大小のチューブが入れ子のように重なっているものが多く観察されたが，最近1層構造のCNTの合成が可能となり，良導体であることから，最も強靭な繊維や電子素材として注目されている．

冷やしたものが，ガラス(ソーダガラス，カリガラスなど)である．

5.1.6 第15族元素(窒素族)

(a) 第15族元素の単体

窒素Nとリン Pは非金属，ヒ素As，アンチモンSb，ビスマスBiは半金属に分類される(表5.6)．これらは$n\,s^2 n\,p^3$という電子配置をもっていて，各軌道に一つずつ入っているので比較的安定であり，第一イオン化エネルギーが大きい．窒素は多重結合を生成しやすく，大気中には窒素分子(N_2)が約78%含まれている．N_2は化学的に安定であり，液体窒素(沸点 −196℃)は安価な冷却剤である．リン(P)には，赤リン(P_n)，白リン(P_4)，黒リンという同素体が存在する(図5.4)．白リンは正四面体型のP_4構造をもち，透明なロウ状固体である．しばしば表面が赤リンに覆われて淡黄色に見えるので，黄リンともよばれる．白リン(黄リン)は空気中で自然発火するため，水中で保存される．また，黒リンは白リンとは異なる原子配列を有する．白リンをN_2中で250℃付近で数時間加熱すると赤褐色の粉末である赤リンになる．また，地殻中ではアパタイト〔$Ca_5(PO_4)_3(F, Cl, OH)$，F，Cl，OHが異なる割合で存在する〕として存在する．また，ヒ素は非金属の固体である．

表5.6 第15族元素(窒素族)の物理化学的性質

	窒素N	リンP	ヒ素As	アンチモンSb	ビスマスBi
原子番号	7	15	33	51	83
電子配置	$[He]2s^22p^3$	$[Ne]3s^23p^3$	$[Ar]3d^{10}4s^24p^3$	$[Kr]4d^{10}5s^25p^3$	$[Xe]4f^{14}5d^{10}6s^26p^3$
共有結合半径(Å)	0.75	1.06	1.19	1.38	1.46
第一イオン化エネルギー(kJ/mol)	1402	1010	947	834	703
電子親和力(kJ/mol)	−7	72	78	103	110
電気陰性度	3.04	2.19	2.18	2.05	2.02

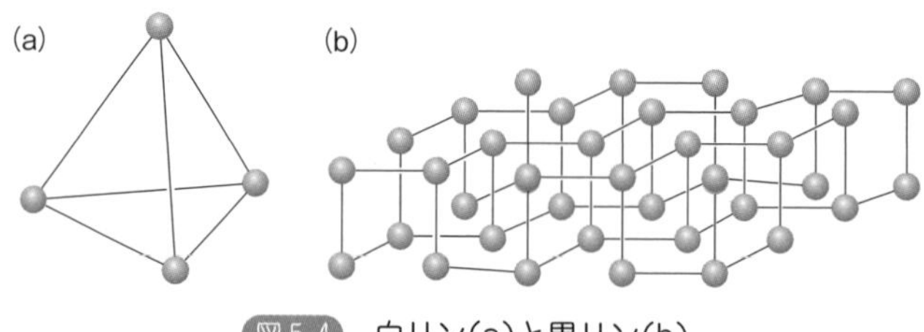

図5.4　白リン(a)と黒リン(b)

(b) 第15族元素の水素化物

窒素の水素化物としては，アンモニア(NH_3，表5.1)のほか，ヒドラジン(NH_2NH_2)，ヒドロキシルアミン(NH_2OH)などがある．アンモニアは常温常圧で無色の気体であり，刺激臭がある．金属イオンに対するよい配位子としても使われる(6.1節)．

リンとヒ素の水素化物としては，それぞれホスフィン(PH_3)とアルシン(AsH_3)をあげることができるが，どちらも猛毒である．また，PR_3(R＝アルキルまたは芳香族環)は遷移金属に対する配位子としてよく用いられる(6.3節p.173のコラム参照)．

(c) 窒素の酸化物

SBO 活性酸素と窒素酸化物の名称，構造，性質を列挙できる．

窒素の基底状態における電子配置は$1s^2 2s^2 2p^3$であるので，電子を3個もらってN^{3-}にもなるし，逆に5個の電子を放出してN^{5+}構造をとることもできる．つまり，−3から+5まですべての酸化状態が可能である．

窒素分子N_2は常温で無色無臭の気体で，空気の約78%を占める．窒素の酸化物を表5.7に示すが，これらの窒素酸化物はNO_x(ノックス)と総称され，大気汚染物質となるものがある．

一酸化二窒素(dinitrogen monoxide, N_2O)は亜酸化窒素あるいは笑気ガスともよばれる，無色の気体である．麻酔性があり，医療現場で使われている．

一酸化窒素(nitric oxide, NO)は1個の不対電子をもち，常磁性化合物である．二酸化窒素(nitrogen dioxide, NO_2)は，常温では赤褐色の気体である．NOが酸素分子と反応して生成する分子であり，室温で二量体(N_2O_4)として存在することが多い．不対電子をもつため常磁性である．NO_2は自動車の排気ガスの主成分であり，光化学スモッグの主成分NO_xの源とされている．

窒素のオキソ酸として亜硝酸(nitrous acid, HNO_2)と硝酸(nitric acid, HNO_3)が知られている(表5.7)．オキソ酸とはプロトンとして解離しうる水素原子が酸素原子に結合している無機の酸をいう．

亜硝酸(HNO_2)は，酸性条件下で，ニトロソ化剤である三酸化二窒素(N_2O_3)を形成する〔式(5.16)〕．また，N_2O_3に水を加えると亜硝酸が生成する〔式(5.17)〕．亜硝酸は不安定で，水溶液中でのみ存在することができる．

NO_x

一酸化窒素(NO)，二酸化窒素(NO_2)，亜酸化窒素(一酸化二窒素，N_2O)，三酸化二窒素(N_2O_3)，四酸化二窒素(N_2O_4)，五酸化二窒素(N_2O_5)などを総称し，化学式のNO_xにちなんで「ノックス」ともいう．これらは，光化学スモッグや酸性雨などを引き起こす大気汚染原因物質であり，おもな発生源は，自動車の排気ガスであると考えられる．毒性の強いNO_2は，大気汚染防止法で環境基準が決められている(1時間値の1日平均値が0.04〜0.06 ppmまたはそれ以下)．

表 5.7 異なる酸化数をもつ窒素

酸化数	分子式	構造式	名称	性質
+V	N_2O_5	O^-–N^+(=O)–O–N^+(=O)–O^-	五酸化二窒素	固体(硝酸の無水物)
	HNO_3	^-O–N^+(=O)–OH	硝酸	液体(融点 −42℃，沸点 86℃)
+IV	N_2O_4	O^-–N^+(=O)–N^+(=O)–O^-	四酸化二窒素	褐色気体
	NO_2	$O=\overset{+}{N}-O^-$	二酸化窒素	〃
+III	N_2O_3	^-O–N^+(=O)–N=O	三酸化二窒素	青色液体
	HNO_2	HO−N=O	亜硝酸	淡黄色固体
+II	NO	•N=O	一酸化窒素	無色気体
+I	N_2O	$N\equiv\overset{+}{N}-O^-$	一酸化二窒素	〃

$$2\,HO{-}N{=}O + HCl \longrightarrow N_2O_3 + H_3O^+ + Cl^- \quad (5.16)$$

$$N_2O_3 + H_2O \longrightarrow 2\,HO{-}N{=}O \quad (5.17)$$

N_2O_3 は第二級アミンをニトロソ化し，発がん性の *N*-ニトロソ化合物を生成する〔式(5.18)〕.

$$\begin{matrix}R\\R'\end{matrix}\!\!>NH + N_2O_3 \longrightarrow \begin{matrix}R\\R'\end{matrix}\!\!>N{-}NO + HNO_2 \quad (5.18)$$

亜硝酸ナトリウム(sodium nitrite, $NaNO_2$)は，芳香族第一級アミンと反応してジアゾニウムイオン塩を生成するジアゾ化剤として用いられる〔式(5.19)〕.

$$Na^+O^-{-}N{=}O + 2\,HCl + C_6H_5{-}NH_2 \longrightarrow [C_6H_5{-}\overset{+}{N}H_2{-}NO] \longrightarrow C_6H_5{-}\overset{+}{N}{\equiv}N\ Cl^- + 2\,H_2O + NaCl \quad (5.19)$$

硝酸(HNO_3)は N_2O_5 と水との反応でも得られるが，工業的には二酸化窒素 NO_2 を水と反応させて得る〔式(5.20)〕.

$$3\,NO_2 + H_2O \longrightarrow 2\,HNO_3 + NO \tag{5.20}$$

副成した一酸化窒素を空気と混ぜれば二酸化窒素となり，再び反応に使用でき，次の反応によって硝酸を得ることができる〔式(5.21)〕.

$$4\,NO_2 + 2\,H_2O + O_2 \longrightarrow 4\,HNO_3 \tag{5.21}$$

市販の硝酸は約70%の濃度の水溶液であり，濃硝酸ともよばれる．硝酸は強酸($pK_a = -1.4$，表4.1参照)で，常温でも酸化力が強い．硝酸は酸性条件下で芳香族のニトロ化剤(nitrating agent)として用いられる．濃硝酸と濃硫酸の混酸から，さらに強力なニトロ化剤としてニトロイルイオン(nitroyl ion, NO_2^+)が生成して〔式(5.22)〕，ベンゼンなどの安定な化合物を簡単にニトロ化する〔式(5.23)〕．また，NO_3^-イオンは，ほとんどすべての金属イオンと塩を生成する.

$$HNO_3 + H_2SO_4 \longrightarrow NO_2^+ + HSO_4^- + H_2O \tag{5.22}$$

$$NO_2^+ + C_6H_6 + H_2O \longrightarrow C_6H_5NO_2 + H_3O^+ \tag{5.23}$$

（d）リンの酸化物

リンの酸化物には三酸化二リン(P_2O_3)と十酸化四リン(P_4O_{10})がある．リンは+5の酸化数が安定である．三酸化二リンはリンの酸化数が+3であるために不安定で，空気中で加熱すれば発火して十酸化四リンになる．十酸化四リンは乾いた空気中では安定である．その組成式(P_2O_5)から五酸化二リンまたは五酸化リンともよばれる．吸湿性が強く，酸性や中性物質の乾燥に用いられる.

リンのオキソ酸の構造では，すべてのリン原子は4配位構造をとり，リン，水素，あるいは酸素原子のいずれとも結合できる．酸として単離されたものを表5.8に示した．これらのオキソ酸のなかで最も重要なものは，リン酸(phosphoric acid, H_3PO_4)で，オルトリン酸または正リン酸とよばれる．酸化力および還元力とも示さない．毒性はなく，生体内のリン化合物はすべてリン酸の誘導体である.

SBO リン化合物(リン酸誘導体など)および硫黄化合物(チオール，ジスルフィド，チオエステルなど)の構造と化学的性質を説明できる.

SBO リン化合物(リン酸誘導体など)および硫黄化合物(チオール，ジスルフィド，チオエステルなど)の生体内での機能を化学的性質に基づき説明できる.

（e）生体内のリン酸化合物

生体内において，リン酸はさまざまな生体内高分子や細胞内シグナル伝達分子で非常に重要な役割を果たしている．図5.5に代表的なものを示す.

DNA(デオキシリボ核酸)やRNA(リボ核酸)は，ヌクレオシドがリン酸ジエステル結合によって結合した高分子である．また，アデノシン三リン酸(ATP)はヌクレオチド補酵素であり，あらゆる細胞中でも最も重要な化学エネルギー運搬化合物である．また，ATPなどのトリヌクレオチド(ATP,

COLUMN NOSと薬物

NOはO_2^-同様，不対電子をもつ．NOは生体内でNO合成酵素(nitric oxide synthase，通称NOS)によって発生する．一般にNOSは1）神経型NOS(nNOS)，2）血管内皮型NOS(eNOS)，3）マクロファージ型(mNOS)の3種類に分類される．

また，nNOSとeNOSは構成NOS(cNOS)とよばれ(cはconstitutiveに由来)，Ca^{2+}とカルモジュリンを必要とし，さらにNADH，FADなどの補酵素を要求する．一方mNOSは，通常NOS活性をもたないマクロファージにおいて，菌体毒素のLPS(lipopolysaccharide)やサイトカインなどによって誘導される．外からCa^{2+}を加えなくてもカルモジュリンに結合しているらしく，上記のような補酵素があればNOを生成して誘導される(inducible)ので，iNOSとよばれる．

cNOSもiNOSも，1モルのL-アルギニンに1モルのO_2が反応して，1モルのNOと1モルのシトルリンを生成する反応を触媒する(次式)．

$$\text{L-アルギニン} + O_2 \xrightarrow[\text{NADPH}]{\text{NOS}} N^{\omega}\text{-OH-L-アルギニン（中間体）} \xrightarrow{0.5\ \text{NADPH}} \text{L-シトルリン} + NO$$

L-アルギニン　N^{ω}-OH-L-アルギニン（中間体）　L-シトルリン

シルデナフィル(商品名バイアグラ)は，生体内で環状グアノシン一リン酸(cGMP)の分解を行っている5型ホスホジエステラーゼ(PDE-5)の阻害剤であり，もともと心不全の治療薬として研究・開発が始まった．第Ⅰ相臨床試験での狭心症に対する治療効果が認められず，試験の中止が決定された．しかし，被験者が余った試験薬を返却するのを渋ったので，その理由を尋ねたところ，わずかであるが陰茎の勃起を促進する作用が認められため，これを適応症として発売されることとなった．シルデナフィルが陰茎周辺部のNO作動性神経に作用して血管を拡張させ，血流量が増えることが，その作用機序であると考えられる．

シルデナフィル

TTP, CTP, GTP, UTP)は，DNAやRNA合成の基質である．アデノシン3′,5′環状一リン酸(cAMP)は，細胞膜の膜結合性酵素(細胞質側に発現)であるアデニル酸シクラーゼによって合成される．cAMPは，プロテインキナーゼAの活性を調節するなど，細胞内シグナル伝達分子として機能している．

ニコチンアミドアデニンヌクレオチド(還元型をNADH，酸化型をNAD

表5.8　リンのオキソ酸

分子式	構造式	名称	Blaserの表示[a]	性質
H_3PO_4	OH | HO–P–OH ‖ O	(オルト)リン酸 (orthophosphoric acid)	$\overset{5}{\mathrm{P}}$—酸	無色固体，三塩基酸 mp = 42.4℃
$H_4P_2O_7$	OH　OH |　| HO–P–O–P–OH ‖　‖ O　O	二リン酸 (diphosphoric acid) ピロリン酸 (pyrophosphoric acid)	$\overset{5}{\mathrm{P}}$—O—$\overset{5}{\mathrm{P}}$—酸	四塩基酸
HPH_2O_2	OH | H–P–H ‖ O	ホスフィン酸 (phosphinic acid)	$\overset{1}{\mathrm{P}}$—酸	白色固体，一塩基酸 mp = 26.5℃
H_2PHO_3	OH | H–P–OH ‖ O	ホスホン酸 (phosphonic acid)	$\overset{3}{\mathrm{P}}$—酸	無色潮解性，固体，二塩基酸 mp = 70.1℃
$H_2P_2H_2O_5$	OH　OH |　| H–P–O–P–H ‖　‖ O　O	二亜リン酸 (diphosphorous acid) ピロ亜リン酸 (pyrophosphorous acid)	$\overset{3}{\mathrm{P}}$—O—$\overset{3}{\mathrm{P}}$—酸	白色結晶，二塩基酸 mp = 38℃
$H_4P_2O_6$	HO　OH |　| HO–P–P–OH ‖　‖ O　O	次リン酸 (hypophosphoric acid)	$\overset{4}{\mathrm{P}}$—$\overset{4}{\mathrm{P}}$—酸	無色結晶，四塩基酸 mp = 70℃

a) Blaserの表示において，Pの上の数字は，リン原子の酸化数を示している．現在はあまり使われていないが，便利な場合があるので，表中に表記した．

と表す)やフラビンアデニンヌクレオチド(還元型をFADH，酸化型をFADと表す)は酸化還元酵素の補酵素として重要である．

D-フルクトース1,6-二リン酸は，細胞内へ取り込まれたグルコースがリン酸化，異性化を経て生じる．これは，解糖系の最初の段階で進行する反応であり，この後D-フルクトース1,6-二リン酸は，炭素三つのユニットに分解され(逆アルドール反応)，最終的にホスホエノールピルビン酸へ変換される．ホスホエノールピルビン酸は〝エノール形〟ピルビン酸のリン酸エステルである．この化合物は高い化学ポテンシャルをもつため，リン酸基がADP(アデノシン5′-二リン酸)へ転移してATPを生成する(ピルビン酸キナーゼが触媒する)．

細胞内におけるタンパク質や酵素のリン酸化は，細胞内シグナル伝達経路における最も重要な反応の一つである．タンパク質のリン酸化は，チロシンやセリン(またはトレオニン)において進行する(それぞれ，リン酸化チロシン，リン酸化セリンまたはリン酸化トレオニンを与える)．これらのアミノ酸のリン酸化は細胞内キナーゼによって，脱リン酸化はホスファターゼによって触媒される．たとえば，急速にエネルギーを必要とするために筋肉内に貯蔵されたグリコーゲンを加水分解しなければならないとき，グリコーゲ

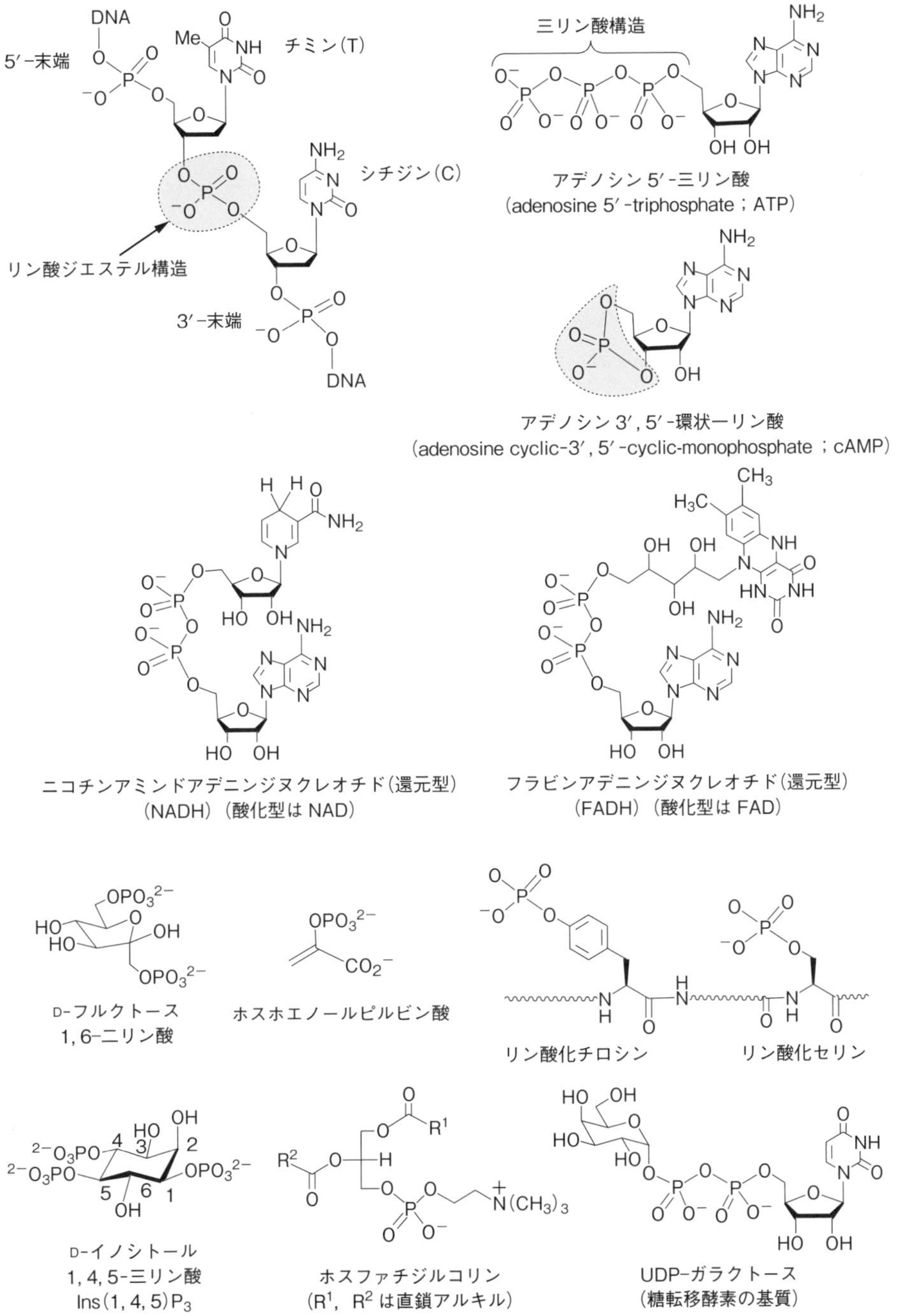

5′-末端　チミン(T)　シチジン(C)　リン酸ジエステル構造　3′-末端

三リン酸構造

アデノシン 5′-三リン酸
(adenosine 5′-triphosphate；ATP)

アデノシン 3′, 5′-環状一リン酸
(adenosine cyclic-3′, 5′-cyclic-monophosphate；cAMP)

ニコチンアミンドアデニンジヌクレオチド(還元型)
(NADH)（酸化型は NAD）

フラビンアデニンジヌクレオチド(還元型)
(FADH)（酸化型は FAD）

D-フルクトース
1, 6-二リン酸

ホスホエノールピルビン酸

リン酸化チロシン

リン酸化セリン

D-イノシトール
1, 4, 5-三リン酸
Ins(1, 4, 5)P_3

ホスファチジルコリン
(R^1, R^2 は直鎖アルキル)

UDP-ガラクトース
(糖転移酵素の基質)

図 5.5　生体内リン酸の代表例

ンホスホリラーゼのセリンがリン酸化され，活性化される．グリコーゲンの分解が必要なくなると，これらのリン酸は加水分解され，酵素活性が低下する．また，イノシトール 1,4,5-三リン酸〔Ins(1,4,5)P_3〕は細胞膜上のホスファチジルイノシトールの加水分解によって遊離し，小胞体の Ca^{2+} チャネルへ結合する．ホスファチジルコリン(レシチン)は細胞膜を構成するリン脂質の一つであり，動植物一般，とくに脳，肝臓，卵黄に存在する．ウリジン二リン酸ガラクトース(UDP-ガラクトース)などは糖転移酵素の基質であり(UDP-ガラクトースはガラクトース転移酵素の基質)，糖鎖合成のための活性化代謝中間体である．

(f) 第 15 族元素のハロゲン化物

リンのハロゲン化物として，三塩化リン(PCl_3)，五塩化リン(PCl_5)がある〔これらの構造は 3.5.1 項(d)参照〕．これらの試薬は，ハロゲン化剤として用いられる．

5.1.7 第 16 族元素(酸素族)

第 16 族元素は酸素 O と，それ以外の硫黄 S，セレン Se，テルル Te，ポロニウム Po といった**カルコゲン**(chalcogen)とよばれる元素であり，$n\,s^2$ $[d^{10},\ f^{14}]n\,p^4$ の電子配置をもつ(表 5.9)．2 個の電子を受け取り $n\,p^6$ の閉殻配置となり，2 価の陰イオンを生成することもできるが，原子価が 2 である共有結合を形成することが多い．

(a) 第 16 族元素の単体

酸素には，2 種類の同素体，二原子酸素(O_2)とオゾン(O_3)が存在する．O_2 が酸素放電を受けると，O_3 が発生する．O_3 は薄青色で独特な臭気をもつ気体である(3.7.2 項および 7.2.5 項参照)．地球上の成層圏地上 20 km 付近に高濃度(約 3 ppm)で存在し，生物に有毒な紫外線が地上に到達するのを防いでいる．O_2 は常磁性である(3.7.1 項参照)のに対し，O_3 は反磁性である．

硫黄には単斜硫黄(S_8)，斜方晶系硫黄(S_8)，無定形硫黄(ゴム状硫黄)(S_x)などの同素体がある．硫黄は，室温ではそれほど反応性が高くないが，高温では反応性が高く，金，白金以外の金属と硫化物をつくる．非金属では，ヨ

表 5.9 第 16 族元素(酸素族)の物理化学的性質

	酸素 O	硫黄 S	セレン Se	テルル Te	ポロニウム Po
原子番号	8	16	34	52	84
電子配置	$[He]2s^22p^4$	$[Ne]3s^22p^4$	$[Ar]3d^{10}4s^24p^4$	$[Kr]4d^{10}5s^25p^4$	$[Xe]4f^{14}5d^{10}6s^26p^4$
共有結合半径 (Å)	0.73	1.02	1.16	1.35	1.46
第一イオン化エネルギー (kJ/mol)	1314	1000	941	869	812
電子親和力(kJ/mol)	141	200	195	190	180
電気陰性度	3.44	2.58	2.55	2.10	2.00

ウ素，窒素，希ガス以外の元素と直接反応する．

(b) 第16族元素の水素化物

酸素の水素化物の代表的なものは水(H_2O)および過酸化水素(H_2O_2)である．H_2O_2は淡青色の粘稠な液体であり，酸化剤または還元剤として働く(4.4.5項参照)．オキシドールは3% H_2O_2水溶液であり，消毒薬として日本薬局方第一部に収載されている．

硫黄の水素化物の代表例は硫化水素(H_2S)である．火山の噴出ガスに含まれ，無色で腐食臭をもつ有毒ガスである．H_2Sは二塩基酸として働く($pK_{a1} = 6.8$, $pK_{a2} = 14.2$)．

(c) 水の特性

酸素の水素化物であるH_2Oは，生命に最もなくてはならない化合物である．以下にその特徴をあげる．

(i) 一般に，構造が似ている分子では分子量が大きいほど分子間力が強くなるという考え方からすれば，水の沸点は −70℃程度のはずであるが，実際の沸点は100℃である．これは水分子どうしの分子間水素結合(3.8.4項)によるものと考えられる．

(ii) 液体よりも固体のほうが，密度が小さい．水の密度は4℃で最大となる．

(iii) 熱しにくく冷めにくい．これは比熱(常温の水1gの温度を1℃変化させるのに必要な熱量)が4.18 Jであり，ほかの物質(一般の液体は2 J程度)に比べ非常に大きい．これは，水分子どうしの分子間水素結合による．

(iv) 溶解性が高く，水ほどいろいろな物質を溶かす溶媒はほかにはない．

(v) 表面張力が大きい．よく知られた液体のなかでは，Hgについで表面張力が大きい．樹木の内部などで水が上昇する毛管現象は，この表面張力による．

(d) 硫黄の酸化物

硫黄には酸化数 +2 から +8 までに相当する酸化物が知られているが，重要なものは +4 の**二酸化硫黄**(sulfur dioxide, SO_2)と，+6 の三酸化硫黄(SO_3)である(図5.6)．

SO_2は刺激性の無色の気体で，亜硫酸ガスともいう．火山ガスに含まれ，硫黄や含硫有機物の燃焼でも得られる毒ガスである．還元性を示すことが多いが，強力な還元剤に対しては酸化性を示す．漂白剤に用いられる．

SO_3は発煙性，刺激性の固体で，水と激しく反応して硫酸(sulfuric acid, H_2SO_4)になる．

硫黄の酸化物を水に溶解するといろいろなオキソ酸が得られる(図5.7)．酸化数が低いものは弱酸性で還元性があり，酸化数が高いものは強酸性で酸

SBO 代表的な無機酸化物，オキソ化合物の名称，構造，性質を列挙できる．

SBO リン化合物(リン酸誘導体など)および硫黄化合物(チオール，ジスルフィド，チオエステルなど)の構造と化学的性質を説明できる．

SBO リン化合物(リン酸誘導体など)および硫黄化合物(チオール，ジスルフィド，チオエステルなど)の生体内での機能を化学的性質に基づき説明できる．

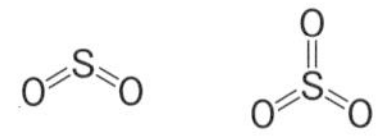

O=S=O　O=S(=O)=O

図5.6 硫黄酸化物の構造

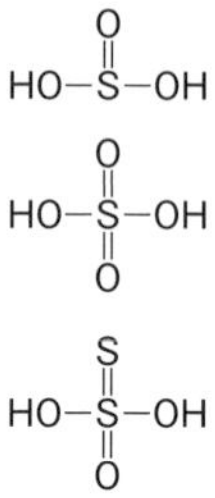

O
‖
HO−S−OH

O
‖
HO−S−OH
‖
O

S
‖
HO−S−OH
‖
O

図5.7　硫黄のオキソ酸の基本構造

化力をもつものが多い．中心硫黄原子の酸化数をもとにして分類したオキソ酸を表5.10に示した．

亜硫酸はH_2SO_3と表示されるが，実際には水中でSO_2をH_2Oが囲んで，さらに平衡により亜硫酸水素イオン(HSO_3^-)および亜硫酸イオン(SO_3^{2-})として存在している．H_2SO_4は強い脱水作用をもつ．

チオ硫酸ナトリウム(sodium thiosulfate, $Na_2S_2O_3$)は，還元作用をもつ．シアンイオンを低毒性で排泄されやすいチオシアンイオンに変えることで，シアン化合物の解毒剤に用いられる．また，ヒ素の解毒剤としても使用される．

亜硫酸水素ナトリウム(sodium bisulfite, $NaHSO_3$)や，乾燥亜硫酸ナトリウム(dried sodium sulfite, Na_2SO_3)，ピロ亜硫酸ナトリウム(sodium pyrosulfite, $Na_2S_2O_5$)は酸化防止剤として用いられる．

表5.10　硫黄(S)のオキソ酸の分類

酸化数	分子式	構造式	名　称	性　質
II	H_2SO_2	H−O−S−O−H	スルホキシル酸 (sulfoxylic acid)	遊離の酸は得られず，Co，Znの塩だけが知られている
II	$H_2S_2O_3$	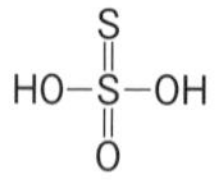 S ‖ HO−S−OH ‖ O	チオ硫酸 (thiosulfuric acid)	
III	$H_2S_2O_4$	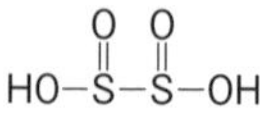 O　O ‖　‖ HO−S−S−OH	亜二チオン酸 (dithionous acid)	遊離の酸は知られていない．Na塩は強力な還元剤となる
IV	H_2SO_3	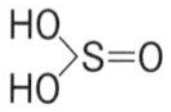 HO 　>S=O HO	亜硫酸 (sulfurous acid)	どちらも遊離酸は知られておらず，金属亜硫酸塩，ピロ亜硫酸塩が知られている
IV	$H_2S_2O_5$	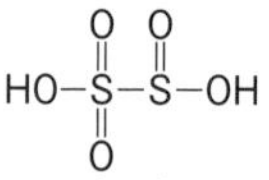 O　O ‖　‖ HO−S−S−OH ‖ O	ピロ亜硫酸 (pyrosulfurous acid)	
V	$H_2S_2O_6$	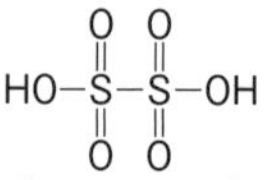 O　O ‖　‖ HO−S−S−OH ‖　‖ O　O	二チオン酸 (dithionic acid)	二塩基酸で正塩は知られているが酸性塩は存在せず，強酸で濃厚溶液においても安定
V	$H_2S_nO_6$	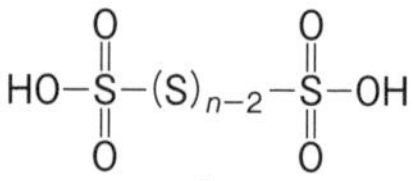 O　　　　　O ‖　　　　　‖ HO−S−$(S)_{n-2}$−S−OH ‖　　　　　‖ O　　　　　O	ポリチオン酸 (polythionic acid)	
VI	H_2SO_4	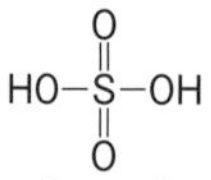 O ‖ HO−S−OH ‖ O	硫酸 (sulfuric acid)	
VI	$H_2S_2O_7$	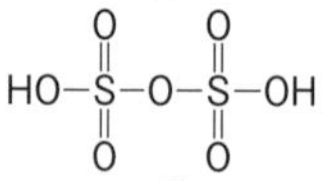 O　O ‖　‖ HO−S−O−S−OH ‖　‖ O　O	ピロ硫酸 (pyrosulfuric acid)	
VI	H_2SO_5	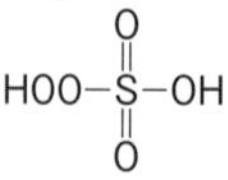 O ‖ HOO−S−OH ‖ O	ペルオキソ一硫酸 (peroxosulfuric acid)	ペルオキソ硫酸にはこのほかにペルオキソ二硫酸がある．これらの酸から得られる塩は安定で酸化剤となる

5.1.8　第17族元素(ハロゲン)

第17族は**ハロゲン**(halogen)とよばれ，フッ素F，塩素Cl，臭素Br，ヨウ素IおよびアスタチンAtがある．ハロゲンは7個の価電子をもつ．電子1個を受け取ると閉殻構造の1価の陰イオンになる(表5.11)．イオン結合をすればハロゲン自体は閉殻構造になり安定化する．他原子とのσ結合により共有結合をすることも多い．また原子価が1である共有結合を形成できる．いずれも単体は二原子分子(X_2)をつくっている．

(a) ハロゲンの単体

ハロゲンの単体は，いずれも二原子分子として存在する．ハロゲンは周期表のなかで最も電気陰性であり，容易にハロゲン化合物イオン(X^-)をつくる．

フッ素は，溶融したKF・2HFの電気分解法などで製造される．天然には，ホタル石(CaF_2，fluorite)や氷晶石($Na_3[AlF_6]$)に含まれる．フッ素はすべての元素のなかで最も電気陰性度が大きく($\chi_F = 3.98$)，F_2は濃い黄緑色の気体である．エアコンや冷蔵庫の冷媒であるフロンや，スプレー缶の充塡ガスであるフルオロ炭化水素，耐化学薬品性の合成樹脂(テフロンやケルFなど)の合成に用いられる．これらの有機フッ素化合物は非常に安定である．

また，F_2はすべてのハロゲンのうちで最も化学反応性が高く，最強の酸化剤である〔$F_2(gas) + 2e \rightleftharpoons 2F^-$ の$E°$が+2.87 V, $F_2(gas) + 2H^+ + 2e \rightleftharpoons 2HF$ の$E°$は+3.05 V，表4.4参照〕．これは，F—F間の結合距離が短く，おのおのの非共有電子対の反発でF—F結合エネルギーが157 kJ/mol(表5.6)と非常に小さいことと，フッ素が電子を受け取ってF^-になる反応が高い発熱反応であるためである．対照的に，Cl—Cl結合エネルギーは242 kJ/molと大きく，切れにくい．

塩素は黄緑色の気体であり，食塩水または溶融食塩の電気分解で製造される(前者は水酸化ナトリウムと同時に生産され，後者は金属ナトリウムが一緒に生産される)．塩素は，塩化水素(HCl)合成の原料，さらし粉〔次亜塩素酸カルシウム，$CaCl(ClO)\cdot H_2O$または$Ca(ClO)_2$〕の製造，Cl_2そのままで殺菌，漂白剤として用いるほか，各種有機溶媒(CCl_4，$CHCl_3$，CH_2Cl_2など)や，

表5.11 第17族元素(ハロゲン)の物理化学的性質

	フッ素F	塩素Cl	臭素Br	ヨウ素I
原子番号	9	17	35	53
電子配置	$[He]2s^22p^5$	$[Ne]3s^23p^5$	$[Ar]3d^{10}4s^24p^5$	$[Kr]4d^{10}5s^25p^5$
Xのイオン半径(Å)	1.36	1.81	1.95	2.16
X_2の融点(℃)	−233	−103	−7.2	113.5
X_2の沸点(℃)	−188	−34.6	58.8	184.4
Xの第一イオン化エネルギー(kJ/mol)	1681	1251	1139	1008
Xの電子親和力(kJ/mol)	328	349	325	295
Xの電気陰性度	3.98	3.16	2.96	2.66
X_2の解離エネルギー(kJ/mol)	157	242	193	150

塩素系殺虫剤，塩化ビニル系樹脂などの合成原料として用いられる．

臭素は海水 1 L に約 65 mg 含まれており，これを塩素ガス(Cl_2)で酸化することによって生産される．Br_2 は，非金属元素のなかで，唯一室温で液体(赤褐色)として存在する．

SBO 代表的な無機酸化物，オキソ化合物の名称，構造，性質を列挙できる．

ヨウ素は，日本では千葉県で産するヨウ化物イオン(I^-)を多く含むかん水に Cu^{2+} または塩素を作用させて酸化し，I_2 を遊離・昇華精製している．日本の生産額は世界一である．I_2 は黒紫色の固体であり，I_2 を用いる定性分析として，ヨウ素デンプン反応がある．これは，デンプンに I_2-KI 水溶液を加えると青紫になる反応であり，デンプンすなわち糖のらせん型ポリマーのなかに I_2 分子が取り込まれることによって起きる呈色反応である．また，1-ビニル-2-ピロリドンの重合物と I_2 の複合体はポピドンヨードという殺菌薬として使われる(日本薬局方第一部収載)．

(b) ハロゲンの水素化物

表 5.1 に示したように，ハロゲンは水素と分子性水素化物，フッ化水素(HF)，塩化水素(HCl)，臭化水素(HBr)，ヨウ化水素(HI)をつくる．これらはすべて刺激臭のある無色気体である．HF，HCl，HBr，HI の pK_a は，それぞれ 3.2，−7.0，−9.0，−10 であり(表 4.1)，HF は水中では弱酸，ほかの水素化物の水溶液は強酸性を示す．HF をガラス容器に入れると，ガラスの SiO_4 と反応して(Si—F 結合が強いため)ガラス容器が腐食してしまう．したがって，ポリエチレンの容器に保管する必要がある．

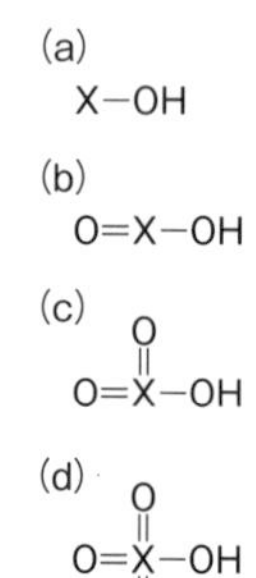

図 5.8 次亜ハロゲン酸(a)，亜ハロゲン酸(b)，ハロゲン酸(c)，過ハロゲン酸(d)の基本構造

(c) ハロゲンの酸化物およびオキソ酸

ハロゲンは酸化数 −1 〜 +7 までの値をとることができる．ハロゲンの反応性は高いことで知られているが，電気陰性度の最も大きいフッ素の反応性はとくに高い．

すべてのハロゲンについて酸化物が多数知られているが，不安定なものが多い．ハロゲンのオキソ酸には重要なものが多数ある．フッ素のオキソ酸は知られていないが，他のハロゲンに次亜ハロゲン酸(HXO)，亜ハロゲン酸(HXO_2)，ハロゲン酸(HXO_3)，過ハロゲン酸(HXO_4)がある(図 5.8，表 5.12)．いずれも不安定なものが多い．代表的なものとして，過ヨウ素酸(periodic acid)がある．過ヨウ素酸には，メタ過ヨウ素酸(metaperiodic acid, HIO_4)とオルト過ヨウ素酸(orthoperiodic acid, H_5IO_6)の 2 種類が存在し，メタ過ヨウ素酸を水に溶かすとオルト過ヨウ素酸になる(表 5.12 にはオルト過ヨウ素酸の構造を示す)．過ヨウ素酸の酸化力は強いが選択性があり，過ヨウ素酸酸化によって炭素-炭素二重結合をもつ有機化合物の構造決定に用いられる．次亜塩素酸(hypochlorous acid, HClO)は不安定であり，水溶液中にのみ存在する．さらし粉 CaCl(ClO)·H_2O を水に溶解すると，HClO が生じる．HClO は酸化力が強く，殺菌剤や漂白剤として利用される[*3]．水道水の殺菌

＊3 NaClO は漂白剤や殺菌剤，$NaClO_2$ は水道水の殺菌，$KClO_2$ は酸化剤であり花火の原料として用いられる．

表 5.12 ハロゲンの化合物

酸化数	代表的な化合物			
	フッ素 F	塩素 Cl	臭素 Br	ヨウ素 I
Ⅶ		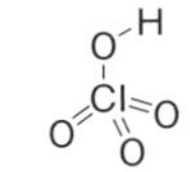 $HClO_4$ 過塩素酸 (perchloric acid)		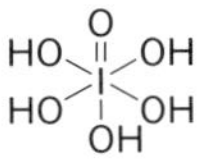 H_5IO_6 オルト過ヨウ素酸 (orthoperiodic acid)
		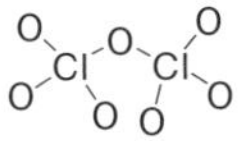 Cl_2O_7 七酸化二塩素 (dichlorine heptoxide)		
Ⅵ		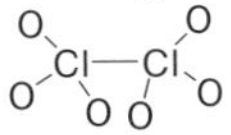 Cl_2O_6 六酸化二塩素 (dichlorine hexoxide)		
Ⅴ		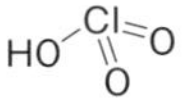 $HClO_3$ 塩素酸 (chloric acid)	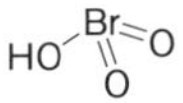 $HBrO_3$ 臭素酸 (bromic acid)	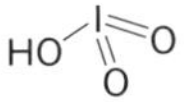 HIO_3 ヨウ素酸 (iodic acid)
				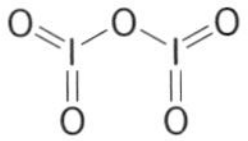 I_2O_5 五酸化二ヨウ素 (iodine pentoxide)
Ⅳ		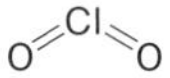 ClO_2 二酸化塩素 (chlorine dioxide)	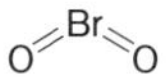 BrO_2 二酸化臭素 (bromine dioxide)	
Ⅲ		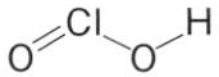 $HClO_2$ 亜塩素酸 (chlorous acid)		
Ⅰ		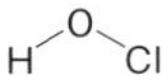 $HClO$ H—O—Cl 次亜塩素酸 (hypochlorous acid)	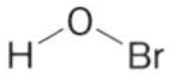 $HBrO$ H—O—Br 次亜臭素酸 (hypobromous acid)	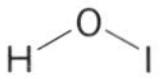 HIO H—O—I 次亜ヨウ素酸 (hypoiodous acid)
		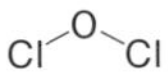 Cl_2O Cl—O—Cl 一酸化二塩素 (chlorine monoxide)	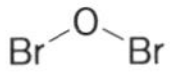 Br_2O Br—O—Br 一酸化二臭素 (bromine monoxide)	
0	F_2 F—F フッ素 (fluorine)	Cl_2 Cl—Cl 塩素 (chlorine)	Br_2 Br—Br 臭素 (bromine)	I_2 I—I ヨウ素 (iodine)
−Ⅰ	HF H—F フッ化水素 (hydrogen fluoride)	HCl H—Cl 塩化水素 (hydrochloric acid)	HBr H—Br 臭化水素 (hydrogen bromide)	HI H—I ヨウ化水素 (hydrogen iodide)
	F^- $F^{\ominus}$ フッ化物イオン	Cl^- $Cl^{\ominus}$ 塩化物イオン	Br^- $Br^{\ominus}$ 臭化物イオン	I^- $I^{\ominus}$ ヨウ化物イオン

AX 型：ClF，BrF，BrCl，ICl，IBr
AX_3 型：ClF_3，BrF_3，ICl_3
AX_5 型：BrF_5，IF_5
AX_7 型：IF_7

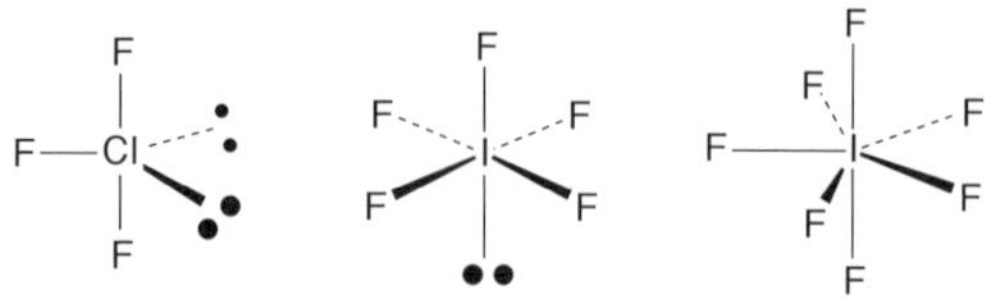

ClF_3 (sp^3d 混成軌道)　IF_5 (sp^3d^2 混成軌道)　IF_7 (sp^3d^3 混成軌道)

図5.8 ハロゲン間化合物の構造

には塩素が用いられている．

（d）ハロゲン間化合物

これは異なるハロゲンどうしが結合した化合物であり，以下のように分類される．代表的なものの構造を図 5.8 に示す．

（e）その他

ポリテトラフルオロエチレン(テフロン)で被膜したフライパンは焦げつきにくい．また，ポリ塩化ビニリデンは食品包装や家庭用ラップに使われている．

5.1.9 第 18 族元素(希ガス)

18 世紀に，空気中に反応しない成分が知られていた．1868 年に，太陽光線のなかに未知のスペクトルが観測され，これがのちにヘリウム He に基づくものであることが明らかになった．第 18 族は**希ガス**(rare gas)，または**貴ガス**(noble gas)とよばれ，閉殻電子配置をもつ(表 5.13)．いずれも常温常圧で気体である．ほかの族の元素と比較して著しく第一イオン化エネルギーが大きく，電子親和力が負の値であるため，化学的に不活性である．通常，単原子分子として存在し，クリプトン Kr，キセノン Xe 以外は化合物をつくらない．クリプトンやキセノンについても，それぞれ対応するフッ化物(KrF_2，XeF_2，XeF_6)と酸化物(XeO_4 など)だけが知られている．

ヘリウムは，宇宙では水素についで存在量が多いが，空気より軽いので(比重＝0.178)地球上にはほとんどなく，地殻中に閉じ込められた核反応由来のものが天然ガスに含まれて北アメリカなど特定の地域で産出される．すべての物質のなかで最も沸点が低い．一方，最近では FT-NMR や FT-MS などの超伝導磁石の冷媒や，気球の充塡ガスとして用いられる．

表5.13 第 18 族元素(希ガス)の物理化学的性質

	ヘリウム He	ネオン Ne	アルゴン Ar	クリプトン Kr	キセノン Xe	ラドン Rn
原子番号	2	10	18	36	54	86
電子配置	$1s^2$	$[He]2s^22p^6$	$[Ne]3s^23p^6$	$[Ar]3d^{10}4s^24p^6$	$[Kr]4d^{10}4s^22p^6$	$[Xe]5d^{10}2s^22p^6$
単体の融点(℃)	−272	−249	−189	−157	−112	−71
単体の沸点(℃)	−269	−246	−186	−153	−108	−62
第一イオン化エネルギー(kJ/mol)	2372	2080	1521	1351	1170	1037

希ガスは地球上に豊富に存在しないが，アルゴン Ar は空気中に 1% 近く含まれている．アルゴンは空気よりも重く(比重＝1.784)，液体空気から窒素と酸素を分離するときに大量に得られる．無酸素環境での操作が要求される工業，研究室で日常的に使われる．

5.2 遷移元素

SBO 代表的な典型元素と遷移元素を列挙できる．

s 軌道または p 軌道に電子が満たされていく元素群が典型元素であるのに対し，d 軌道または f 軌道に電子が満たされていく元素群を**遷移元素**(transition element)，または**遷移金属**(transition metal)とよび，第 3 ～11 族の元素が該当する．そのうち，d 軌道が電子で満たされていく元素群を d-ブロック元素(主遷移元素)，f 軌道が電子で満たされていく元素群を f-ブロック元素(内遷移元素)という．d-ブロック元素のなかで，3d 軌道，4d 軌道，5d 軌道に電子が入っていく元素群を，それぞれ第一遷移系列元素，第二遷移系列元素，第三遷移系列元素とよぶ．f-ブロック元素のなかで，4f 軌道，5f 軌道に電子が入っていく元素群を，それぞれランタノイド系列，アクチノイド系列とよぶ．

遷移元素の単体はすべて金属で，その性質は硬く，高融点で，電気や熱の良導体である．多くの化合物は着色し，常磁性である．イオンは複数の酸化状態をもち，その相互変換も容易である．いろいろな配位子と錯体をつくり，それらは触媒作用を示す場合が多い．

5.2.1 第 3 族元素(スカンジウム族)

周期表の第 3 族には，スカンジウム Sc，イットリウム Y，ランタノイド，アクチノイドが含まれる(表 5.14)．前 3 者は地殻に含まれているが，アクチノイドは放射性元素である．原子番号 57 のランタン La から原子番号 71 のルテチウム Lu までをランタノイド(ランタニド)（Ln という記号で表される)とよび，これらランタノイドとスカンジウム，イットリウムを合わせ

表 5.14 第 3 族元素(スカンジウム族)の物理化学的性質

	スカンジウム Sc	イットリウム Y	ランタン La	アクチニウム Ac
原子番号	21	39	57	89
電子配置	$[Ar]3d^1 4s^2$	$[Kr]4^1 5s^2$	$[Xe]5d^1 6s^2$	$[Rn]6d^1 7p^2$
単体の融点(℃)	1539	1490	880	1050
単体の沸点(℃)	3900	4100	1800	3200
イオン半径(Å)	0.83(Sc^{3+})	0.86(Y^{3+})	1.04(La^{3+})	1.18(Ac^{3+})
第一イオン化エネルギー (kJ/mol)	631	616	538	499
電気陰性度	1.36	1.22	1.10	1.1

て希土類元素とよぶ場合もある.

スカンジウム族の単体は水や酸と反応するが，アルカリと反応しない．水と反応すると，水素を発生して塩基性酸化物や水酸化物ができる.

イットリウムは，イットリウムアルミニウムガーネット($Y_2Al_3O_{12}$)の単結晶がレーザーに用いられる(通称：YAG2 レーザー)．また，イットリウムの放射性同位元素である ^{90}Y とキレート化合物との錯体と抗体が結合した化合物(ゼヴァリンイットリウム)ががん治療に用いられている(7.5.5 項).

5.2.2 ランタノイドとアクチノイド

(a) ランタノイドおよびアクチノイドの単体

ランタノイド(La，Ce，Pr，Nd，Pm，Sm，Eu，Gd，Tb，Dy など)およびアクチノイド原子(Ac，Th，Pa，U，Np，Pu，Am，Cm，Bk，Cf など)では，最外殻軌道の二つ内側の f 軌道(ランタノイドでは 4f 軌道，アクチノイドでは 5f 軌道)に電子を収容し，共通の化学的特性をもつ(表 5.15，表 5.16)．f-ブロック元素または f-ブロック遷移元素ともよばれる(f-ブロック元素という場合には La と Ac は除外される).

ランタノイドの単体は，酸と反応して H_2 を発生する．最外殻軌道にある 2 個の 6s 電子が除かれやすく，2 価，3 価，4 価のカチオンが生成する(一般的には 3 価カチオンが安定).

表 5.15 代表的なランタノイドの物理化学的性質

	La ランタン	Ce セリウム	Pr プラセオジウム	Nd ネオジム	Pm プロメチウム	Sm サマリウム
原子番号	57	58	59	60	61	62
電子配置	[Xe]$5d^1 6s^2$	[Xe]$4f^1 5d^1 6s^2$	[Xe]$4f^3 6s^2$	[Xe]$4f^4 6s^2$	[Xe]$4f^5 6s^2$	[Xe]$4f^6 6s^2$
単体の融点(℃)	920	799	931	1016	1042	1072
単体の沸点(℃)	3455	3424	3510	3066	3000	1790
イオン半径(+3 価)(Å)	1.17～1.50	1.15～1.28	1.13～1.32	1.12～1.41	1.11～1.23	1.10～1.38
第一イオン化エネルギー(kJ/mol)	538	527	523	530	536	543
電気陰性度	1.10	1.12	1.13	1.14	1.13	1.17

	Eu ユウロピウム	Gd ガドリニウム	Tb テルビウム	Dy ジスプロシウム	Ho ホルミウム	Er エルビウム
原子番号	63	64	65	66	67	68
電子配置	[Xe]$4f^7 6s^2$	[Xe]$4f^7 5d^1 6s^2$	[Xe]$4f^9 6s^2$	[Xe]$4f^{10} 6s^2$	[Xe]$4f^{11} 6s^2$	[Xe]$4f^{12} 6s^2$
単体の融点(℃)	822	1314	1359	1411	1472	1529
単体の沸点(℃)	1596	3264	3221	2561	2694	2862
イオン半径(+3 価)(Å)	1.09～1.21	1.08～1.19	1.06～1.18	1.05～1.17	1.04～1.16	1.03～1.14
第一イオン化エネルギー(kJ/mol)	547	593	564	572	581	589
電気陰性度	1.2	1.2	1.2	1.22	1.23	1.24

表5.16 代表的なアクチノイドの物理化学的性質

	Ac アクチニウム	Th トリウム	Pa プロトアクチニウム	U ウラン	Np ネプツニウム	Pu プルトニウム
原子番号	89	90	91	92	93	94
電子配置	$[Rn]6d^1 7s^2$	$[Rn]6d^2 7s^2$	$[Rn]5f^2 6d^1 7s^2$	$[Rn]5f^3 6d^1 7s^2$	$[Rn]5f^4 6d^1 7s^2$	$[Rn]5f^6 7s^2$
単体の融点(℃)	1051	1750	1572	1135	644	640
単体の沸点(℃)	3198	4788	3510	—	3818	—
イオン半径(+3価)(Å)	1.17〜1.50	1.15〜1.28	1.13〜1.32	1.12〜1.41	1.11〜1.23	1.10〜1.38
第一イオン化エネルギー(kJ/mol)	666	587	568	584	597	560
電気陰性度	1.1	1.3	1.5	1.38	1.36	1.28

一方，アクチノイドはいずれも放射性同位元素である．ウラン U(原子番号 92)より原子番号の大きい元素は，すべて人工放射性同位元素である(超ウラン元素．なおネプツニウム Np，プルトニウム Pu は天然にごく微量存在するので，正確には Am 以降)．

(b) ランタノイド収縮とアクチノイド収縮

ランタノイド元素の原子半径やイオン半径に大きな差はないが，原子番号が大きくなるについて原子半径とイオン半径が少しずつ小さくなる．この現象はランタノイド収縮とよばれ，f 軌道の広がりが大きいため，核電荷の増加につれて f 電子による遮蔽効果が悪くなり，有効核電荷(Z)(1.5.1 項参照)が増し，周囲の電子雲が中心へ引きつけられるためであると考えられる．

アクチノイドも，ランタノイド収縮と同様，イオン半径が原子番号の増大とともに少しずつ減少する．これをアクチノイド収縮とよぶ．1 個ずつ増加する電子が，最外殻軌道に入らず，電子殻の内部にある 5f 軌道に入るため，プラスの電荷をもった原子核から引きつけられやすく，原子番号，すなわち核電荷の増加に伴って核に引きつけられる．

(c) ランタノイドの酸化物および陽イオン

ランタノイドは，電子を三つ失った Ln^{3+} の状態(LnX_3 と Ln_2O_3)が安定である．また，ランタノイドのイオンは一般に水に可溶で安定な錯塩を形成する．ランタノイドイオンには，常磁性をもつものが多い．たとえば，Eu^{3+} の錯体は核磁気共鳴スペクトル(NMR)のシフト試薬として(キラルな Eu^{3+} 錯体は，キラルな化合物の光学純度を決定するためのキラルシフト試薬として)使われる．また，Gd^{3+}-12 員環テトラアミン錯体が，磁気共鳴画像診断法(MRI)造影剤として医療の現場で画像診断薬として使われている(7.5.3 項)．

5.2.3 第4族元素(チタン族)

チタン族には，チタン Ti，ジルコニウム Zr，ハフニウム Hf がある(表5.17).

表5.17 第4族元素(チタン族)の物理化学的性質

	チタン Ti	ジルコニウム Zr	ハフニウム Hf
原子番号	22	40	72
電子配置	$[Ar]3d^24s^2$	$[Kr]4d^25s^2$	$[Xe]4f^{14}5d^26s^2$
単体の融点(℃)	1660	1852	2230
単体の沸点(℃)	3287	4377	4602
イオン半径(Å)	0.80(Ti^{2+}) 0.869(Ti^{3+})	1.09(Zr^{2+}) 0.87(Zr^{4+})	0.84(Hf^{4+})
第一イオン化エネルギー(kJ/mol)	658	660	642
電気陰性度	1.54	1.33	1.3

(a) 第4族元素の単体

チタンの単体は比較的軽く，硬度も高いので，航空材料やジェットエンジンの部品などに使われる．天然には無色の酸化チタン(TiO_2)のかたちで存在し，ホワイトチョコレートなどの白色着色料としても用いられる．また，光照射を受けると抗菌作用，脱臭作用があり，汚れを自然に分解するのが目的で，ガラス，外壁，タイルなどの表面コーティングにも有用である．

ジルコニウムおよびハフニウムは，ともに +4 価の状態が安定で，耐侵食性に優れている．ジルコニウムは中性子吸収断面積が金属のなかで最小である．生産量の 90% 以上が原子炉の二酸化チタン燃料棒の被覆や炉の材料になる．一方ハフニウムは機械的な強度が大きく，耐食性や中性子吸収剤として，たとえば原子炉の制御棒などへ用いられる．

(b) 第4族元素の酸化物

TiO_2(日本薬局方第二部に収載)は，無味無臭の白色粉末である．酸化チタンはチタニアともよばれ，白色の塗料，絵具，釉薬，化合繊用途などの顔料として使われる．

5.2.4 第5族元素(バナジウム族)

バナジウム族には，バナジウム V，ニオブ Nb，タンタル Ta が含まれる(表5.18)．バナジウムとタンタルの最外殻電子配置は$(n-1)d^3ns^2$であるが，ニオブは$(n-1)d^4ns^1$構造である．バナジウムの天然存在比は約 0.02% である．バナジウムは，−1 〜 +5 という広い酸化状態をとりうる．通常 +2 〜 +5 価が観測され，+4 が最も安定である．そのため，+2 および +3 の化合物は還元性，+5 の化合物は酸化性を有する．また，酸化状態によってさまざまな色を呈することが知られている．バナジウムは両性化合物であり，酸と反応すると $VOCl_3$，VCl_5 が，アルカリと反応するとバナジン酸塩

表 5.18 第 5 族元素(バナジウム族)の物理化学的性質

	バナジウム V	ニオブ Nb	タンタル Ta
原子番号	23	41	73
電子配置	[Ar]$3d^34s^2$	[Kr]$4d^45s^1$	[Xe]$4f^{14}5d^36s^2$
単体の融点(℃)	1890	2468	2996
単体の沸点(℃)	3380	4742	5425
イオン半径(Å)	0.65(V^{3+}) 0.59(V^{5+})	0.74(Nb^{4+}) 0.69(Nb^{5+})	0.84(Ta^{3+}) 0.68(Ta^{4+}) 0.64(Ta^{5+})
第一イオン化エネルギー(kJ/mol)	650	664	761
電気陰性度	1.63	1.6	1.5

(Na_3VO_4)が生成する．

海藻やバクテリアの酵素のなかには，バナジウムを使っている酵素があるが，哺乳動物ではまだ見つかっていない．しかしその一方で，ラットやヒヨコでバナジウムが不足すると成長が遅れたり，生殖能力が衰えたりする．+5 のバナジウムが，いろいろな細胞で Na-K ATP アーゼを阻害することが見いだされた．また，+5 または +4 価のバナジウムおよびその錯体の投与によって，糖尿病が改善されることが報告されている．

5.2.5 第 6 族元素(クロム族)

クロム Cr，モリブデン Mo は$(n-1)d^5ns^1$，タングステン W は$(n-1)d^4ns^2$ という最外殻電子配置をもっている(表 5.19)．クロムは +1 ～+6 価までの酸化状態をとり，+3 の酸化状態が最も安定であるので，+2 および +4 価のクロムは，それぞれ還元性，酸化性を示す．たとえば，CrO_3(CrO_4^- イオン)や $Na_2Cr_2O_7$($Cr_2O_7^{2-}$ イオン)は，有機合成で強力な酸化剤として用いられる．

表 5.19 第 6 族元素(クロム族)の物理化学的性質

	クロム Cr	モリブデン Mo	タングステン W
原子番号	24	42	74
電子配置	[Ar]$3d^54s^1$	[Kr]$4d^55s^1$	[Xe]$4f^{14}5d^46s^2$
単体の融点(℃)	1857	2617	3410
単体の沸点(℃)	2672	4612	5660
イオン半径(Å)	0.64(Cr^{3+}) 0.56(Cr^{5+})	0.92(Mo^{2+}) 0.62(Mo^{6+})	0.68(W^{4+}) 0.62(W^{6+})
第一イオン化エネルギー(kJ/mol)	653	685	770
電気陰性度	1.66	2.16	2.36

COLUMN TiO$_2$と太陽光によるクリーンエネルギー

本多，藤嶋らは，以下のような酸化チタン電極と白金電極を含む装置を作製し，光照射したところ，酸化チタン側で酸素(O_2)，白金側で水素(H_2)が発生することを発見した．しかも，両電極の間に電子の授受，すなわち電流が発生した(本多-藤嶋効果)．理論的に，H_2は燃焼時に有害物質をほとんど出さないので($H_2 + O_2 \rightarrow H_2O$)，クリーンなエネルギーとよばれており，それを水と太陽光によって得ることができることになる．また，光エネルギーを用いることで，有機化合物を触媒的に水と二酸化炭素へ分解することも可能である．さらに，色素増感太陽電池への応用も検討されている．400 nmよりも短波長の光を強く吸収するが，ほとんど可視光を吸収しないため，日焼け止め(サンスクリーン剤)にも使われる．また，自動車のバックミラーなどを酸化チタンでコーティングすると超撥水性になるので，水がついても表面で水滴にならずにそのまま流れ落ちる．

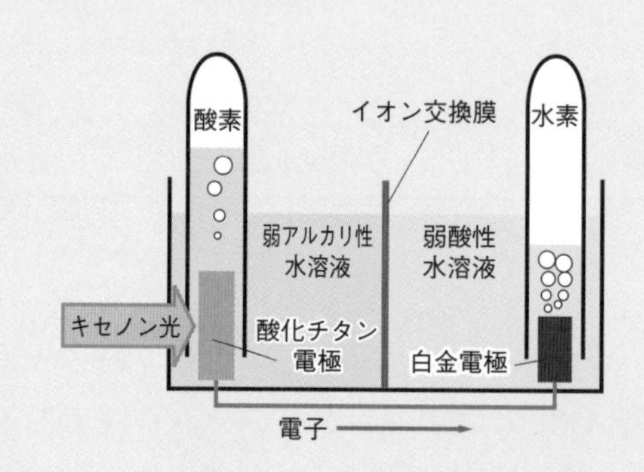

図① 本多-藤嶋効果

5.2.6 第7族元素(マンガン族)

マンガンMnの電子配置は[Ar]3d^{5}4s^{2}であり，通常の酸化数は＋2～＋7である(表5.20)．マンガンは地殻中に比較的多く存在し，生体必須元素の一つである(約100 mg/人体)である．鉄とマンガンからなる合金は，電車のレールなどにも用いられる．

MnO_2〔酸化マンガン(IV)〕：灰黒色の粉末で，水に不溶．アルカリマンガン乾電池の正極物質(負極は亜鉛)として使われる．

表5.20 第7族元素(マンガン族)の物理化学的性質

	マンガン Mn	テクネチウム Tc	レニウム Re
原子番号	25	43	75
電子配置	[Ar]3d^{5}4s^2	[Kr]4d^{5}5s^2	[Xe]4f^{14}5d^{5}6s^2
単体の融点(℃)	1244	2172	3180
単体の沸点(℃)	2062	4877	5627
イオン半径(Å)	0.91(Mn^{2+}) 0.70(Mn^{3+}) 0.52(Mn^{4+})	0.72(Tc^{4+}) 0.56(Tc^{7+})	0.72(Re^{4+}) 0.61(Re^{6+}) 0.60(Re^{7+})
第一イオン化エネルギー(kJ/mol)	717	702	760
電気陰性度	1.55	1.9	1.9

$KMnO_4$(過マンガン酸カリウム，日本薬局方第一部掲載)：暗赤紫色の結晶で，金属光沢がある．局所収斂薬，殺菌薬として，外用収斂薬，殺菌薬として外用．有機化学では強い酸化剤として用いる．

5.2.7 第 8 族元素(鉄族)，第 9 族元素(コバルト族)，第 10 族元素(ニッケル族)

鉄族，コバルト族，ニッケル族に属する金属で，同じ周期にあるものは(たとえば，鉄 Fe，コバルト Co，ニッケル Ni)，類似した性質をもつ(表 5.21)．鉄，コバルト，ニッケルの単体は，物理的強度が大きく(展性，延性に富む)，磁気特性が強い(強磁性)．鉄は，コンピュータ部品やハードディスクや磁気カードなどに利用されている．またこれら以外の六つの元素も，常磁性である．鉄，コバルト，ニッケルは，単体だけでなく，合金としても用いられる．たとえば，Fe + Cr + Ni(74：18：8)の合金であるステンレス鋼(18-8 ステンレス鋼)は，さびにくく，流し台や浴槽などに使用されている．

鉄は反応性が高く，乾燥した空気中では安定であるが，湿った空気中で酸化されて錆びを生じる．鉄の価電子数が 8 であることから，最高酸化数は +8 と考えられるが，現在までに発見されている鉄化合物の最高の酸化数は +6 であって，ほとんどの化合物では +2，+3 価である．コバルトやニッ

表 5.21 鉄族，コバルト族，ニッケル族の物理化学的性質

	鉄 Fe	コバルト Co	ニッケル Ni	ルテニウム Ru	ロジウム Rh	パラジウム Pd
原子番号	26	27	28	44	45	46
電子配置	$[Ar]3d^64s^2$	$[Ar]3d^74s^2$	$[Ar]3d^84s^2$	$[Kr]4d^75s^1$	$[Kr]4d^85s^1$	$[Kr]4d^{10}$
単体の融点(℃)	1550	1500	1450	1950	1970	1550
イオン半径(Å)	0.75〜0.92 (Fe^+)	0.79〜0.89 (Co^{2+})	0.83 (Ni^{2+})	0.82 (Ru^{3+})	0.81 (Rh^{3+})	0.78〜1.00 (Pd^{2+})
	0.63〜0.79 (Fe^{3+})	0.69〜0.75 (Co^{3+})	0.70〜0.74 (Ni^{3+})	0.76 (Ru^{4+})	0.74 (Rh^{2+})	
第一イオン化エネルギー (kJ/mol)	762	758	736	711	720	804
電気陰性度	1.83	1.88	1.91	2.2	2.28	2.20

	オスミウム Os	イリジウム Ir	白金 Pt
原子番号	76	77	78
電子配置	$[Xe]4f^{14}5d^66s^2$	$[Xe]4f^{14}5d^9$	$[Xe]4f^{14}5d^96s^1$
単体の融点(℃)	2500	2450	1780
イオン半径(Å)	0.77 (Os^{4+})	0.82 (Ir^{3+})	0.74〜0.94 (Pt^{2+})
	0.69 (Os^{6+})	0.77 (Ir^{4+})	0.77 (Pt^{4+})
第一イオン化エネルギー (kJ/mol)	840	900	870
電気陰性度	2.2	2.2	2.28

ケルも，鉄と同様，最高酸化数は価電子数に達しない．ルテニウム Ru とオスミウム Os の最高酸化数は +8 であるが，それぞれ +2 〜 +4 価，+4 と +6 価が代表的である．鉄イオン，コバルトイオンは生体必須元素であり，生体内で重要な役割を果たしている(5.3 節参照)．とくに鉄は，ヘムタンパク質やメタロチオネイン中などで重要な役割を果たしている(5.5.1 項，7.1.1 項，7.1.2 項も参照)．

第 8 〜10 族に属する金属イオンは，CN^-，H_2O，NH_3，ハロゲンイオン(X^-)などが配位した錯体を生成しやすい．多くの場合有色であり，配位数，配位子の組成などによって，さまざまな色を呈する(6.2.1 項参照)．鉄はシクロペンタジエニル基が上下に二つ配位したフェロセンとよばれるサンドウィッチ型錯体を形成する．また，ロジウム Rh の錯体である $RhCl(PPh_3)_3$ は，Wilkinson 錯体とよばれ(p.174 のコラムも参照)，有機化合物の水素化反応のための均一系触媒として用いられる．パラジウム Pd も，有機合成化学でさまざまな反応の触媒として用いられている(p.114 のコラム参照)．また，ルテニウムに 2,2′-ビピリジル(2,2′-bipyridyl；bpy)が配位した $Ru(bpy)_3$ 錯体や，イリジウム Ir にフェニルピリジン(phenylpyridine；ppy)などの配位子が N—Ir および C—Ir 結合を介して結合したシクロメタレート型錯体〔$Ir(ppy)_3$〕は，光触媒や**有機 EL 素子**(EL；electroluminescence)として期待されている．

有機 EL 素子
EL(electroluminescence)は，二つの電極で挟んだ物質に電界を印加して，物質中の加速された電子が物質の原子に衝突し，そのエネルギーで原子の電子を励起して発光するものである．有機化合物を含む EL 素子を有機 EL 素子とよぶ．

5.2.8 第 11 族元素(銅族)

銅 Cu の単体は赤色の金属であり，電気伝導性，熱伝導性が大きい，展性および延性に富む，という特徴がある(表 5.22)．そのため，導線やパイプに用い，合金にするとさらに硬度が向上する．1 個の電子を失うと $(n-1)d^{10}$ 構造となり，最外殻軌道の電子数が 8 ではないが，安定な準閉殻構造をとる．銅イオンは生体必須元素の一つである．それに関しては 5.3.3 項を参照されたい．

銀(Ag)の単体は，熱伝導性，電気伝導性ともに金属のなかで最大である．

表 5.22 第 11 族元素(銅族)の物理化学的性質

	銅 Cu	銀 Ag	金 Au
原子番号	29	47	79
電子配置	$[Ar]3d^{10}4s^1$	$[Kr]4d^{10}5s^1$	$[Xe]4f^{14}5d^{10}6s^1$
単体の融点(℃)	2310	1950	2600
イオン半径(Å)	0.74〜0.91(Cu^+) 0.71〜0.87(Cu^{2+})	1.16〜1.29(Ag^+) 1.08(Ag^{2+})	1.51(Au^+) 0.82(Au^{3+})
第一イオン化エネルギー(kJ/mol)	745	731	889
電気陰性度	2.00	1.93	2.54

水素よりもイオン化傾向が小さく，HCl や H_2SO_4 に溶けない一方，酸化力の強い HNO_3 や熱濃硫酸に溶ける．金 Au について展性，延性が大きい．また，毒性が低く安定なので，食器や歯科用材料などに用いられている．

金の単体は，銀よりもさらに安定であり，金属光沢を失わない．ただし，ハロゲン化物は塩素を発生する王水（HCl-HNO_3）によって酸化され，塩化金酸（$HAuCl_4$）になる．

5.2.9 第 12 族元素（亜鉛族）

第 12 族には，亜鉛 Zn，カドミウム Cd，水銀 Hg が属しており，d 殻と s 殻が，それぞれ 10 個，2 個の電子で充足された電子配置をもつ（表 5.23）．そのため，遷移金属と 2 個の s 電子を放出した +2 価の酸化状態が安定である．

表 5.23 第 12 族（亜鉛族）元素の物理化学的性質

	亜鉛 Zn	カドミウム Cd	水銀 Hg
原子番号	30	48	80
電子配置	$[Ar]3d^{10}4s^2$	$[Kr]4d^{10}5s^2$	$[Xe]4f^{14}5d^{10}6p^2$
単体の融点（℃）	419	321	−39
単体の沸点（℃）	907	767	357
イオン半径（Å）	0.74～0.88（Zn^{2+}）	0.92～1.45（Cd^{2+}）	0.83～1.16（Hg^{2+}）
第一イオン化エネルギー（kJ/mol）	906	876	1007
電気陰性度	1.65	1.69	2.00

亜鉛は常温常圧で固体であり，酸および塩基と反応して H_2 を発生しながら溶解する両性元素である．

$$Zn + H_2SO_4 \longrightarrow ZnSO_4 + H_2 \quad (5.24)$$

$$Zn + 2\,NaOH + 2\,H_2O \longrightarrow Na_2[Zn(OH)_4] + H_2 \quad (5.25)$$

亜鉛の最も大きな用途は合金材料である．たとえば，トタンは鉄板に亜鉛をメッキしたものであり，真ちゅうは銅との合金である．また，マンガン乾電池およびアルカリ乾電池の負極に亜鉛が使われている．

亜鉛イオンは生体必須元素の一つであり，それについては 5.3.2 項および 7.1.3 項を参照してほしい．

カドミウム（Cd）も常温常圧で固体であり，酸素と反応すると CdO を与える．充電可能なニッケル-カドミウム電池などにも使われる．CdS は茶色顔料であり，絵の具や着色剤として用いられる一方，光センサーの光電素子などとしても使われている．

水銀は亜鉛やカドミウムとは性質が大きく異なり，常温常圧で唯一液体であり（25℃で液体として存在するのは，水銀と臭素の二つである），重い金属である．クロム，鉄，ニッケルなどの金属と合金(アマルガム)をつくりやすい．

酸化亜鉛(ZnO)：亜鉛華ともよばれ，白い粉末で，水に不溶である．日本薬局方第一部に収載されている．皮膚のタンパク質と結合して被膜をつくり，局所において保護作用，消炎作用，保護作用，軽度の防腐作用などをもつため，外用剤(軟膏，散布剤など)に用いられる．

硫酸亜鉛($ZnSO_4 \cdot 7\,H_2O$)：無色の結晶で，局所組織細胞点眼剤，洗眼剤として用いる

塩化亜鉛($ZnCl_2$)：Zn^{2+} のタンパク質を沈殿させる作用を利用して，局所収斂剤として用いる．

5.3 生体必須元素

SBO 生体内に存在する代表的な金属イオンおよび錯体の機能を化学的に説明できる．

生命の維持に必要な元素を必須元素(essential element)といい，生命現象を支える生体応答，生体反応で重要な機能を担っている．必須元素はほとんどすべての健康な生体の組織中にあり，生物の種類に関係なく同程度の濃度で存在する．ある元素が欠乏すると生理的異常が引き起こされるが，その元素を与えると異常から回復すると定義されている．

必須元素を生体に投与すると，その投与量と生体の応答は一般に図5.10(a)に示す関係がある．投与量が少なすぎても，多すぎても異常が起こり，それぞれを欠乏症，過剰症という．そのあいだの平たんな領域では健康な状態を保たれている．また，ヒトや動物が健康状態にあるとき，あらゆる必須元素は，ほぼ一定の濃度範囲で存在することを示している．この領域を最適濃度範囲(optimum concentration range)といい，ホメオスタシス(homeostasis)が保たれている状態である．これらの濃度は，ホルモンやタンパク質あるいは酵素などによって，濃度を保つように調節されている．図5.10

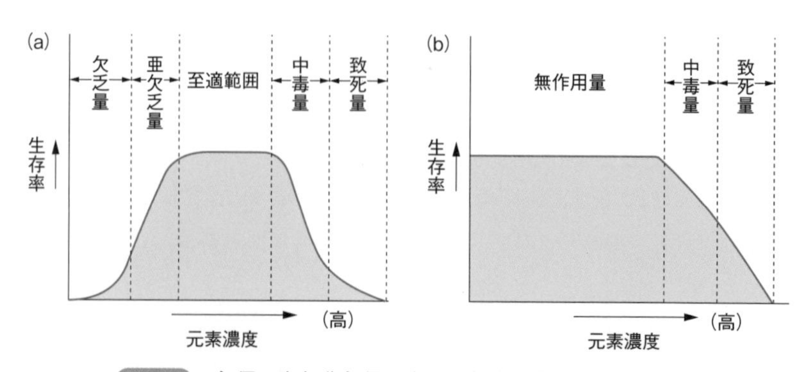

図5.10 必須元素と非必須元素の生体内存在比と影響の関係
(a) 必須元素量と生存率，(b) 非必須元素量と生存率．

の曲線のかたちは元素により異なる．さらに，同じ元素であってもその化学形や酸化形，ほかの元素との共存とそれらの量，動物の種類，性別，年齢にも依存し，体内成分の濃度バランスが失われると変形し，欠乏や過剰障害が生じる．たとえば，最適濃度範囲はセレンやヒ素などでは狭いが，鉄，マンガン，亜鉛などでは広い．最近では，健康なヒトの体のなかの元素濃度は年齢により変化することも明らかにされ，健康を維持するため必須元素の摂取に関心が集まっている．一方，非必須元素は，図 5.10(b)に示すように，存在しなくても生存率に影響しないが，多すぎると中毒を起こしてしまう．

ヒトの身体は，水，アミノ酸，タンパク質，核酸，糖，脂肪などの分子によって成り立っているため，おもに炭素，水素，酸素，窒素からなり，体内の 96%(重量%)を占める(表 5.24)．さらに，カルシウム，リン，硫黄，カリウム，ナトリウム，塩素，マグネシウムを加えた 11 元素を必須常量元素(essential major element)，あるいは常量元素(major element または major constituent)とよび，人体の 99.3% を占めている．残りの 0.7% は微量元素(trace element)とよばれる(表 5.25)．とくに生命維持に重要な必須微量元素(essential trace element)として，鉄，亜鉛，銅，マンガン，セレン，モリブデン，コバルト，ヨウ素，バナジウムの九つがあげられる．必須常量元素と必須微量元素の 20 元素が人体に必須である．

表 5.24　ヒト体内の必須常量元素と濃度

必須常量元素	一般成人男子 体内の存在量(kg)	機　能
酸素(O)	45.5	水，有機物の構成成分
炭素(C)	12.6	有機物の構成成分
水素(H)	7.0	水，有機物の構成成分
窒素(N)	2.1	アミノ酸，タンパク質，核酸などの構成成分
カルシウム(Ca)	1.05	骨の主構成成分(ヒドロキシアパタイト)，細胞情報伝達分子，細胞増殖，アポトーシス，筋収縮，血小板凝集
リン(P)	0.70	骨，核酸，ATP の成分元素 糖およびエネルギー代謝
硫黄(S)	0.18	アミノ酸(システイン，メチオニン)，ビタミン B_1，ビオチンの成分元素 鉄-硫黄タンパク質
カリウム(K)	0.14	細胞内電解質の成分元素，酸塩基平衡，水バランス，神経興奮，筋収縮
ナトリウム(Na)	0.10	おもに細胞外電解質の成分元素，浸透圧維持 水バランス，神経興奮，筋収縮
塩素(Cl)	0.10	細胞内陰イオン，HCl としてタンパク質分解酵素の活性化
マグネシウム(Mg)	0.10	骨格形成，筋肉(59% が骨に，40% が筋肉と軟組織に)，補酵素，体液の平衡維持

表 5.25 ヒト体内の微量元素と濃度

微量元素	一般成人男子の体内存在量(mg)	機　能
鉄(Fe)	6000	70%が血液中に存在，酸素運搬，酸素貯蔵 酸化還元酵素(呼吸酵素)，薬物代謝
フッ素(F)	3000	骨格，歯牙などの硬組織形成
ケイ素(Si)	2000	Caとともに硬組織形成，有機物の構成成分
亜鉛(Zn)	2000	加水分解酵素，酸化還元酵素の活性中心，転写因子などの構造因子，細胞内情報伝達因子
ストロンチウム(Sr)	320	骨形成
鉛(Pb)	120	鉄代謝，造血
マンガン(Mn)	100	ピルビン酸カルボキシラーゼやスーパーオキシドジスムターゼの構成成分，鉄代謝，造血
銅(Cu)	80	酸素運搬(ヘモシアニン)，酸化還元酵素の活性中心
スズ(Sn)	20	酸化還元酵素
セレン(Se)	12	抗酸化活性(H_2O_2や過酸化物を還元するグルタチオンペルオキシダーゼの活性中心)
ヨウ素(I)	11	甲状腺ホルモンの構成元素
モリブデン(Mo)	10	プリンの酸化，尿酸代謝(キサンチンオキシダーゼ，アルデヒドオキシダーゼなどの活性中心)
ニッケル(Ni)	10	加水分解酵素，ホルモン，色素代謝，酵素の活性化，ホルモン作用
クロム(Cr)	2	糖，脂質，タンパク質代謝
ヒ素(As)	2	亜鉛代謝
コバルト(Co)	1.5	ビタミンB_{12}(シアノコバラミン)の中心金属 造血
バナジウム(V)	1.5	糖代謝

(ゴシック体は必須微量元素)

ナトリウムイオン，カリウムイオン，マグネシウムイオン，カルシウムイオンなどの無機イオンは身体のホメオスタシスを維持するために，独自の機能をつかさどり，組織の形成，pH，イオン平衡，浸透圧の制御，あるいは神経伝達調節などに関与している．これらは，電荷をもつイオンとして機能を発揮し，各イオン固有の化学反応に基づく薬理作用は示さない．

必須微量元素はそれ自身で生理作用するのではなく，低分子量の生体分子を含む配位子との錯体あるいは巨大タンパク質や酵素との複合体(金属タンパク質や金属酵素)として生理作用を発揮していると考えられる．必須元素の分類を図5.11に示した．

必須元素が欠乏したり，過剰になったりすると，元素の種類に応じていろいろな症状が生じる(表5.26)．たとえば，鉄が欠乏しているとヘモグロビンの合成に必要な鉄が不足するため，貧血を起こす．悪性貧血はビタミン

1	2	3	4	5	6	7	8	9	10	11	12	13	14	15	16	17	18
ⅠA	ⅡA	ⅢA	ⅣA	ⅤA	ⅥA	ⅦA	ⅧA	ⅧA	ⅧA	ⅠB	ⅡB	ⅢB	ⅣB	ⅤB	ⅥB	ⅦB	0
H																	He
Li	Be											B	C	N	O	F	Ne
Na	Mg											Al	Si	P	S	Cl	Ar
K	Ca	Sc	Tl	V	Cr	Mn	Fe	Co	Ni	Cu	Zn	Ga	Ge	As	Se	Br	Kr
Rb	Sr	Y	Zr	Nb	Mo	Tc	Ru	Rh	Pd	Ag	Cd	In	Sn	Sb	Te	I	Xe
Cs	Ba	La	Hf	Ta	W	Re	Os	Ir	Pt	Au	Hg	Tl	Pb	Bi	Po	At	

▢：必須常量元素，▦：微量元素(人体に 10 mg 以上含まれる元素に限定した)

図 5.11 生体に必須の元素

表 5.26 必須元素の欠乏症と過剰症

元素	欠乏症	過剰症
As	成長遅延，生殖不良，周産期死亡	
B	成長遅延，骨異常	
Br	不眠，成長遅延	
Ca	骨奇形，破傷風，虫歯	胆石，アテローム性動脈硬化症 白内障
Cd		イタイイタイ病
Co	悪性貧血，食欲不振	心臓病，甲状腺異常
Cr	糖尿病，グルコース代謝不全	肺がん
Cu	けいれん，筋肉の緊張力の低下，知能や身体の発育の遅れ	肝レンズ核変性症(ウィルソン病)
F	造血，生殖，成長障害	
Fe	貧血症，脱毛症	肝毒性，出血，嘔吐 ヘモクロマトーシス(血色素症)
I	甲状腺症，クレチン病	
K		アジソン症
Li	成長，造血障害，躁鬱病	
Mg	血管拡張，けいれん，震え，神経興奮	
Mn	骨格変形，生殖腺機能障害	肝硬変，神経障害，マンガン病 パーキンソン病
Mo	痛風，貧血，成長障害	
Na	アジソン病	
Ni	コレステロール低下症，成長，造血障害	
Pb	鉄代謝異常	
Se	心筋症，筋異常，心筋梗塞，がん	
Si	結合組織，骨代謝異常	
Sn	成長障害	
V	成長遅延，脂質代謝異常	
Zn	矮小発育症，性機能障害，味覚減退，生殖腺機能障害，皮膚炎	嘔吐，下痢，発熱，肺疾患

B_{12}の欠乏によって引き起こされる．

すべての生物に必須と考えられる微量必須元素であるバナジウム，モリブデン，マンガン，鉄，コバルト，銅，亜鉛は，周期表のなかのそれぞれ第5族，第6族，第7族，第8族，第9族，第11族，第12族から一つずつ選ばれている．このなかでモリブデンを除くほかの元素は第一遷移系列元素である．第6族のモリブデンのみが第二遷移系列元素となっている．ここでは鉄，亜鉛，銅，コバルトなどの代表的な元素について，生体内での存在とその生理作用について述べる．

5.3.1　鉄

鉄は動植物などすべての生物において必須元素である．成人では一人当たり4g，またはそれ以上の鉄を含んでいる．人体の鉄の70％は赤血球に局在し，そこでの濃度は20 mMにもなるが，他の組織での平均濃度は0.3 mMである．食事から入った鉄は，おもに小腸の上皮細胞から通常還元型Fe^{2+}として約10％吸収される．吸収されたFe^{2+}はFe^{3+}に酸化されて，血液中のタンパク質であるトランスフェリン（transferring）と結合し，血液中を輸送される．血清中に存在するトランスフェリンの約1/3が鉄と結合している．トランスフェリンは分子量約75,000の非ヘム鉄タンパク質で，Fe^{3+}はチロシンの2個のフェノール性ヒドロキシ基の酸素，ヒスチジン1個のイミダゾールの窒素，アスパラギン酸の1個のカルボン酸イオンの酸素，および1個の炭酸イオン中の2個の酸素の6個の原子が配位した八面体構造をとっている（図5.12）．

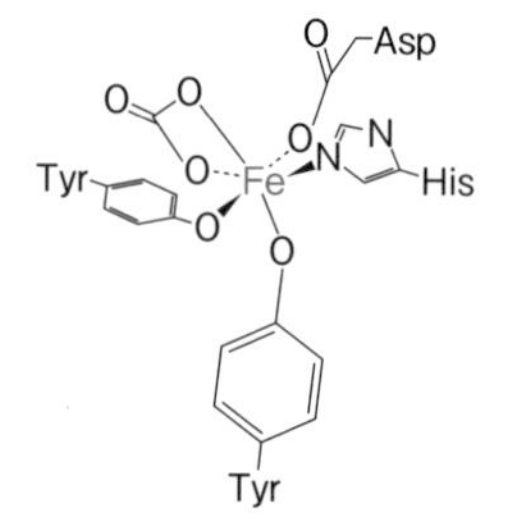

図5.12　Fe-トランスフェリンの構造

血液中のFe-トランスフェリンは，肝臓や脾臓，骨髄中の細胞において，細胞膜表面に存在するトランスフェリン受容体に結合して，細胞内に取り込まれる．取り込まれたFeはトランスフェリンから遊離して，ヘムをはじめとする鉄タンパク質に使われるか，あるいはFe(Ⅲ)のかたちでフェリチン（ferritin）やヘモジデリン（hemosiderin）によって，骨髄，肝臓，脾臓に貯蔵される．ヘモジデリンはフェリチンのタンパク質の一部が消化され重合したもので，過剰の鉄を保持するのに十分なフェリチンの生合成が追いつかないときに生成する．実際にはフェリチン中の鉄は，Fe(Ⅲ)の水酸化物，リン酸塩としてミセルを形成している（図5.13）．

$(\mathrm{Fe(=O)OH})_8 \cdot \mathrm{Fe(=O)OPO_3H_2}$

図5.13　Fe(Ⅲ)の水酸化物，リン酸塩複合体

骨髄においては，Fe-トランスフェリンは幼若赤血球の細胞内に取り込まれ，赤血球中のヘモグロビン合成に利用される．肺や肝臓に輸送されたFe-トランスフェリンはFe-硫黄タンパク質やシトクロム類の合成に利用され，呼吸や電子伝達，薬物代謝酵素シトクロムP450などの重要な役割を担う構成成分となる．

シトクロムP450やヘモグロビンのなかには，ポリフィリン–鉄錯体（ヘム

構造)があり，これらのタンパク質(酵素)の中心的役割を担っている(図 5.14 および 7.1.1 項，7.1.2 項)．また，クエン酸第一鉄ナトリウムやフマル酸第一鉄は，鉄欠乏性貧血の治療に用いられる．

ヘム鉄　クエン酸第一鉄ナトリウム　フマル酸第一鉄

図 5.14　代表的な鉄錯体

5.3.2 亜　鉛

亜鉛は人体に体重 60 kg 当たり約 2 g 存在する．食物中の亜鉛は食物の消化により生じるアミノ酸や有機酸，リン酸などと複合体を形成し，十二指腸から体内に吸収される．この吸収においては複合体のまま，あるいは複合体から遊離したのち，2 価カチオン輸送体を介して腸管の上皮細胞に取り込まれると考えられている．亜鉛は血液中に移行し，約 30%がグロブリンと結合し，残りはアルブミンと結合して目，前立腺，肝臓，腎臓に運ばれる．

体内での亜鉛はその半分が血液中に，25～33%が皮膚や骨に存在する．さらに血液中の亜鉛は，血漿中に 12～20%存在し，赤血球中には 75～80%，白血球中に 3%存在する．赤血球中の亜鉛はおもに**炭酸脱水酵素**(carbonic anhydrase；CA)に含まれている．CA は，二酸化炭素をはじめとするカルボニル化合物の水和や脱水反応，または炭酸イオンの脱水反応を触媒する酵素である(図 5.15)．この酵素は哺乳動物の血液の pH を調節する役割も担っている〔式(5.26)〕．

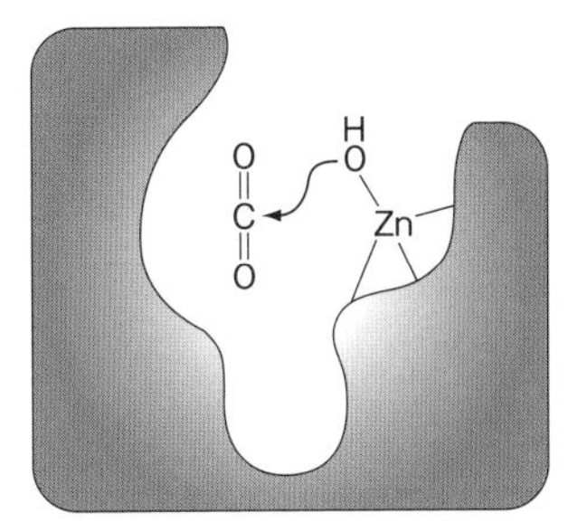

図 5.15　炭酸脱水酵素の活性中心と反応

$$CO_2 + H_2O \rightleftharpoons H^+ + HCO_3^- \qquad (5.26)$$

土壌中の亜鉛含有量の少ない地域では，ヒトの亜鉛欠乏症がみられ，味覚や臭覚の異常，食欲の減退，骨格や毛髪の異常，皮膚損傷の治癒速度の低下，性的成熟の低下などが起こる．また小人症も亜鉛欠乏症の一つといわれている．

また亜鉛イオンは，遺伝子転写の調節因子(タンパク質)や損傷を受けた DNA を修復する酵素が DNA と結合するときに，亜鉛イオンを含む亜鉛フィンガーモチーフとして重要な働きをする．亜鉛フィンガーモチーフは二つのシステインと二つのヒスチジンが Zn^{2+} に配位し，30 ほどのアミノ酸残基か

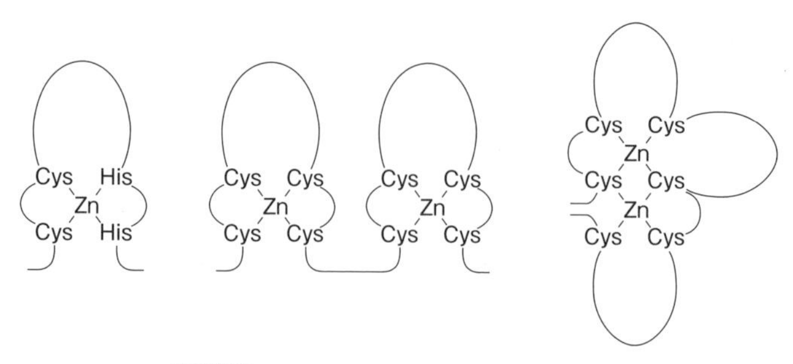

図5.16　亜鉛フィンガーの代表的な構造

らなるループが繰り返された亜鉛フィンガー(zinc finger)をもつことで，特定の折りたたまれたタンパク質構造を形成してDNAを認識する(図5.16)．亜鉛フィンガーをもつタンパク質は亜鉛フィンガータンパク質とよばれ，特定の塩基配列を認識する生体内分子として注目されている．

5.3.3　銅

銅は人体に体重60 kg当たり100〜150 mg存在し，遷移金属のなかでは，鉄や亜鉛についで多い．経口的に摂取された銅はおもに胃や腸で微繊毛細胞に取り込まれたのち，血液中に移行する．移行した銅はセルロプラスミン〔ceruloplasmin，別名としてフェロオキシダーゼ(ferroxidase)ともいう〕やアルブミンと結合し，体のそれぞれの臓器に運搬される．血漿中の銅は約90%がセルロプラスミン，残りの10%がアルブミンと結合した状態で存在している．

セルロプラスミンは血液中の銅の貯蔵，運搬にあずかるだけでなく，フェロキシダーゼ活性により，血中で腸管から吸収されたFe^{2+}をFe^{3+}に酸化し，トランスフェリンへFe^{3+}を供給している．

銅を含む酵素として，エネルギー産生に関与するシトクロム*c*オキシダーゼ(cytochrome *c* oxidase)，アドレナリンの合成に関与するドパミン*β*-ヒドロキシラーゼ(dopamine *β*-hydroxylase)がある．コラーゲンやエラスチンの産生に関与するリジンオキシダーゼ(lysyl oxidase)は毛髪形成，骨，血管の構造維持などに関係している．

スーパーオキシドジスムターゼ(superoxide dismutase；SOD)は，活性酸素の一つであるスーパーオキシドアニオンラジカル($O_2^{-\bullet}$)を不均化反応(disproportionation)によって，過酸化水素と酸素分子にすることで，抗酸化作用を担っている〔式(5.27)〕．不均化反応とは，二つ以上の同一化学種から2種類以上の異なる化学種を与える反応のことである．この酵素の中心金属イオンによって，Cu/Zn-SOD，Mn/SOD，Fe-SODに大別される．Cu/Zn-SODは動物，陸上植物，菌類などの真核生物，Mn/SODは細菌類や真核生物のミトコンドリア，Fe-SOD は細菌類におもに存在している(図 5.17).

$$2O_2^{-\bullet} + 2H^+ \longrightarrow H_2O_2 + O_2 \qquad (5.27)$$

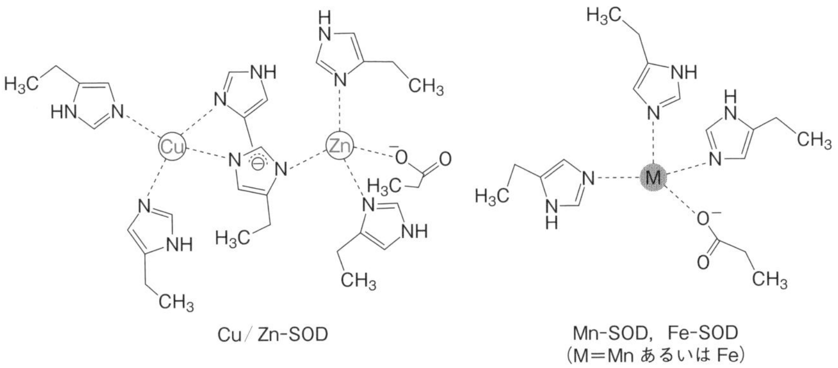

Cu/Zn-SOD

Mn-SOD, Fe-SOD
(M＝Mn あるいは Fe)

図 5.17 スーパーオキシドジスムターゼの活性中心構造

銅が欠乏すると引き起こされるものにメンケス症候群(Menkes syndrome)があり，毛髪が特有のちぢれ状態となり，けいれん，筋肉の緊張力の低下，知能や身体の発育の遅れなどが認められる．また先天性銅代謝異常症としてウィルソン病がある．これは胆汁への銅の排泄障害およびセルロプラスミンへの血中濃度が低下し，肝臓，脳，腎臓，角膜などに過剰の銅が蓄積することで臓器の機能障害や神経症状が引き起こされる病気である．

5.3.4 コバルト

コバルトを含む生理活性物質としてビタミン B_{12} がある．ビタミン B_{12} はコリン-Co(Ⅲ)錯体である．ビタミン B_{12} は肝臓エキスから抗悪性貧血因子として見いだされ，その後多くの酵素の補酵素であることが明らかにされた．ビタミン B_{12} は共役コリン環を含む複雑な分子である．コリン環の四つの窒素原子は同一平面でコバルトに配位している．第 5 配位にはヌクレオチド基のベンズイミダゾールの窒素原子が結合している．この構造がコバラミンといわれる．コバルトの第 6 配位の位置にはいろいろな分子やイオンが結合することができる．

最初に発見されたビタミン B_{12} では第 6 配位子が CN^- であったので，シアノコバラミンとよばれる(図 5.18)．ビタミン B_{12} は生体内で還元酵素の働きで還元されたのち，アデノシル化またはメチル化され補酵素型となる．活性種である補酵素型では L がアデノシル基で，コバルト-炭素 σ 結合によってコバルトと結合している．哺乳動物の肝臓中に存在するビタミン B_{12} の 80%以上はアデノシルコバラミンのかたちで存在する．肝臓中でアデノシル化酵素によって 5′-デオキシアデノシル基の 5′ 位の炭素とコバルトが σ 結

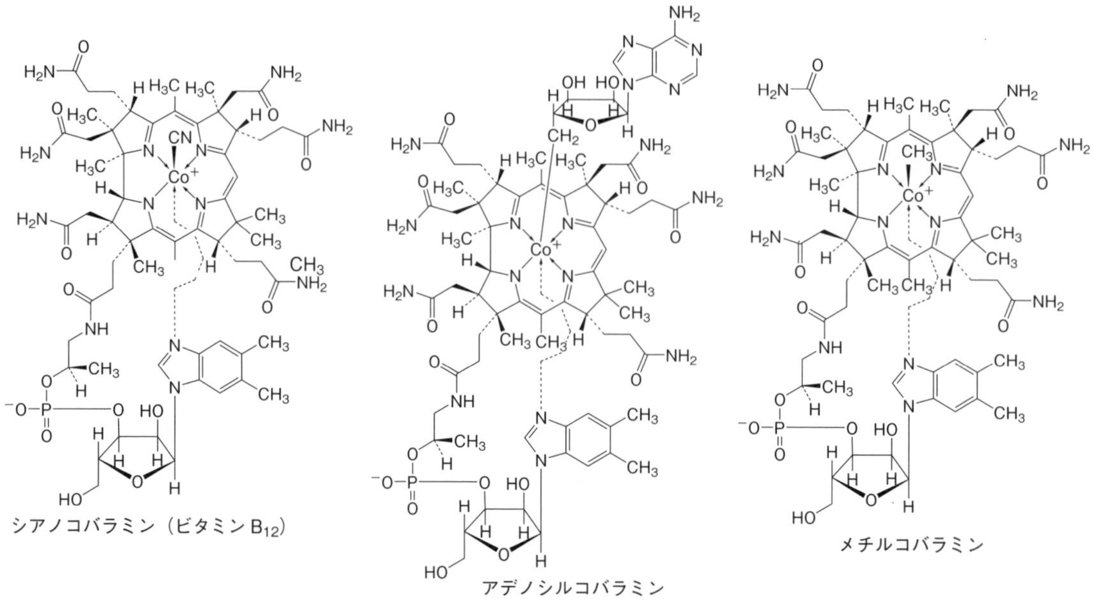

シアノコバラミン（ビタミン B_{12}）　アデノシルコバラミン　メチルコバラミン

図 5.18　ビタミン B_{12}，アデノシルコバラミン，メチルコバラミンの構造

合している．この補酵素中のコバルト原子は +3 の酸化状態にある．メチル基が σ 結合したメチルコバラミンがある．

アデノシルコバラミンは核酸合成，脂質代謝，メチオニン合成などにおける水素転移反応などの補酵素として働く．ビタミン B_{12} が不足して起こる病気の一つに悪性貧血がある．シアノコバラミンなどのビタミン B_{12} 類縁体は骨髄中の核酸合成を促進し赤血球の産生を増加する作用があるので，抗貧血薬として用いられる．メチルコバラミンは生体内のメチル基転移反応の補酵素として核酸やリン脂質の代謝に関連しており，障害を受けた末梢神経の修復を促進させる効果があるので，しびれ，痛み，筋力の低下などの末梢性神経障害を改善するために用いられる．

5.3.5 カルシウム

カルシウムは人体で最も多い金属元素であり，その 99% は骨や歯の硬組織に局在し，残りは細胞外液にある．骨や歯はヒドロキシアパタイト $Ca_{10}(PO_4)_6(OH)_2$ でできている．

カルシウムイオン（Ca^{2+}）は小腸上部の酸性条件で吸収される．その先の小腸部の中性～アルカリ性条件では，Ca^{2+} は $CaHPO_4$，$CaCO_3$，CaC_2O_4，$CaSO_4$ として沈殿する．小腸膜からの Ca^{2+} 吸収は，副甲状腺ホルモンや，ビタミン D 代謝物で制御される．ビタミン D の活性型はカルシウム結合タンパク質生成を促進するため，結果としてカルシウムの吸収が促進される．

血液中の Ca^{2+} 濃度は，副甲状腺ホルモンによる腎からの再吸収亢進による上昇と，カルシトニンによる骨からの Ca^{2+} 遊離の阻害による降下によって大きく制御される．血液中の Ca^{2+} は血液凝固に関与するので，手術において血液凝固を防ぎたいときには，カルシウムキレート剤であるクエン酸を注入することがある．

さまざまな細胞機能は，細胞外からのシグナルに応答して細胞質内の Ca^{2+} 濃度が変化することで調整されている(図 5.19)．細胞質内の Ca^{2+} 濃度は，通常 Ca^{2+} ポンプによって低く抑えられている．細胞膜内の Ca^{2+} ポンプは Ca^{2+} を細胞外へ輸送する．また，小胞体膜内の Ca^{2+} ポンプは，Ca^{2+} を小胞体内へ取り込む．その結果，細胞外 Ca^{2+} 濃度が約 1.2 mM であるのに対し，細胞内 Ca^{2+} 濃度は通常 0.1 μM 程度に維持されている．

この細胞質内 Ca^{2+} 濃度は，さまざまな刺激によって上昇する．その機構の一つに，Ca^{2+} ポンプが開いて細胞外 Ca^{2+} が細胞内へ流入する過程がある．一方，小胞体上の IP_3 受容体は Ca^{2+} チャネルとしての機能も備えていて，IP_3 が小胞体膜上の IP_3 受容体に結合すると，小胞体に保存されていた Ca^{2+} が細胞質へ放出される．

細胞質内に取り込まれたり，放出された Ca^{2+} は，いくつかのタンパク質に結合して，それらの活性を変化させることができる．その多くは，**カルモジュリン**(calmodulin)というタンパク質を介して行われる．カルモジュリンは，細胞内 Ca^{2+} 濃度が上昇したときだけ Ca^{2+} に結合するという特徴をもつ．すなわち，細胞内 Ca^{2+} 濃度 1 μM 程度になると Ca^{2+} と結合し，0.1 μM 程度になると Ca^{2+} を放出する．Ca^{2+} とカルモジュリンの複合体は，活性型

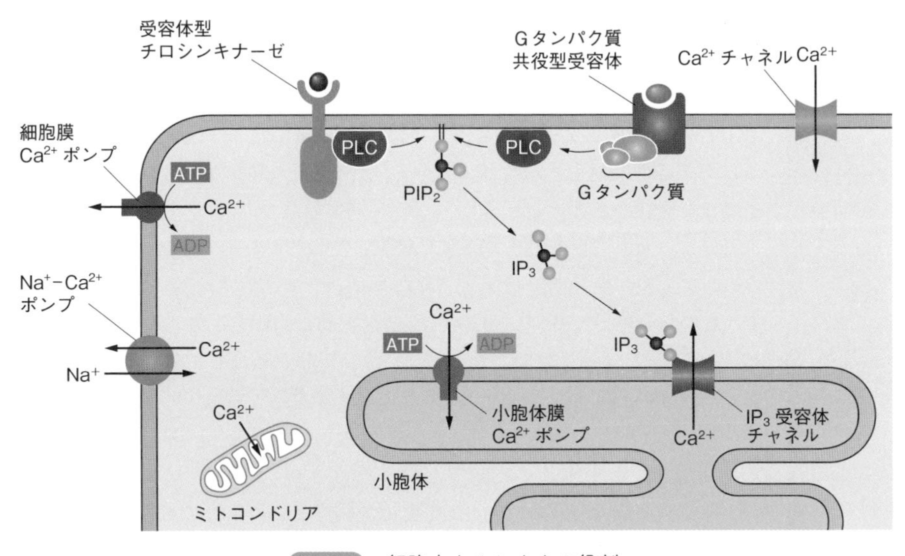

図 5.19 細胞内カルシウムの役割

となってその立体構造が変化する．また，カルモジュリンに結合するタンパク質の多くは，タンパク質のリン酸化を行うキナーゼ，およびタンパク質の脱リン酸化を行うホスファターゼであり，タンパク質（酵素）活性の制御を行っている．

Advanced 細胞内カルシウムの発光センサー

カルシウムイオン（Ca^{2+}）は無色，無発光であり，そのままでは見ることができない．それでは，どのようにして細胞内Ca^{2+}の移動，濃度変化がわかり，Ca^{2+}の役割が解明されたのであろうか．そのために，Ca^{2+}に対して選択的に応答する発光センサー（プローブ）と，カルシウムを細胞内から細胞外へ放出させる化合物が大きな役割を果たした．

まず，Ca^{2+}と選択的に錯体を生成し，それに伴って発光強度または発光波長が変化するキレーターが開発された．このような化合物を，**カルシウム指示薬**（calcium indicator）とよぶ．その例として，fura-2 と indo-1 などをあげることができる．このような化合物には，（ⅰ）生理的条件下において，Ca^{2+}と選択的に錯体を生成する，（ⅱ）Ca^{2+}錯体の生成に伴って，発光特性が変化する，という特性が求められる．

エチレンジアミン-*N*, *N*, *N*′, *N*′-四酢酸塩（ethylenediamine-*N*, *N*, *N*′, *N*′-tetraacetate；EDTA）（6.1.5 項参照）は，Ca^{2+}との逐次錯体生成定数〔log *K*(Ca)〕が 11.0，Mg^{2+}との逐次錯体生成定数〔log *K*(Mg)〕が 8.7 であり，両方のイオンとの log *K*(Mg) に大きな違いがない（逐次錯体生成定数については，第 6 章の p. 165 の Advanced 参照）．一方，EDTA の誘導体である *O*,*O*′-ビス(2-アミノエチル)エチレングリコ-*N*, *N*, *N*′, *N*′-四酢酸塩〔*O*,*O*′-bis(2-aminoethyl)ethyleneglycol-*N*, *N*, *N*′, *N*′-tetraacetate；GEDTA〕の log *K*(Ca) と log *K*(Mg) はそれぞれ 11.0，5.2，ビス(*O*-アミノフェノキシ)エタン-*N*, *N*, *N*′, *N*′-四酢酸塩〔bis(*O*-aminophenoxy)ethane-*N*, *N*, *N*′, *N*′-tetra acetate；BAPTA〕の log K(Ca) と log K(Mg) はそれぞれ 7.0，1.8 であり，Ca^{2+}に対して選択的に結合する．これは，EDTA が 6 座配位子であるのに対し，GEDTA と BAPTA が最大 8 配位の配位子であること，一方，Mg^{2+}の配位数が 6 であるのに対し，Ca^{2+}が 6 座～10 座配位子と錯体生成が可能であることに基づくものと考えられる．

fura-2 と indo-1 は，いずれも BAPTA を Ca^{2+}キレーターとしてもち，そのベンゼン環が発光団に組み込まれたカルシウム選択的発光プローブである．これらの化合物は，Mg^{2+}よりも Ca^{2+}と選択的に錯体を生成する（解離定数は，K_d = 0.14 μM）．下図には，fura-2 と indo-1 の水溶液に Ca^{2+}を少しずつ添加したときの励起光スペクトル（励起波長を変化させながら，一定の発光波長の変化を記録したスペクトル）および発光スペクトル（励起波長を一定にして，発光波長を変化させて記録したスペクトル）を示す．これらの変化によって，細胞内 Ca^{2+}の分布，濃度変化が観察され，Ca^{2+}の細胞内における役割が解明されてきたのである．

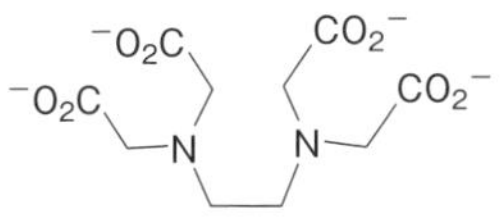

エチレンジアミン-
N,N,N',N'-四酢酸塩
log *K*(Ca)＝11.0
log *K*(Mg)＝8.7

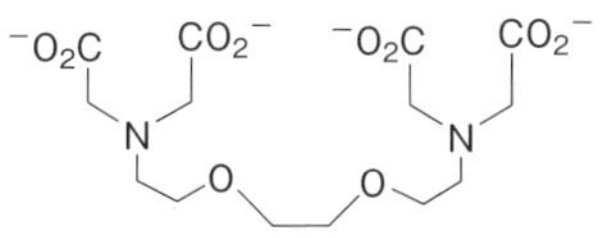

O, O'-ビス（2-アミノエチル）エチレン
グリコ-*N,N,N',N'*-四酢酸塩
log *K*(Ca)＝11.0
log *K*(Mg)＝5.2

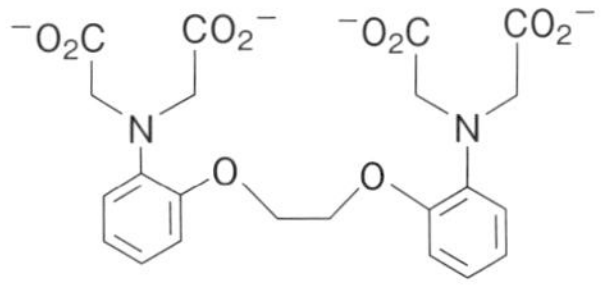

ビス(*O*-アミノフェノキシ)
エタン-*N,N,N',N'* 四酢酸塩
log *K*(Ca)＝7.0
log *K*(Mg)＝1.8

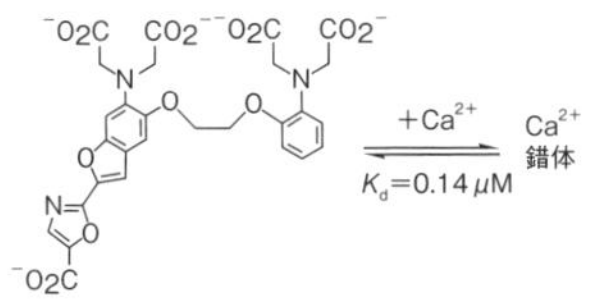

励起光スペクトル
（蛍光測定波長 510 nm）

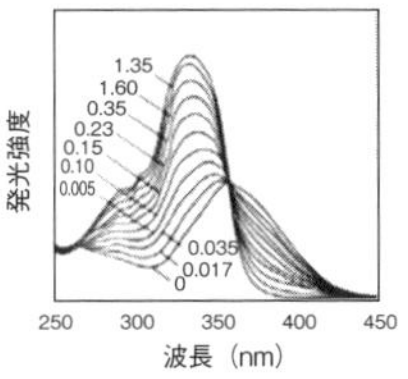

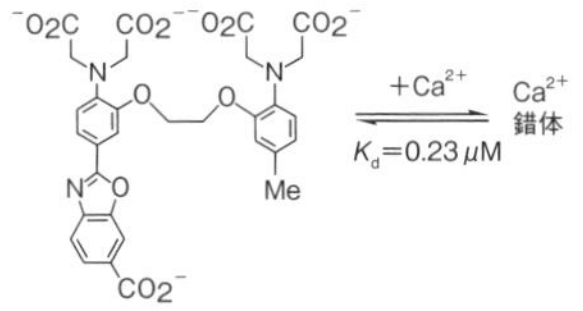

蛍光スペクトル
（励起光波長 338 nm）

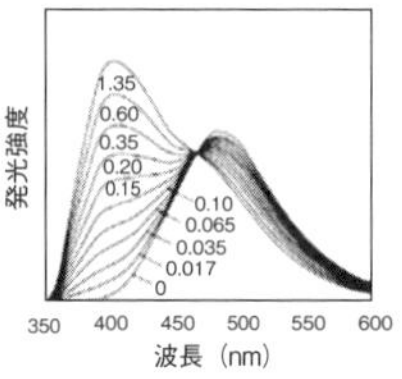

$+Ca^{2+}$ Ca^{2+} 錯体 K_d＝0.14 μM

$+Ca^{2+}$ Ca^{2+} 錯体 K_d＝0.23 μM

fura-2
励起波長 363 nm
蛍光波長 512 nm

indo-1
励起波長 338 nm
蛍光波長 485 nm

一方，Ca^{2+}の細胞内挙動が，対象となる細胞の応答反応と関連していることを証明する必要があった．そのため，細胞外のCa^{2+}を除去した状態で，標的となる細胞に対してCa^{2+}イオノフォア〔イオノマイシン，A23187(下図参照)〕を作用させる，という実験が行われた．これらの化合物はCa^{2+}錯体を生成し，また脂溶性であるため細胞膜を透過して細胞内へ移行し，Ca^{2+}放出を伴う生理的シグナルがなくても，Ca^{2+}を放出させる機能がある．Ca^{2+}イオノフォアを作用させたときの効果が，イノシトール 1,4,5-三リン酸〔Ins(1, 4, 5)P_3〕の効果(本文参照)に類似していたことから，Ca^{2+}がIP_3が関与する細胞内シグナル伝達経路を仲介していることが示唆された．このように，錯体化学，無機化学が生化学や細胞生物学などの生命科学へ果たしてきた役割は，非常に大きい．

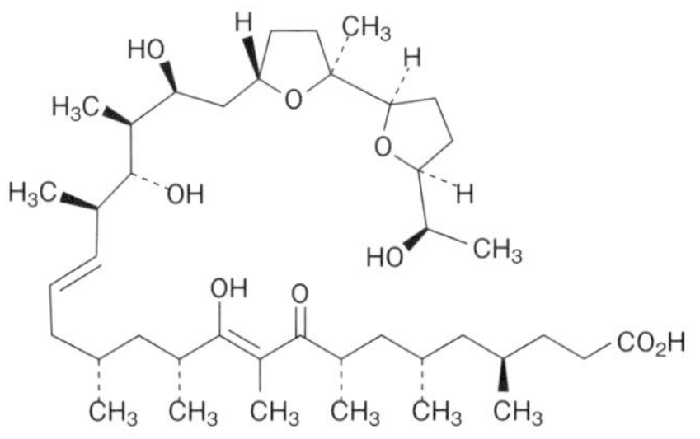

イオノマイシン(ionomycin)

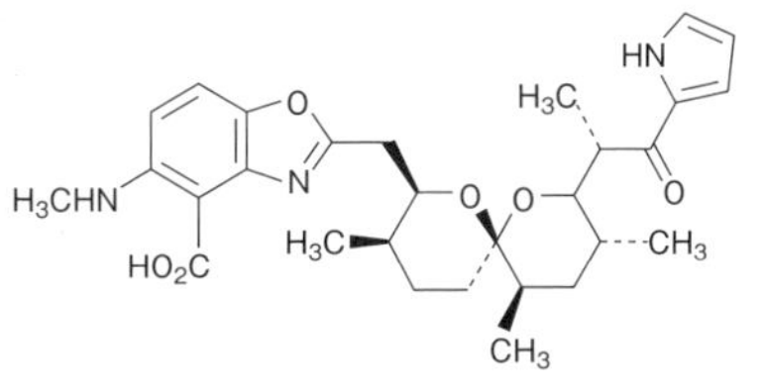

A23187

5.3.6 その他の元素

(a) モリブデン

モリブデンは人間を含むすべての生物に必須の元素であるが，必要量はごくわずかである．生体内ではタンパク質に結合したモリブデンとして存在し，

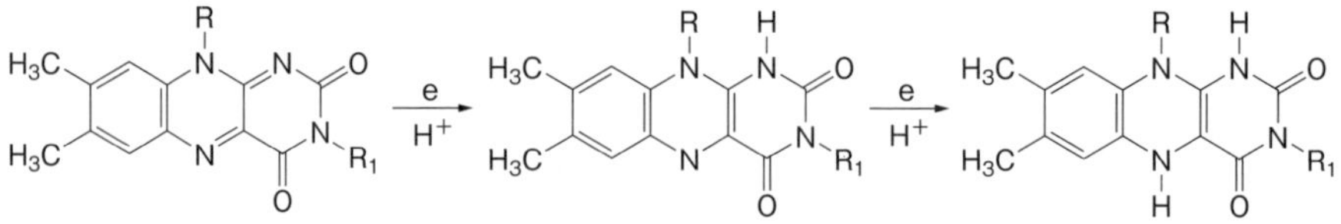

フラボキノン (F1)　フラボセミキノン　フラボヒドロキノン ($F1H_2$)

図5.20 フラビンの還元反応

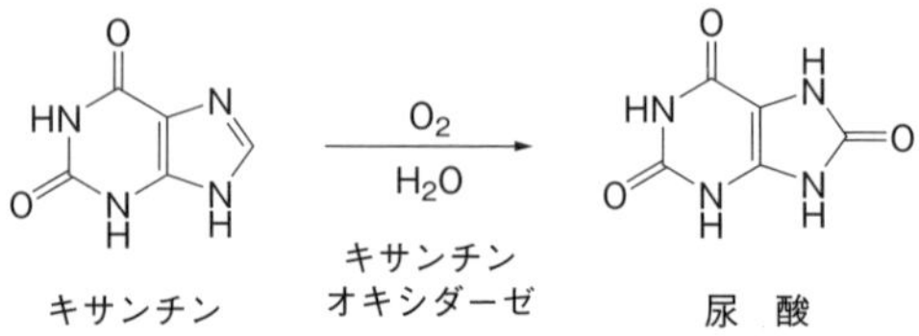

キサンチン　キサンチンオキシダーゼ　尿酸

図5.21 キサンチンオキシダーゼの触媒する反応

酸化還元反応の電子供与体としても，電子受容体としても作用する．モリブデンを含むフラビン酵素は，生体内の酸化還元反応に関与する重要なタンパク質である．一般に，フラビンを含むタンパク質は多くの脱水素反応を触媒する．フラビンは1電子または2電子還元でそれぞれセミキノンまたはヒドロキノン型になる(図5.20)．還元されたフラボヒドロキノンは2分子のMo(Ⅵ)と作用し，フラボキノンと2分子のMo(Ⅴ)になると考えられている．

キサンチンオキシダーゼは鉄–硫黄タンパク質およびFDA1分子当たり2個のモリブデン原子を含む構造をもつ．図5.21に示した反応を触媒し，尿酸合成に関与している．この酵素を阻害するアロプリノール(allopurinol)は尿酸の生合成を抑えるので，痛風治療薬として用いられる．

その他に，アルデヒドオキシダーゼ，硝酸リダクターゼの電子転移過程にもモリブデンが関与している．モリブデンはまた窒素固定でも重要な役割を果たしている．

(b) マンガン

マンガンはすべての生物に必須である．ヒトの全マンガン含量は10～20 mgと考えられ，とくに肝臓，腎臓，膵臓に多く見られる．そこではMn(Ⅱ)としてこれらの細胞のミトコンドリア中にあり，呼吸酵素のコファクターとして作用していると考えられている．これらの酵素にはペプチダーゼ，ホスファターゼ，ポリメラーゼなどがある．とくにピルビン酸カルボキシラーゼがよく研究されている．この酵素はビオチンとMg^{2+}が必要であり，ピルビン酸塩をカルボキシル化し，オキザロ酢酸の生成を触媒する(図5.22)．オキザロ酢酸は糖新生などに利用され，グルコースに変換される．

マンガンは多くの金属酵素に含まれ，非特異的に2価カチオン活性化剤として働く．RNAと相互作用があり，タンパク質合成，酸化的リン酸化，脂

$$\text{E-ビオチン} + ATP + HCO_3^- \xrightarrow{Mn^{2+}(Mg^{2+}),\ \text{アセチル CoA}} \text{E-ビオチン}-CO_2 + ADP + P$$

$$\text{E-ビオチン}-CO_2 + CH_3COCOO^- \longrightarrow \text{E-ビオチン} + HOOCCH_2COCOO^-$$

図 5.22 ピルビン酸カルボキシラーゼの反応

肪酸代謝，コレステロール合成と関係する．ヒトでは欠乏症は報告されていないが，1日必要量は3～9 mgとされている．ほかの哺乳動物では，成長阻害，骨発達の異常，生殖，炭水化物や脂質の代謝異常などがみられる．

（c）クロム

クロムは微量では必須元素の一つであるが，多量では有毒である．クロムイオン(Cr^{3+})は耐糖因子であるグルコース耐性因子(glucose tolerance factor；GTF)に含まれる．GTFはインスリンとともに血中グルコース濃度(血糖)を制御する役割を担っている．クロムは糖の利用を促進し，血糖を低下させて正常な糖代謝を維持する作用をもつ．クロムは解糖過程の第一段階でグルコース1-リン酸をグルコース6-リン酸に変換する酵素であるホスホグルコムターゼを活性化する．この酵素の活性にはMg^{2+}やその他の金属も必要とするが，クロムが最も重要で，クロムがあればMg^{2+}が存在しないときでも活性を保つことができる．その他，クロムはアルギナーゼ，ウレアーゼ，カルボキシラーゼ，ピルビン酸カルボキシラーゼなどの酵素活性を促進させる．

（d）セレン

セレンを多量に経口投与すると毒性が高いが，微量では必須微量元素である．グルタチオンペルオキシダーゼは1分子四つのサブユニットからなり，各ユニットは1原子のセレンをセレノシステイン残基のかたちで含んでいる．セレノシステインはシステインの-SHが-SeHになった構造のアミノ酸である(図5.23)．

$$HSe-CH_2-\underset{\displaystyle NH_2}{\underset{|}{C}H}-COOH$$

図 5.23 セレノシステインの構造

グルタチオンペルオキシダーゼはグルタチオンを還元剤として過酸化水素(hydrogen peroxide, H_2O_2)や有機過酸化物を還元的に分解する〔式(5.28)〕．このため赤血球の酸化的分解を防ぎ，肝臓では細胞内小器官の膜部分の不飽和脂肪酸やリン脂質の酸化を防ぐとみられる．このようにセレンは一般的に硫黄に似て，*in vitro*で抗酸化効果をもつことから，非特異的な抗酸化剤として作用し，組織，膜における過酸化を防ぐものを考えられる．

$$2\,GSH(\text{グルタチオン}) + H_2O_2 \longrightarrow GS{-}SG + H_2O \qquad (5.28)$$

ヒトについてセレン欠乏による病気として克山(こくざん)病(びょう)があり，心筋症を主とする疾患である．1935年に中国の黒竜江省克山県で多発したため，この名称がついた．死亡率の高い原因不明の奇病とされてきたが，現在では，セレン欠乏を主とする栄養障害が原因で発症すると考えられている．この地域の土地や水はセレンの含有量が少なく，食糧を自給自足しているため栄養素が偏りやすいことからセレン欠乏を招いたとされる．

章末問題

1． (a) 水素の同位体をあげて説明しなさい．
(b) 水素が取りうる酸化数をすべてあげ，それらの水素化合物と電子構造を，例をあげて説明しなさい．

2． 以下の項目(a)～(e)について，それぞれアルカリ金属(Li，Na，K，Rb)の特徴を述べなさい．
(a) 電子配置
(b) 第一イオン化エネルギーと第二イオン化エネルギー
(c) 単体の性状
(d) 単体の水との反応性
(e) アルカリ金属の水酸化物の性質

3． 以下の金属や元素の生体内における役割の代表的なものを簡潔に説明しなさい(第7章も参照)．また，これらが欠乏したり，過剰に存在するときに現れる症状を書きなさい．
(a) Na^+(欠乏症)
(b) Ca(欠乏症と過剰症)
(c) Mn(欠乏症と過剰症)
(d) Fe(欠乏症と過剰症)
(e) Co(欠乏症と過剰症)
(f) Cu(欠乏症と過剰症)
(g) Zn(欠乏症と過剰症)
(h) I(欠乏症)

4． ホウ素の水素化物の代表的なものとその構造を書きなさい(3.4.2項も参照)．

5． 炭素および酸素の同素体をあげ，その構造と性質の違いを，図をかいて説明しなさい．

6． 次の窒素化合物の構造式と名称，代表的な性質を述べなさい．
(a) NO (b) N_2O (c) HNO_3

7． 水(H_2O)の物理化学的特徴について，簡潔に説明しなさい．

8． リン酸エステルをもつ(モノエステル，ジエステル，環状エステル，ポリリン酸など)生体内分子の構造と名称を三つ以上あげ，それらの生物学的機能を簡単に説明しなさい．

9． ハロゲンについて，以下の(a)～(c)に答えなさい．
(a) I_2 は水溶液にほとんど溶けないが，KI水溶液にはよく溶ける．その理由を述べなさい．
(b) ハロゲン分子(X_2)では，原子番号が小さいほど酸化力が大きくなる．その理由を説明しなさい．
(c) 以下のオキソ酸について，太字で示したプロトンの pK_a が小さいものから並べなさい．
HClO，**H**ClO_2，**H**ClO_3，**H**ClO_4

10． 希ガス元素が，単原子分子として存在する理由を述べなさい．

11． 遷移金属とは何か，説明しなさい．

12． 金や白金は硝酸に溶けないが，王水(硝酸＋塩酸)には溶ける．その理由を推定して説明しなさい．

13． アルミニウムや亜鉛の単体，酸化物は，酸とアルカリの両方と反応する．それらが塩酸および水酸化ナトリウム水溶液に溶解するときの反応式を書きなさい．

14． 一般に，亜鉛族元素(Zn，Cd，Hg)イオン(+2価)の水溶液は無色である．その理由をこれらのイオンの電子配置をもとにして説明しなさい．

15． ランタノイド収縮，アクチノイド収縮とはどのような現象のことか，説明しなさい．また，そのようなことが起こる理由について述べなさい．

6 錯　体

❖ 本章の目標 ❖

- 代表的な錯体の名称，構造，基本的性質を学ぶ.
- 配位結合を学ぶ.
- 代表的なドナー原子，配位基，キレート試薬を学ぶ.
- 錯体の安定度定数について学ぶ.
- 錯体の安定性に与える配位子の構造的要素(キレート効果)について学ぶ.
- 錯体の反応性について学ぶ.
- 医薬品として用いられる代表的な錯体を学ぶ.

6.1 錯　体

6.1.1 配位化合物

19 世紀中ごろまでに，コバルト，クロム，白金のイオンとアンモニアからなるさまざまな色の化合物が発見された．これらの化合物がどのような結合によってできているのかは不明であり，このような化合物は**複合塩**(complex salt)とよばれていた.

初期のころに知られていたコバルト(Ⅲ)イオンのアンモニア塩には固有の色があり，それぞれ固有の名前がついていた(表 6.1)．また，これらのコバルト化合物に $AgNO_3$ を加えたときに沈殿として生じる AgCl のモル数が,

表 6.1　コバルト(Ⅲ)のアンモニア塩

組成式	色	錯体名	Co 化合物 1 モルに $AgNO_3$ を添加したときに生じる AgCl
$CoCl_3 \cdot 6NH_3$	黄	ルテオ塩	3 モル
$CoCl_3 \cdot 5NH_3$	紫	プルプレオ塩	2 モル
$CoCl_3 \cdot 4NH_3$	緑	プラセオ塩	1 モル
$CoCl_3 \cdot 4NH_3$	すみれ	ビオレオ塩	1 モル

	Jørgensen の考案した構造	Werner の考案した構造
ルテオ塩	NH_3–Cl Co^{3+}—NH_3–NH_3–NH_3–NH_3–Cl NH_3–Cl	第 1 結合 Cl^- NH_3 H_3N NH_3 Cl^- Co^{3+} H_3N NH_3 NH_3 第 2 結合 Cl^-
プルプレオ塩	Cl Co^{3+}—NH_3–NH_3–NH_3–NH_3–Cl NH_3–Cl	Cl^- H_3N NH_3 Cl^- Co^{3+} H_3N NH_3 NH_3 Cl^-
プラセオ塩	Cl Co^{3+}—NH_3–NH_3–NH_3–NH_3–Cl Cl	Cl^- H_3N NH_3 Cl^- Co^{3+} H_3N NH_3 Cl^-

図 6.1 Jørgensen の考案したコバルト(Ⅲ)錯体(鎖状説)と Werner の考案したコバルト(Ⅲ)錯体(配位説)

ルテオ塩では 3 モル，プルプレオ塩では 2 モル，プラセオ塩では 1 モルであるという違いが観察された．

19 世紀，C. W. Blomstrand(ブロムストランド)や S. M. Jørgensen(ヨルゲンセン)は，このような反応性をもつ化合物のかたちとして，図 6.1 左のような構造を考案した．これは，有機化合物の鎖状構造(—CH_2—CH_2—)と同様，アンモニアが—NH_3—NH_3—NH_3—と連結しているとする鎖状説であった．ルテオ塩では，三つの Cl アニオンが NH_3 基に結合しており，Ag イオンと反応した結果，AgCl として沈殿する．プルプレオ塩やプラセオ塩では Co イオンに直接結合した Cl は反応しないため，沈殿する AgCl の量が少なくなると説明された．

6.1.2 ウェルナーの配位説

一方，A. Werner(ウェルナー)は次の仮説に基づく配位説を 1893 年に提唱した(図 6.1 右)．

(ⅰ) 金属アンモニア化合物は次のような 2 種類に分けることができる．

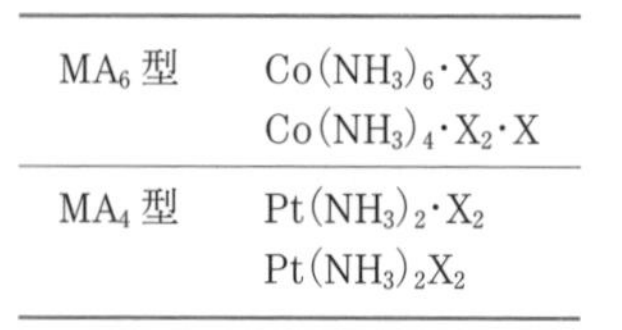

MA_6 型	$Co(NH_3)_6 \cdot X_3$ $Co(NH_3)_4 \cdot X_2 \cdot X$
MA_4 型	$Pt(NH_3)_2 \cdot X_2$ $Pt(NH_3)_2X_2$

A. Werner
(1866-1919)，スイスの化学者．1913 年ノーベル化学賞受賞．

(ⅱ) ほとんどの元素には 2 種類の結合型(valence)，第 1 結合型と第 2 結合型がある．第 1 結合型は現在電荷数(酸化数)とよばれるもの

(Co の +3 価)，第 2 結合は，現在配位結合とよばれているものである(Co^{3+} では配位数 6)(図 6.1 右).

(iii) これらの化合物中では，第 1 結合と第 2 結合が共存できる.

(iv) 第 2 結合には方向性がある.

これらをルテオ塩に適用すると，Co(Ⅲ)の第 2 結合は六つの配位子 NH_3 によって生成され，正八面体構造を形成する．このとき Co(Ⅲ)は飽和状態にあると考えられる．三つの Cl^- は Co(Ⅲ)と結合力の弱い第 1 結合を形成しているため，Ag^+ と反応して 3 モルの AgCl を与える．プルプレオ塩では，二つの Cl^- が第 1 結合を形成し，Ag^+ と反応する 2 モルの AgCl が生成する．また，白金の錯塩[$PtCl_2(NH_3)_2$](シスプラチン)については，図 6.2 のような平面四配位(正方形)構造が考えられ，のちに証明された.

シスプラチン〔*cis*-ジクロロジアンミン白金(Ⅱ)錯体〕
Pt(Ⅱ)イオンに 2 分子の NH_3 と二つの Cl^- イオンが配位した錯体．DNA 中で隣接する二つのグアノシンを架橋し，DNA の構造を変化させ，抗がん作用を発揮する(詳細は 7.4.1 項参照).

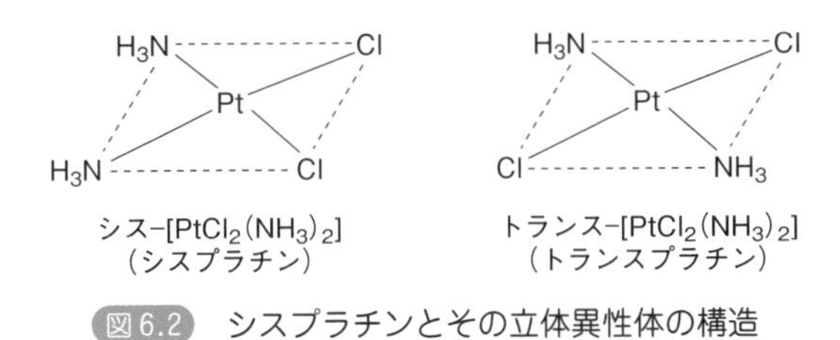

図 6.2　シスプラチンとその立体異性体の構造

6.1.3　配位結合

SBO 錯体・キレート生成平衡について説明できる.

上述の Co(Ⅲ)化合物において，Cl^-，NH_3，H_2O には非共有電子対があり，これらは電子対を金属カチオンに供与することによって結合を生成する．このように，片方の原子から電子対が供給される結合を**配位結合**(coordination bond)とよび，電子対を与えるほうを**供与体**(donor)という．電子対を受け取るほうを**受容体**(acceptor)とよび，それが金属イオンである場合，この化合物を金属錯体，電子対の供与体(分子，イオン)を**配位子**(ligand)という．一般的には，配位結合は金属イオンの d 軌道と配位子の s，p 軌道との重なりによって生成する．また，金属と炭素が直接結合した化合物を有機金属錯体(有機金属化合物)，金属と炭素以外の元素(酸素，窒素，リンなど)が結合した化合物を無機金属錯体とよぶ.

6.1.4　配位数と錯体の形

SBO 代表的な錯体の名称，構造，基本的な性質を説明できる.

錯体の中心金属イオンに配位結合している原子の総数を配位数とよぶ．配位数は一般的には金属イオンの種類と酸化数によって決まるが，配位する分子(配位子)の種類によっても変化する．これまでに配位数が 2 〜12 である化合物が知られており，代表的な配位構造を表 6.2 にあげる.

表6.2 代表的な錯体の形

配位数	立体配置	例	おもな金属イオン
2	直線構造 (linear)	$[Ag(NH_3)_2]^+$	Ag(Ⅰ), Hg(Ⅱ), Cu(Ⅰ)
4	正方形構造 (square planar)	$[Pt(NH_3)_4]^{2+}$	Ni(Ⅱ), Pd(Ⅱ), Pt(Ⅱ), Cu(Ⅱ), Au(Ⅲ)
4	四面体構造 (tetrahedral)	$[Zn(NH_3)_4]^{2+}$	Co(Ⅱ), Zn(Ⅱ)
5	三方両錐 (trigonal bipyramidal)	$[Fe(CO)_5]$	Fe(0), Cu(Ⅱ)
5	正方錐 (square pyramidal)	$[VO(H_2O)_4]^{2+}$	V(Ⅱ)
6	正八面体 (octahedral)	$[Co(NH_3)_6]^{3+}$	Al(Ⅲ), Cr(Ⅲ), Mn(Ⅱ), Mn(Ⅲ), Fe(Ⅱ), Fe(Ⅲ), Co(Ⅱ), Ni(Ⅱ), Pt(Ⅳ)

実線は配位結合を，点線は錯体の形を表す．

6.1.5 配 位 子

代表的な配位子を図6.3に示す．1組の非共有電子対で金属イオンに結合する配位子を**単座配位子**(monodentate ligand)，2組の非共有電子対で配位するものを**二座配位子**(bidentate ligand)とよぶ．単座配位子として，ヒドロキソイオン(OH^-)，アンモニア(NH_3)，カルボン酸アニオン(RCO_2^-)，F^-，Cl^-，Br^-，I^- などのハロゲンアニオン，シアン化物アニオン(CN^-)，ホスフィン(PR_3)をあげることができる．

また，金属イオンへの配位に3組，4組，6組の非共有電子対を使うものを**三座配位子**(tridentate ligand)，**四座配位子**(tetradentate ligand)，**六座配位子**(hexadentate ligand)という．二座以上の配位子を多座配位子とよぶ．

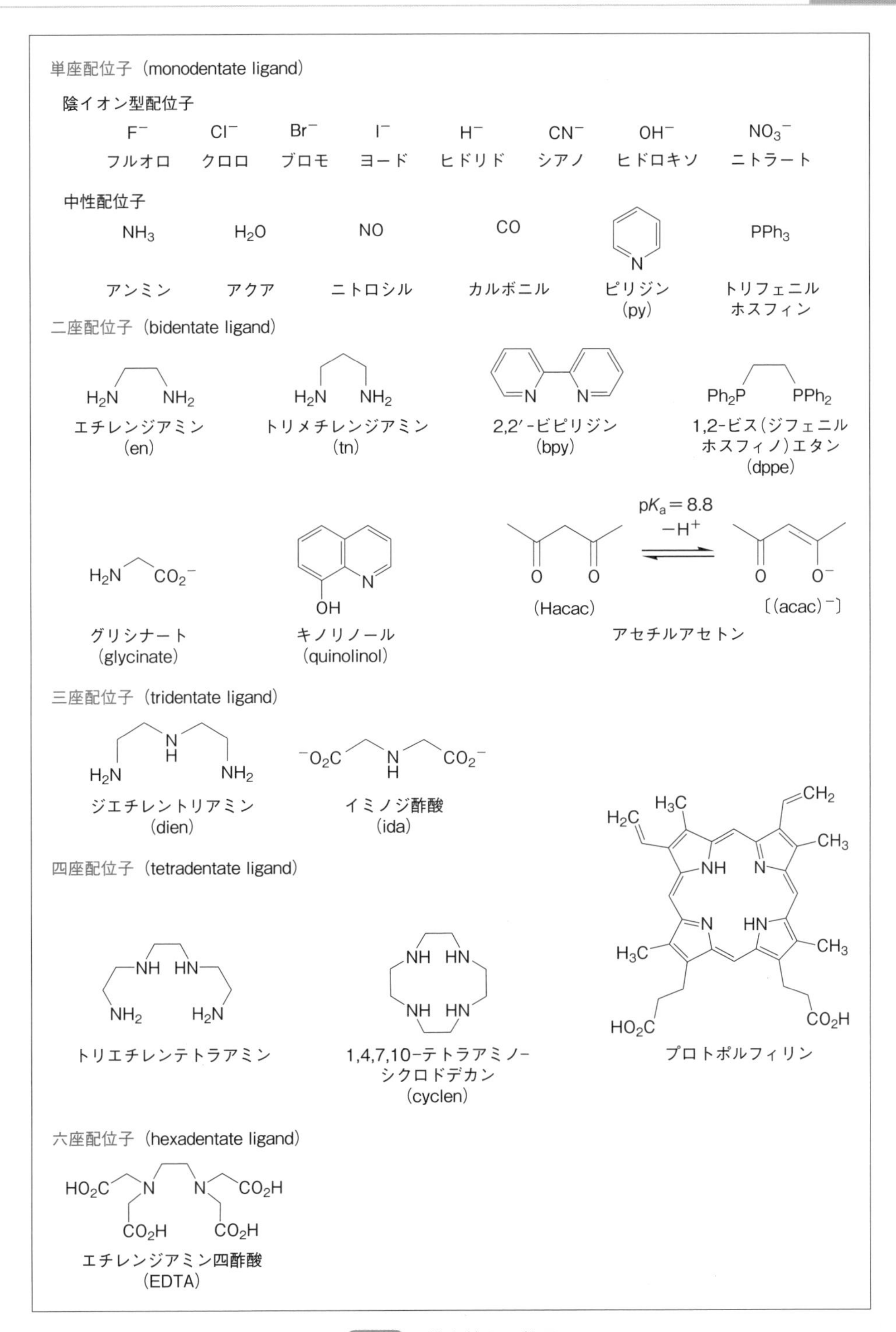

単座配位子（monodentate ligand）
陰イオン型配位子
F⁻ フルオロ
Cl⁻ クロロ
Br⁻ ブロモ
I⁻ ヨード
H⁻ ヒドリド
CN⁻ シアノ
OH⁻ ヒドロキソ
NO3⁻ ニトラート
中性配位子
NH3 アンミン
H2O アクア
NO ニトロシル
CO カルボニル
ピリジン (py)
PPh3 トリフェニルホスフィン
二座配位子（bidentate ligand）
エチレンジアミン (en)
トリメチレンジアミン (tn)
2,2′-ビピリジン (bpy)
1,2-ビス(ジフェニルホスフィノ)エタン (dppe)
グリシナート (glycinate)
キノリノール (quinolinol)
pKa = 8.8
−H⁺
(Hacac)
〔(acac)⁻〕
アセチルアセトン
三座配位子（tridentate ligand）
ジエチレントリアミン (dien)
イミノジ酢酸 (ida)
四座配位子（tetradentate ligand）
トリエチレンテトラアミン
1,4,7,10-テトラアミノ-シクロドデカン (cyclen)
プロトポルフィリン
六座配位子（hexadentate ligand）
エチレンジアミン四酢酸 (EDTA)

図6.3　代表的な配位子

多座配位子が金属イオンを挟むように配位すると，その配位子と金属イオンを含む環が生成する．このように，1分子で金属イオンの二つ以上の配位座を満たすことができる配位子をキレート剤(またはキレート試薬)といい，そのような錯体を**金属キレート化合物**(metal chelate compound)という．「キレート」とは，ギリシャ語でカニのはさみ(*chela*)を意味する言葉である．

6.1.6 錯体の命名法

錯体の化学式は，中心金属またはイオンと配位子を[ ]で囲むことで示し，名称は，配位子の数，配位子の名称，中心金属イオンの名称，その酸化数を( )内に記載する．たとえば，上述のルテオ塩($CoCl_3 \cdot 6NH_3$)やプルプレオ塩($CoCl_3 \cdot 5NH_3$)は，それぞれ$[Co(NH_3)_6]Cl_3$および$[CoCl(NH_3)_5]Cl_2$と表記され，ヘキサアンミンコバルト(Ⅲ)塩化物〔hexaamminecobalt(Ⅲ) chloride〕およびペンタアンミンクロロコバルト(Ⅲ)塩化物〔pentaammine-chlorocobalt(Ⅲ) chloride〕とよばれる．その他，以下のような取り決めがある．

(i) 陰イオン性の配位子は，原則として語尾に-oをつける．
【例】 Cl^- = chloro(クロロ)，$CH_3CO_2^-$ = acetato(アセタト)，$(acac)^-$ = acetylacetonato(アセチルアセトナト)，

(ii) 中性の配位子はそのままの名称で記する．
【例】 $H_2N(CH_2)_2NH_2$ = ethylenediamine(エチレンジアミン)，bipyridine(ビピリジン)

(iii) 中性配位子のうち，アンモニアはammine(アンミン)，H_2Oはaqua(アクア)とよぶ．

(iv) 陽イオンの配位子は語尾に-iumをつける(まれである)．
【例】 $NH_2\text{-}NH_3^+$
hydrazine(ヒドラジン)→hydrazinium(ヒドラジニウム)

(v) 化学式は以下の順番に並べる．
中心金属-陰イオン性配位子-陽イオン性配位子-中性配位子

(vi) 錯体は[ ]で囲み，そのなかが陰イオンの場合には，語尾に-ate(酸塩)をつける．
【例】 $K_2[PdCl_4]$ potassium tetrachloropalladate(Ⅱ)〔テトラクロロパラジウム(Ⅱ)酸カリウム〕

(vii) 中心金属の酸化数をローマ数字(Ⅰ，Ⅱ，Ⅲなど)で表記する．

(viii) 複数の配位子を含む場合，表6.3に示すような数詞をつける．また，表6.4に代表的な錯体の化学式と名称を示す．

COLUMN　命名に用いられる数詞

IUPAC(International Union of Pure and Applied Chemistry，国際純正および応用化学連合)1990年規則によれば，分子中に含まれる成分の比などを表す数詞としては，ギリシャ語の数詞を用いることになっている．ただし，1970年規則ではラテン語系統の倍数接頭語である，uni-(1)，bi-(2)，ter-(3)，quadri-(4)，quinque-(5)，sexi-(6)，septi-(7)，octi-(8)，novi-(9)，deci-(10)などを使う場合が認められた(たとえば,-valent, dent などの前につける)．IUPAC1990年規則にはギリシャ語系統の倍数接頭語を使用するよう統一されたが，上記のラテン語系統の接頭語は現在でもよく用いられる．ただし，ギリシャ語系統とラテン語系統を同時に使うことは避けなければならない．

表 6.3　錯体の命名に用いられる数詞

数	A	B
1	mono(モノ)	mono(モノ)
2	di(ジ)	bis(ビス)
3	tri(トリ)	tris(トリス)
4	tetra(テトラ)	tetrakis(テトラキス)
5	penta(ペンタ)	pentakis(ペンタキス)
6	hexa(ヘキサ)	hexakis(ヘキサキス)
7	hepta(ヘプタ)	heptakis(ヘプタキス)
8	octa(オクタ)	octakis(オクタキス)

表 6.4　代表的な錯体の化学式と名称

化学式	名称(英語，日本語)
$Na[Ag(CN)_2]$	sodium dicyanoargentate(Ⅰ) ジシアノ銀(Ⅰ)酸ナトリウム
$[Cu(gly)_2]$	bis(glycinato)copper(Ⅱ) ビス(グリシナト)銅(Ⅱ)
$[Co(NH_3)_6]Cl_3$	hexaamminecobalt(Ⅲ)chloride ヘキサアンミンコバルト(Ⅲ)塩化物
$[CoCl(NH_3)_5]Cl_2$	pentaamminechlorocobalt(Ⅲ)chloride ペンタアンミンクロロコバルト(Ⅲ)塩化物
$[PtCl_2(NH_3)_2]$	diamminedichloroplatinum(Ⅱ) ジアンミンジクロロ白金
$K_4[Fe(CN)_6]$	potassium hexacyanoferrate(Ⅱ) ヘキサシアノ鉄(Ⅱ)酸カリウム
$[Fe(bpy)_3]Cl_2$	tris(bipyridine)iron(Ⅱ)chloride トリスビピリジン鉄(Ⅱ)塩化物
$K_2[PtCl_4]$	potassium tetrachloroplatinate(Ⅱ) テトラクロロ白金酸(Ⅱ)カリウム
$Na_2[Ca(edta)]$	disodium(ethylenediaminetetraacetato)calcite(Ⅱ) エチレンジアミンテトラアセタトカルシウム(Ⅱ)酸二ナトリウム
$RhCl(PPh_3)_3$	chlorotris(triphenylphosphine)rhodium(Ⅰ) クロロトリストリフェニルホスフィンロジウム(Ⅰ)

分子に含まれる成分の比などを表す数詞としては，表6.3Aのようなギリシャ語系統の倍数接頭語を用いる(IUPAC1990年規則による)．成分の名称が数詞で始まるとき，配位子の名称が長いとき，あるいは混乱を避ける場合に，表6.3Bに記載された接頭語を用いることがある．

6.1.7　錯体の幾何異性体と鏡像異性体

SBO 医薬品として用いられる代表的な無機化合物，および錯体を列挙できる．

中心金属イオンと配位子の組成が同じで，配位子の空間的配置が異なるものを幾何異性体とよぶ．異性体どうしでは物理的および化学的性質が異なる．

図 6.2 に示した平面 4 配位（正方形）構造の $Pt(NH_3)_2Cl_2$ については，**シス**（*cis*）異性体と**トランス**（*trans*）異性体が存在する．前者はシスプラチンとよばれ，抗がん剤として臨床で使われているが，後者の抗がん活性は低いことが知られている．

6 配位八面体型錯体の光学活性体の分割を行ったのは Werner であり，*cis*-$[Co(\mathrm{III})Cl(NH_3)en_2]X_2$ と *cis*-$[Co(\mathrm{III})Br(NH_3)en_2]X_2$ の光学分割に成功した．図 6.4 には，6 配位正八面体型錯体の代表例である $[Co(en)_3]$ の構造を示す．この錯体中の Co イオンと配位子である en には不斉中心が存在しないが，錯体生成時にキラリティーが発生し，図 6.4 に示すような鏡像異性体（エナンチオマー）が生成する．通常，有機化合物の不斉炭素の絶対配置は記号 *R* および *S* で表示するが，このかたちの錯体の場合には，記号 Δ（デルタ）および Λ（ラムダ）を用いる．

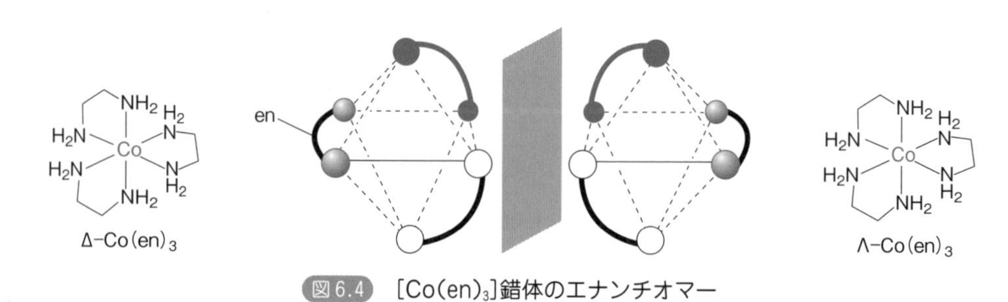

図 6.4　$[Co(en)_3]$錯体のエナンチオマー

6.2　錯体の配位結合に関する理論

6.2.1　結晶場理論

多くの錯体は色をもつという特徴をもち，その理由は結晶場理論によってよく説明できる．結晶場理論では，配位子を負の電荷と見なす．金属イオンのもつ五つの d 軌道のエネルギー準位は，同じ（縮重しているという）であるが，配位子の負電荷との静電的反発によって分裂すると仮定する．配位子と向かい合うことによってエネルギーが増大（不安定化）する d 軌道と，配位子と向かい合わないために相対的に不安定化が少ない d 軌道の 2 種類とに分かれる（図 6.5）．6 配位八面体型錯体においては，六つの点電荷と d_{z^2} 軌道，$d_{x^2-y^2}$ 軌道（これらを e_g 軌道とよぶ）のあいだに負電荷どうしの反発が生じ，これら二つの d 軌道は不安定化する．一方，d_{xy}，d_{yz}，d_{zx} 軌道（これらを t_{2g} 軌道とよぶ）は配位子との重なりが小さく，それほど不安定化が起こらないため，相対的に安定な軌道となり，これを軌道の分裂とよぶ（図 6.6，図 6.7）．この軌道の分裂幅を結晶場分裂エネルギー（Δ_o，o は octahedral の略）とよぶ．

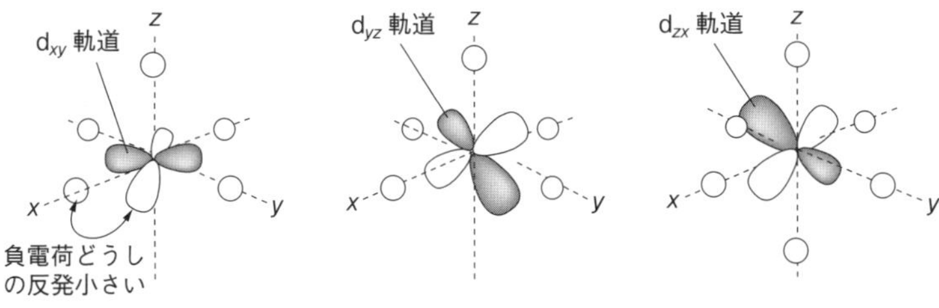

図6.5 6配位八面体型錯体におけるd電子と配位子のあいだの相互作用

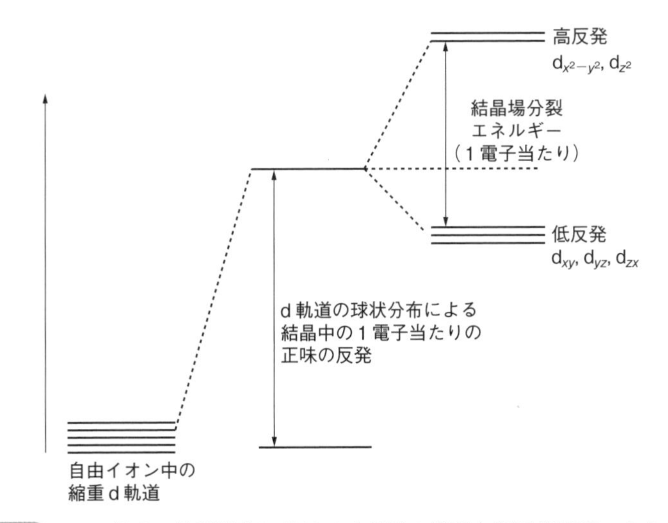

図6.6 6配位八面体型錯体におけるd軌道の分裂と結晶場分裂エネルギー

d電子が分裂した軌道に収容されるとき，次のルールに従うと考える．

（i）一つの軌道にはスピンの方向が異なる二つの電子が収容される（パウリの排他原理）．

（ii）同じエネルギー準位に電子が収容されるとき，異なる軌道へスピンが同じ向きになるように収容される（フントの規則）．

図6.7に8配位型錯体においてd電子がどのように収容されるかを示す．d電子は t_{2g} 軌道から優先的に収容される．Ti^{3+} イオンは3d電子を1個もち，その電子はエネルギー準位の低い t_{2g} 軌道に収容される．Ti^{3+} の水溶液に光

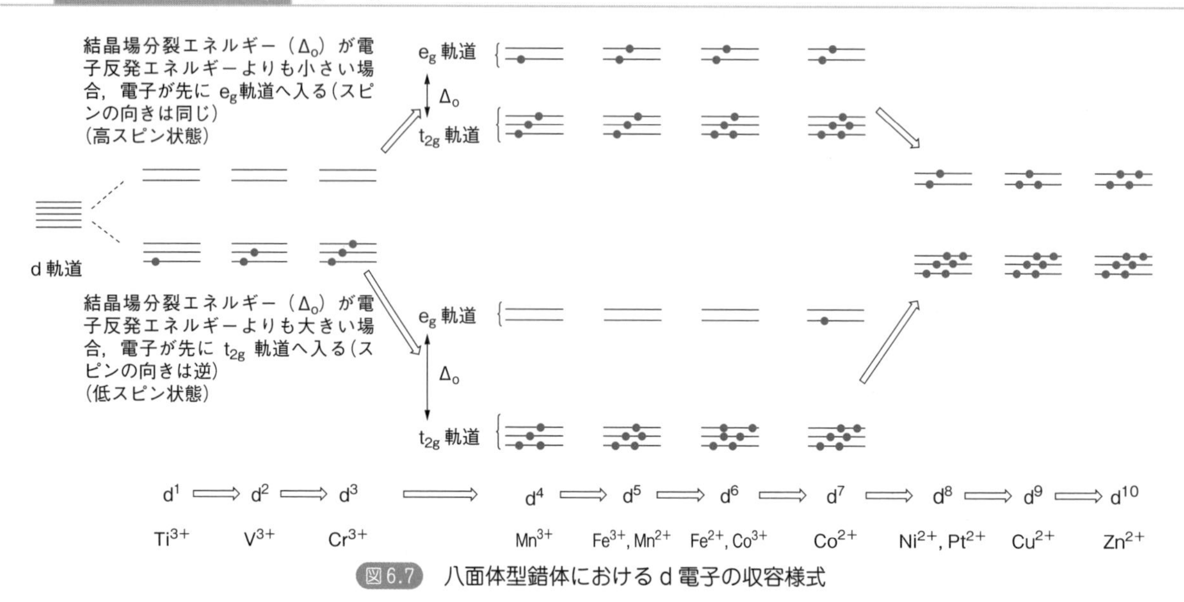

図6.7 八面体型錯体における d 電子の収容様式

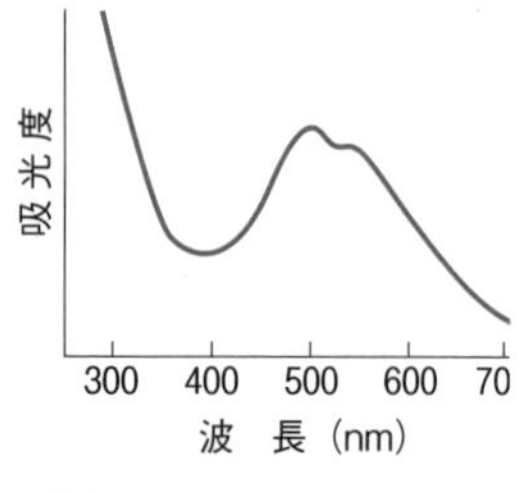

図6.8 $[Ti(H_2O)_6]^{3+}$ の d-d 吸収帯

補 色
色の分類（約 400〜640 nm）を円形で示したものをカラーサークル（色円）とよぶ．カラーサークル中で，中心を挟んで向かい合う一対の単色を混合すると，人間の目には白色と認識される．このような一対の色を補色とよぶ．

を照射すると，その電子が t_{2g} 軌道と e_g 軌道のエネルギー差（Δ_o）に相当する波長の光を吸収し，e_g 軌道へ励起される（d-d 遷移）．この Δ_o 値が Ti^{3+} の水溶液の可視吸収スペクトル上の波長 500 nm（波数で表すと 20,000 cm^{-1}）付近の吸収極大に相当する（図 6.8）．したがって，Ti^{3+} の水溶液は 500 nm 付近（緑色）の光を吸収するため，その補色に相当する赤紫色がその水溶液の色としてわれわれの目に入るのである．

また，3 d 電子が 4 個（Mn^{3+}），5 個（Fe^{3+}，Mn^{2+}），6 個（Fe^{2+}，Co^{3+}），7 個（Co^{2+}）の場合，2 種類の電子配置が発生する（図 6.7）．t_{2g} 軌道と e_g 軌道のエネルギー差（Δ_o）が電子反発エネルギーよりも小さい場合には，4 個目の d 電子は t_{2g} 軌道中で対をつくるよりも，スピンの方向を同じにして e_g 軌道へ入ることを選択する．このような錯体を高スピン錯体とよぶ．一方，Δ_o が電子反発エネルギーよりも大きい場合には，4 個目の d 電子は t_{2g} 軌道中で対（スピンの方向は逆）をつくって収容される．これを低スピン錯体とよぶ．高スピン錯体と低スピン錯体の差は相対的なものである．

6.2.2 分光化学系列

中心金属イオンが同じでも，配位子によって色が異なる場合が多く，表 6.1 に示した Co(Ⅲ)錯体はその代表例である．溶液の色が異なって見えるのは，配位子によって可視吸収スペクトルが異なるためである．つまり図 6.7 に示した Δ_o が配位子によって異なり，Δ_o が大きいと短波長，Δ_o が小さいと長波長の光が吸収されると考えられる．この結晶場分裂を起こす能力の小さいものから順番に並べたものが，分光化学系列（図 6.9）である．強い配位子場をもつ配位子では，共有結合性が大きいと考えられる．

$I^- < Br^- < Cl^- < F^- < HO^- < H_2O < NCS^- < NH_3 < NO_2^- < CN^-$

図6.9 分光化学系列

6.3 錯体生成の平衡

6.3.1 錯体の安定度定数

SBO 錯体の安定度定数について説明できる.

錯体化学では,溶液中の平衡や反応性が重要である.まず,配位子(L)が金属イオン(M^{n+})と金属錯体(ML)を生成するときの平衡反応式(6.1)を考えてみよう(v, v' はそれぞれ ML の生成速度と解離速度).この平衡定数(K_{ML})は式(6.2)で表され($[M^{n+}]$, $[L]$, $[ML]$はそれぞれ M^{n+}, L, ML の濃度),K_{ML} が大きいほど錯体 ML の量が多いことを意味する.一般に K_{ML} は溶媒や温度に依存し,濃度には依存しない.ただし,水を含む溶液中の反応で,平衡にプロトン(H^+)の解離が伴う場合は後で述べる.

$$M^{n+} + L \underset{v'}{\overset{v}{\rightleftharpoons}} ML \tag{6.1}$$

$$K_{ML} = \frac{[ML]}{[M^{n+}][L]} \tag{6.2}$$

$$\Delta G = -RT\ln K_{ML} = \Delta G^{\ddagger} - \Delta G^{\ddagger\prime} \tag{6.3}$$

また,平衡定数(K_{ML})と錯体生成に伴う自由エネルギー変化(ΔG)(錯体生成および解離反応の活性化自由エネルギー,それぞれ $\Delta G^{\ddagger}$ と $\Delta G^{\ddagger\prime}$ は図 6.10 のように示される)のあいだには式(6.3)の関係が成り立ち,ΔG の値が負で,その絶対値が大きいほど錯体 ML は熱力学的に安定(K_{ML} が大きい)である.

何段階かの平衡反応が存在する場合,たとえば M^{n+} が 2 分子以上の L と錯体 ML_n を生成するとき,式(6.4)から式(6.6)で定義される $K_{(ML)1}$, $K_{(ML)2}$, …を逐次生成定数とよび,一般には $K_{(ML)1} > K_{(ML)2} > K_{(ML)3} \cdots > K_{(ML)n}$ である.すべての逐次生成定数の積を,全生成定数 β という〔(式 6.7)〕*.

＊荻中 淳 編,〈ベーシック薬学教科書シリーズ〉『分析化学(第 2 版)』の p.51~54 を参照.

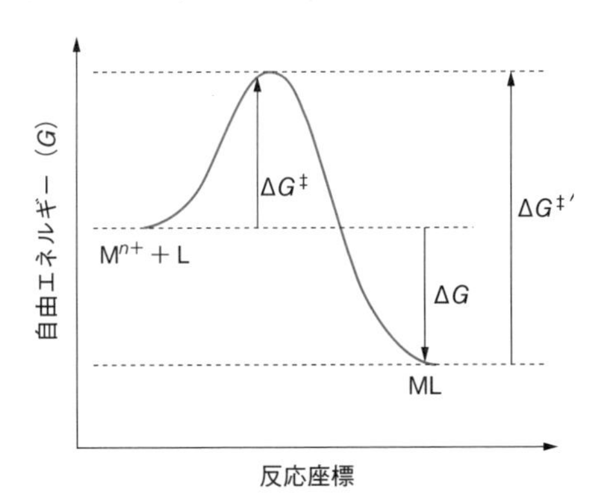

図6.10 錯体生成に伴う自由エネルギーの変化

$$M^{n+} + L \rightleftharpoons ML \qquad K_{(ML)1} = \frac{[ML]}{[M^{n+}][L]} \tag{6.4}$$

$$ML + L \rightleftharpoons ML_2 \qquad K_{(ML)2} = \frac{[ML_2]}{[ML][L]} \tag{6.5}$$

$$\vdots$$

$$ML_{(n-1)} + L \rightleftharpoons ML_n \qquad K_{(ML)n} = \frac{[ML_n]}{[ML_{(n-1)}][L]} \tag{6.6}$$

$$\beta = K_{(ML)1} \times K_{(ML)2} \times K_{(ML)3} \times \cdots \times K_{(ML)n} \tag{6.7}$$

次に，水溶液(または水を含む溶液)中などで，平衡にプロトン(H^+)の解離が伴う場合を考える．リガンド(L)のプロトンの解離定数(K_a)は式(6.8)のように定義される．たとえばアンモニア(NH_3)は水溶液中でアンモニウムイオン($NH_4{}^+$)と平衡がある($pK_a = -\log K_a = 9.0$)．また，酢酸($pK_a = 4.8$)やアセチルアセトン(Hacac)($pK_a = 8.8$)は，水素イオン(H^+)が解離したアニオン〔$MeCO_2{}^-$ および$(acac)^-$〕になることによって，金属イオン(M^{n+})へ配位可能となる．したがって，M^{n+} との錯体(ML)生成は H^+ と競合する〔L ＝ NH_3 または$(acac)^-$〕．

以上のことから，錯体安定度定数には式(6.9)と式(6.10)の２通りの定義が可能である．式(6.8)および式(6.9)で定義される真の錯体安定度定数(K)は pH($[H^+]$)に左右されない値である．一方，式(6.10)と式(6.11)で表す見かけの安定度定数(条件安定度定数)(K_{app})は，プロトン化されているために M^{n+} と錯体を生成しない配位子の濃度を考慮した値であり，pH($[H^+]$)によって変化する(一般に，pH が低いと，つまり$[H^+]$が大きいと K_{app} は小さい)．一般に，見かけの安定度定数(K_{app})は真の錯体安定度定数(K)よりも小さい．実際には，K や K_{app} はその対数値($\log K$ または $\log K_{app}$)で表すことが多い．さらに，K_{app} の逆数 $1/K_{app}$ が錯体の解離定数 K_d として表される(式6.12)．M^{n+} は水溶液中で水分子が周囲にあるアコイオンとして存在し，アコイオンのプロトン解離の平衡反応も存在するが，ここでは省略する．

アコイオン(水和イオン)

Mg^{2+}，Zn^{2+}，Fe^{3+} などと表記される金属イオンは，水溶液中では金属イオン単独ではなく，その周囲を水(H_2O)分子が取り囲むかたちで存在している(これを水和とよぶ)．したがって，上記の金属イオンは，$[Mg(OH_2)_6]^{2+}$，$[Zn(OH_2)_4]^{2+}$，$[Fe(OH_2)_6]^{3+}$などと表現する方が実体を表している．このようなイオンをアコイオン(aquo ion)または水和イオンという．

金属イオンと，それと相互作用する水分子間の結合の性質や強さ，金属イオンを取り囲む水分子の数は，金属イオンの性質によって異なる．水溶液中において，ほとんどの金属イオンはアコイオンとして存在しており，一団となって挙動する．このような水分子を，配位水とよぶ．

$$HL \rightleftharpoons L + H^+ \qquad K_a = \frac{[L][H^+]}{[LH]} \tag{6.8}$$

$$\text{真の錯体安定度数}(K) = \frac{[ML]}{[M^{n+}][L]} \quad (L/mol) \tag{6.9}$$

$$\text{見かけの錯体安定度定数（条件錯体安定度数）} \; K_{app} = \frac{[ML]}{[M^{n+}][L]_{free}} \quad (L/mol) \tag{6.10}$$

$$[L]_{free} = [L] + [HL] + \cdots + [H_nL] \quad (mol/L) \tag{6.11}$$

$$\text{解離定数}(K_d) = 1/K_{app} \tag{6.12}$$

6.3.2 錯体の安定度に与える配位子の構造的要素(キレート効果)

SBO 錯体の安定性に与える配位子の構造的要素(キレート効果)について説明できる.

配位子が二つ以上ある(つまり二座以上の)多座配位子は，一般に単座配位子よりも安定な錯体を生成する．たとえば，ビス(エチレンジアミン)銅(Ⅱ)錯体$[Cu(en)_2]^{2+}$の全生成定数は$\beta = 10^{20.0}$($\log \beta = 20.0$)であり，テトラアンミン銅(Ⅱ)錯体$[Cu(NH_3)_4]^{2+}$のβ〔$= 10^{12.6}$($\log \beta = 12.6$)〕より10^7以上大きい．このような安定化を**キレート効果**(chelate effect)という.

このように，錯体の安定性には金属イオンの性質のほか，配位子の構造(ドナー原子の種類と数)なども大きく影響する．配位子の構造的要素としては，(ⅰ)キレート環の大きさ，(ⅱ)キレート環の数，(ⅲ)配位子のもつ置換基の影響，(ⅳ)ドナー原子の立体的配置，(ⅴ)共鳴効果，などをあげることができる.

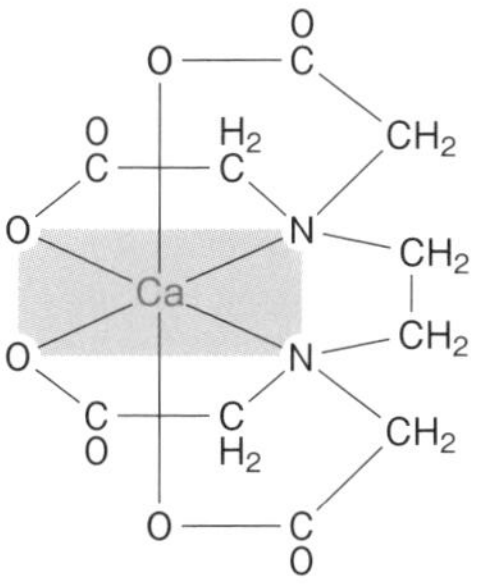

EDTA と Ca^{2+}とのキレート化合物

二座キレート配位子による錯体の安定性に関しては，ドナー原子の種類に関係なく，一般的に三員環 < 四員環 < 五員環 > 六員環という関係がある．これは，キレート環の歪みの違いに基づいている．さらに，キレート構造の安定性については，二座 < 三座 < 四座 < 五座 < 六座配位子となり，通常配位数の多い配位子のほうが安定な錯体を生成する.

EDTA(ethylenediamine-*N*,*N*,*N'*,*N'*-tetraacetic acid)は血液の凝固防止剤として用いられる六座配位子であり，血液凝固因子の一つであるCa^{2+}と安定な錯体を生成することによってその薬理作用を発揮する．また，いろいろな金属イオンを分析するためのキレート滴定，蛍光団を有するEDTA誘導体が細胞内Ca^{2+}濃度を測定する蛍光センサー(プローブ)として汎用されている(第5章p. 150のAdvanced参照).

生体内の金属イオンの多くはタンパク質や酵素など生体分子とキレート化合物を生成している．血液の赤い色は血色素タンパク質であるヘモグロビン中のヘム部分，Fe(Ⅱ)-ポルフィリン錯体の色であり，葉緑素の緑色はMg(Ⅱ)-ポルフィリン錯体の色である.

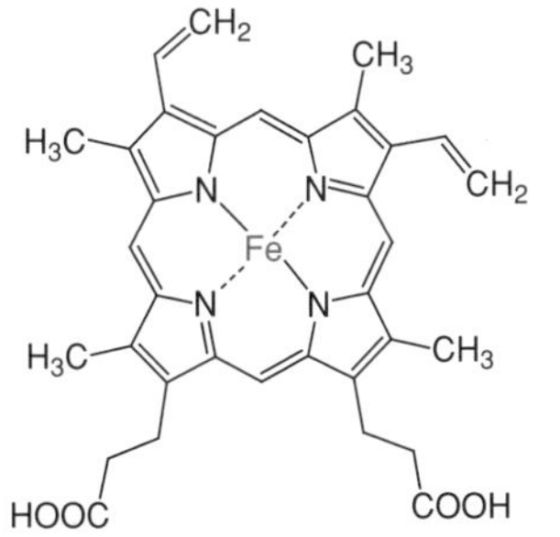

ヘモグロビン

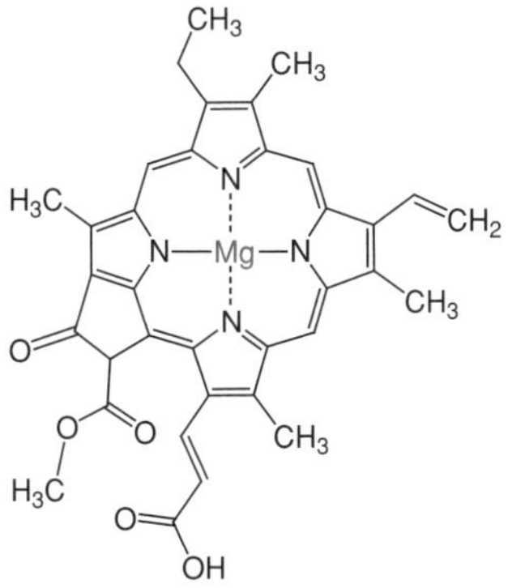

クロロフィル *c*1

6.3.3 環状配位子

C. J. Pedersen
(1904-1989)，アメリカの化学者．1987年ノーベル化学賞受賞．

1967年，C. J. Pedersen(ペダーセン)によって18-クラウン-6(1,4,7,10,13,16-ヘキサオキサシクロオクタデカン)をはじめとするクラウンエーテルが発見され，有機化学に新たな分野が開拓された(図6.10)．クラウンエーテルと金属イオンとの錯体の**化学量論**(stoichiometry)や安定性には，その内孔径と金属イオンの直径が大きく影響する．たとえば2.6〜3.2 Åの内孔径をもつ18-クラウン-6は，Na^+(直径＝約2.0 Å)やRb^+(直径＝約3.0 Å)（MeOH中で$\log K_{ML} = 4.4$および4.6)よりも，K^+(直径＝約2.7 Å)に対して親和性が高い(MeOH中$\log K = 6.1$)．さらに大きいCs^+(直径＝約3.3 Å)とは2対1，または3対2錯体が単離される．すなわち，内孔径とほぼ同じ大きさのカチオンと安定な1対1錯体を生成しやすい．クラウンエーテルと金属イオンの相互作用は，静電的なものであると考えられる．

18-クラウン-6に比べ，対応する非環状化合物ペンタグライムとK^+の錯体の安定度定数は，MeOH中$\log K_{ML} = 2.2$と小さくなる(図6.10)．錯体生成に伴うエントロピー変化が不利であるためと考えられ，あらかじめ環状構造をもつほうがイオンの包接に有利であることがわかる．

クラウン-金属イオン錯体の安定性(K_{ML})は溶媒によっても変化する．たとえば，MeOH中のK_Sは水溶液中のそれに比べて10^3〜10^4倍も大きくなる．これは，MeOHのほうが水より溶媒和が弱い(すなわち溶媒和エンタルピーが小さい)ため，錯体生成に伴う脱溶媒和が容易である，つまり($-\Delta H$)値が大きくなるためと考えられる．

J.-M. Lehn
(1939-)，フランスの化学者．1987年ノーベル化学賞受賞．

さらにJ.-M. Lehn(レーン)らは，18-ジアザクラウン-6のような単環状ジアザクラウン化合物の二つの窒素を架橋し，二つの窒素原子を橋頭とする双環状化合物，クリプタンドを設計，合成した(図6.10)．クリプタンドは単環性化合物以上に金属イオン親和性，選択性が高く，いったん取り込まれた金属イオンの解離も非常に遅い．たとえば，[2.2.1]クリプタンドとNa^+の$\log K_{ML}$はH_2O中で5.4であり，Li^+(H_2O中で$\log K_{ML} = 2.5$)やK^+(H_2O中で$\log K_{ML} = 4.0$)より安定な1対1錯体を与える．

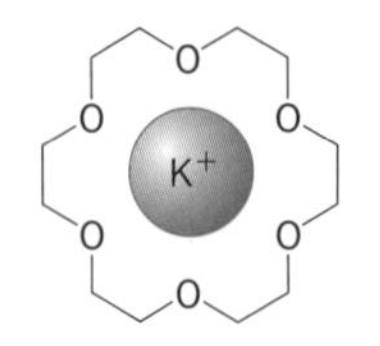

クラウンエーテル-K^+錯体

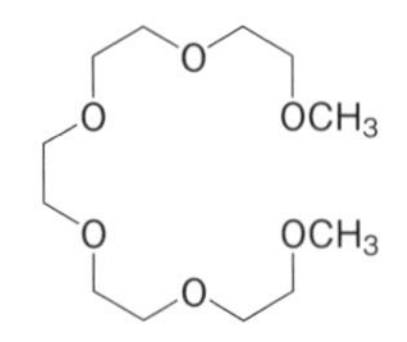

ペンタグライム

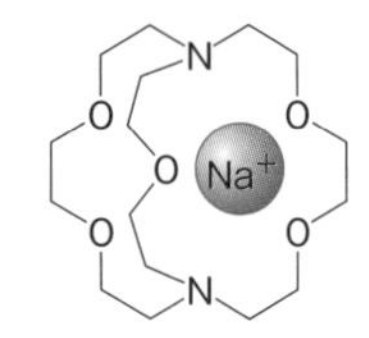

クリプタンド[2.2.1]-Na^+錯体

図6.10 クラウンエーテル誘導体の例

COLUMN C. J. Pedersenの功績

クラウンエーテルを発見したCharles J. Pedersen(ペダーセン)は，1904年に韓国釜山市でノルウェー人の父と日本人の母との間に生まれ，長崎と横浜で初中等教育を受けた．1922年に渡米し，1927年にMITでM. S.(日本の修士号に相当)を取得した．指導教授であったJ. F. Norris教授に博士課程への進学を薦められたが，経済的な理由でDuPont社に入社した．

1961年にオレフィンの重合化反応のためのバナジウム触媒の活性向上，およびポリマー中に残存する触媒の不活性化というテーマで研究を始めた．彼は，バナジルVOキレート剤としてフェノール骨格をもつ配位子を考えて，その合成を行った．その原料はカテコールであったが，THP基で保護されていないものが約10%含まれていた．彼は保護されていない化合物からできる副生成物を反応後に精製するつもりでいた．しかし，反応後に微量(0.4%)に生成していた無色結晶を単離したところ，その構造は当初目的とした化合物ではなく，元素分析などの結果から，のちにジベンゾ-18-クラウン-6と名づけられる環状エーテル化合物であり，その空孔にさまざまなアルカリ金属イオンを取り込むことが明らかとなった．その構造と性質が発表されたのが，1967年5月のアメリカ化学会誌であった〔*J. Am. Chem. Soc.*, **89**, 2495 (1967)〕.

OH / OH カテコール →(+H⁺) OTHP / OH + カテコール(約10%混ざっていた) →(Cl–CH₂CH₂–O–CH₂CH₂–Cl, NaOH, *n*-BuOH) OR / O–O–O / RO

+H⁺: R = THP (2-テトラヒドロピラニル基) → R = H 当初の目的物 ⇒ V(バナジル)錯体(重合化反応のため)

副生成物(保護されていないカテコールから) 0.4% → ジベンゾ-18-クラウン-6

図① クラウンエーテルの発見に結びついたWilliamsonエーテル合成

彼の上司いわく，「彼は問題点をすばやく直感的に把握し，それらを単純かつ独創的な実験法で解決する能力に長けていた」そうである．クラウンエーテルの発見はPedersen一人の業績であり，1967～1971年の間に発表された6編の論文がすべて単著であった．しかも彼は博士号をもっておらず，このことは研究が量だけではなく質であること，大きな発見をするためには肩書きに関係なく優れた観察力と洞察力が重要であることを如実に表している．さらに，これらの成果が50歳後半から定年(1969年，65歳)にかけて成し遂げられたことも，特筆に値するであろう．

COLUMN J.-M. Lehn と D. J. Cram の功績

ストラスブール大学の J. M. Lehn(レーン)は，Pedersen による Williamson エーテル合成についての論文(コラム「Pedersen の功績」参照)を読んで，多環状化合物(クリプタンド)へ展開した．また，カリフォルニア大学ロサンゼルス校の D. J. Cram(クラム)は，さまざまなクラウンエーテル誘導体を合成し，不斉認識，不斉合成へと展開し，さらに有機化合物を取り込む大きな有機構造体を合成した．Cram はホスト-ゲスト化学(host-guest chemistry)，Lehn は超分子化学(supramolecular chemistry)または超分子科学(supramolecular science)という新しい概念を提案した．その功績により，Pedersen，Cram，および Lehn の三人は 1987 年度のノーベル化学賞を受賞した．それらの研究は，その後生体模倣化学(biomimetic chemistry)，分子認識(molecular recognition)の化学などと融合しながら，現在の自己集積(self-assembly)の化学，ナノケミストリー(nanochemistry)へと発展している．

6.3.4 硬い酸塩基と軟らかい酸塩基(Hard-Soft 理論)

一方，ドナー原子の数が同じであっても，元素の違いによって金属イオンに対する親和性と選択性が大きく異なる．たとえば，四つの酸素原子をもつ 12-クラウン-4 は Li^+ イオンと錯体を生成する．同じ環サイズでも四つの窒素原子をもつ 12-アザクラウン-4 は，Li^+, Na^+, K^+ などのアルカリ金属イオンとはほとんど錯体を生成せず，Zn^{2+}, Cu^{2+} などの遷移金属と錯体を生成する．

このような現象は，金属イオンとハロゲンアニオン(X^-)との配位においても見いだされる．たとえば，Al^{3+} イオンと X^- の錯体の安定度は，$F^- > Cl^- > Br^- > I^-$ の順であるが，Hg^{2+} イオンと X^- の錯体の安定度の順は $F^- < Cl^- < Br^- < I^-$ と逆になる．つまり，ルイス酸とルイス塩基には相性のようなものがある．このような現象は，R. G. Pearson(ピアソン)が提唱した硬い酸塩基，軟らかい酸塩基(hard and soft acid and base ; **HSAB**)の理論によって説明できる(4.3 節参照)．

6.3.5 錯体の反応性

SBO 代表的な錯体の名称，構造，基本的な性質を説明できる．

錯体が関与する反応は，中心金属の酸化還元反応を別にすると，(i)キレート化合物内の配位子自身の起こす反応と，(ii)キレート化合物内の配位子の交換反応とに大別することができる．(i)では金属-配位子間の配位結合は切断されない場合が多いが，(ii)では配位結合の切断と生成(置換)反応を伴う．

錯体は，配位子置換反応の活性によっても分類される．すなわち，配位子がほかの配位子によって迅速に置換される錯体を**反応活性な錯体**(labile complex)，置換の遅い錯体を**反応不活性な錯体**(inert complex)とよぶ．この場合，**反応性**(lability)と**不安定性**(instability)とは同一ではなく，**反応不活性**(inertness)と**安定性**(stability)は同一の意味ではない．ある条件のもとで平衡状態における錯体の濃度が非常に低ければ，その錯体はより**不安定**(unstable)になる．一方，もしその錯体の生成率が大きく(stable)ても，中心金属と配位子間の配位結合が，速い周期で生成したり解離したりしている場合，その錯体は**反応活性**(labile)であるという．

いろいろな金属イオンを中心金属とするシアノ錯体の錯体安定度定数(K)と配位子(CN)の置換反応速度を表 6.5 に示す．たとえば $Hg(CN)_4^{2-}$ と $Fe(CN)_6^{3-}$ はどちらも熱力学的に安定な錯体である($\beta = 10^{42}$ と 10^{44})．しかし $Fe(CN)_6^{3-}$ の Fe-CN 配位結合の置換反応は非常に遅い(inert)が，$Hg(CN)_4^{2-}$ の Hg-CN 配位結合の置換反応は非常に速い(labile)．このように安定な錯体が必ずしも反応不活性とは限らない．

また，酸素や水と反応する錯体は，これらとの反応について速度論的に活性なだけであり，熱力学的に安定なものもある．このように，反応活性および反応不活性という区別は相対的なものであり，H. Taube は温度 25℃，反応物質の濃度 0.1 mol/L という条件のもとで，1 分間以内に配位子置換反応が完結する錯体を反応活性な錯体と定義した．

H. Taube
(1915-2005)，アメリカの化学者．1983 年，ノーベル化学賞受賞．

図 6.11 に各種金属イオンの配位水の置換速度定数を示す．最も置換反応が速い Cr^{2+} イオンでは，配位水の置換反応が 1 ナノ秒(ns)オーダーで終了するのに対し，最も遅い Cr^{3+} イオンでは数十年の時間がかかることを意味する．このような置換反応の活性を決めるおもな要因として，(i) 金属イオンの酸化数(酸化数が大きいほど金属イオンと配位子の結合が切れにくい傾向がある)，(ii) 金属イオンのもつ d 電子数，(iii) キレート効果など，脱離する配位子や入ってくる配位子の影響(多座配位子の置換は，単座配位子の置換よりも遅い)，(iv) トランス効果など置換しない配位子の影響，(v) 金属間結合をもつ場合の影響，などが考えられる．

表 6.5 シアノ錯体の安定度と配位子置換反応速度

錯　体	安定度定数(β)	置換反応速度*
$Ni(CN)_4^{2-}$	10^{22}	非常に速い
$Mn(CN)_6^{3-}$	10^{27}	測定可能な程度
$Fe(CN)_6^{4-}$	10^{37}	非常に遅い
$Hg(CN)_4^{2-}$	10^{42}	非常に速い
$Fe(CN)_6^{3-}$	10^{44}	非常に遅い

* ^{14}C ラベルした CN^- との置換反応．

COLUMN

錯体化学の発展

不飽和炭化水素の水素化反応は，有用な有機合成反応の一つである．アルケン，アルキン，カルボニル基の水素化反応の触媒として，Ni，Pd，Pt などの固体触媒（不均一触媒）が広く使われてきた．一方，錯体化学の進歩に伴い，溶媒に溶ける均一系触媒（homogeneous catalyst）による水素化反応が開発されてきた．その端緒となったのが，有機溶媒に可溶な $RhCl(PPh_3)_3$（ウィルキンソン錯体）や $RuCl_2(PPh_3)_3$ が立体障害の大きくないアルケンやアルキンを穏和な条件下で水素化する触媒になるという発見であった．均一系水素化（homogeneous hydrogenation）は，錯体中の配位子の立体構造や電子密度などを自由に設計できるため，水素化反応が可能となった．

W. S. Knowles は，ウィルキンソン錯体の PPh_3 配位子の代わりにリン原子が不斉である光学活性リガンドが配位した Ru 錯体を合成し，プロキラル（1 変換反応によってキラルになる性質）なアルケンのエナンチオ選択的な水素化反応に成功した．さらに H. Kagan らは，天然から得られる酒石酸を光学活性な二座ホスフィン配位子（DIOP）へ変換し，その Rh 錯体を合成した．この Rh 錯体を用いた場合でも，Knowles の結果とほぼ同程度の不斉収率が得られた．さらに野依良治らは，軸不斉をもつ BINAP リガンドを設計，合成し，その Rh 錯体を用いた不斉水素化反応を行った．その結果，前述の Rh 錯体を超える高い不斉収率（100%e.e.）でフェニルアラニン誘導体の生成に成功した．以上の成果が評価され，野依と Knowles は 2001 年度のノーベル化学賞を受賞した．

遷移金属の錯体（パラジウム，モリブデン，ルテニウム，コバルトなど）は，水素化だけでなく，カップリング反応や閉環メタセシス反応など，これまで困難であった反応を可能にしてきた．今後もさらに新しい錯体とそれらによる触媒反応の開拓がおおいに期待される．

代表例として

H_2
光学活性ホスフィン-Rh 錯体
（触媒）

R, O, N, H, COOH → R, O, N, H, *COOH

W. S. Knowles（1968）

$\left[Rh(I) - \overset{*}{P}(Ph)(CH_3)(C_6H_4OCH_3) \right]_3 Cl$

還元されて生成したアミノ酸の光学収率　88%e.e.

H. Kagan（1971）

不斉炭素

(*R,R*)-DIOP
生成物の光学純度 85%e.e.(*R*)

野依良治（1980）

軸不斉

(*R*)-BINAP
生成物の光学純度 100%e.e.(*S*)

光学活性ホスフィンのリン原子自身が不斉

光学活性ホスフィンの炭素骨格の方に不斉がある

図① 均一系触媒による不斉水素化（asymmetric hydrogenation）

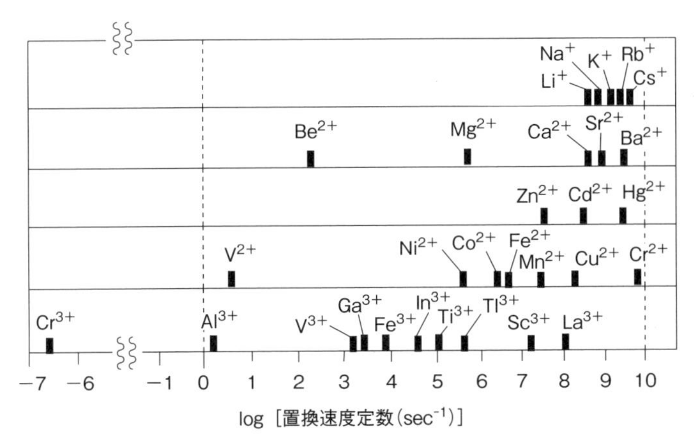

図6.11 各種金属イオンの配位水置換速度 (298 K)

章末問題

1． 次の金属錯体を命名せよ．

(a) $[CoCl(NH_3)_5]Cl_2$　(b) $[Fe(bpy)_3]Cl_2$

(c) $K_2[PdCl_4]$　(d) $K_4[Fe(CN)_6]$

2． 次の金属錯体の立体構造を図示し，立体異性体があればそれらも書け．

(a) $[PtCl_2(NH_3)_2]$　(b) $[Co(en)_3]^{3+}$

(c) $Ni(CO)_4$　(d) $[PtCl_2(en)]$

3． 代表的な単座配位子，二座配位子，三座配位子を，それぞれ三つずつ列挙せよ．

4． Fe^{2+} 錯体(正八面体構造)の d 軌道電子について，高スピン状態と低スピン状態における電子配置を図示せよ．

5． 以下のような立体構造をもつ金属錯体の例を一つずつあげ，その化学構造，日本語名，および英語名を記せ．

① 銀(Ⅰ)イオン(Ag^+)を中心とする直線構造をもつ錯体

② 白金(Ⅱ)イオン(Pt^{2+})を中心とする平面四配位構造をもつ錯体

③ 銅(Ⅱ)イオン(Cu^{2+})を中心とする平面四配位構造をもつ錯体

④ コバルト(Ⅲ)イオン(Co^{3+})を中心とする正八面体構造をもつ錯体

⑤ ロジウム(Ⅰ)イオン(Rh^+)を中心とする平面四配位構造をもつ錯体

6． 金属イオン M^{n+} とリガンド L が錯体 ML をつくるとする．

(a) 錯体 ML の見かけの安定度定数 K_{app} を，M^{n+} と，L，ML の濃度で表せ．

(b) 溶液中のリガンド L の濃度が A(mol/L)であり，M^{n+} との全濃度のうちに占める M^{n+} と ML の割合を，K_{app} と A(mol/L)で表せ．M^{n+} の全濃度を$[M^{n+}]_{total}$として式をたてよ．

7 生体無機化学

❖ 本章の目標 ❖

- 生体内に存在する代表的な金属イオンおよび錯体の機能について学ぶ.
- 活性酸素の構造，電子配置と性質を学ぶ.
- 一酸化窒素の電子配置と性質を学ぶ.

7.1 生体内での金属の役割

SBO 生体内に存在する代表的な金属イオンおよび錯体の機能を化学的に説明できる.

タンパク質は，それぞれさまざまな機能を発現するために構成しているアミノ酸の残基を活用する．ただし，酸化還元が関係する酵素をはじめとして，20 種類のアミノ酸残基だけではまかないきれない場合もある．そのような機能を発現するために金属が活用されている場合も多い．とくに，遷移金属を含む金属酵素や金属タンパク質は，電子の移動や，生体内の酸化還元反応をつかさどっている．また，タンパク質の三次元構造を保つために組み込まれているものもある．ここでは代表的な金属酵素および金属タンパク質を紹介する．

7.1.1 ヘムタンパク質

（a）ヘモグロビンおよびミオグロビン

ヘモグロビンは血液が赤色を示すもとであり，最も身近な金属タンパク質である．脊椎動物や一部の無脊椎動物の赤血球中に見いだされる酸素運搬体で，人体中には最も多量に存在する，鉄を含むタンパク質(四量体)である．同じ構造の単量体であるミオグロビンは酸素の貯蔵を担っており，筋肉中に存在する．これらのタンパク質の内部には鉄イオンがポルフィリン環の中心に配位したヘム構造があり，さらにその鉄イオンにヒスチジン(His)のイミダゾールが配位している(図 7.1)．

血液の赤色の本体はこのヘム錯体であり，ヘムを構成成分とするタンパク

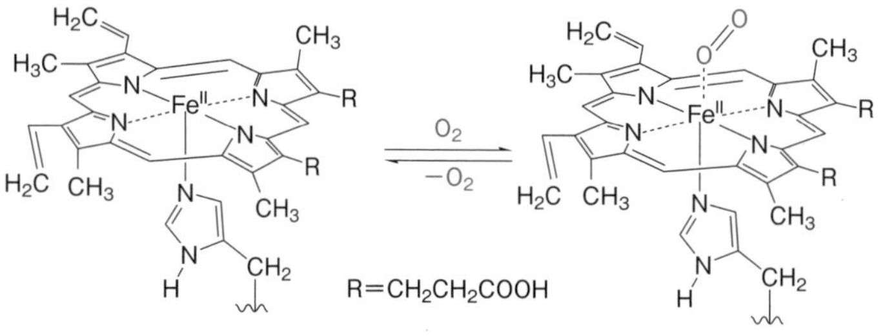

図7.1 ヘモグロビンおよびミオグロビンの活性中心の構造

質をヘムタンパク質とよぶ．ヘム鉄が2価のときはイミダゾールの反対側に酸素分子が可逆的に結合する．O_2 の鉄イオンへの配位の場合には，鉄(II)錯体から O_2 への電子の移動が起こり，O_2^- となって3価になった鉄と静電相互作用によりおもに結合する．鉄イオンの価数が3価になると，酸素との結合性は失われる．

一方，血液が赤くない生物もいる．タコやイカ，昆虫やエビ，カニは，調理すればわかるように，血液は赤色ではない．これは軟体動物や節足動物の酸素運搬体がヘモグロビンではなく，銅を含む金属タンパク質ヘモシアニンだからである．この中心には，図7.2のように銅イオンにHisのイミダゾールが三つ配位した錯体が近くにあり，銅イオンが酸素分子を挟みこんで可逆的な複合体をつくっている．したがって，ヘモシアニンはヘムタンパク質には分類されない．酸素付加体のヘモシアニンは青，デオキシ体は無色である．

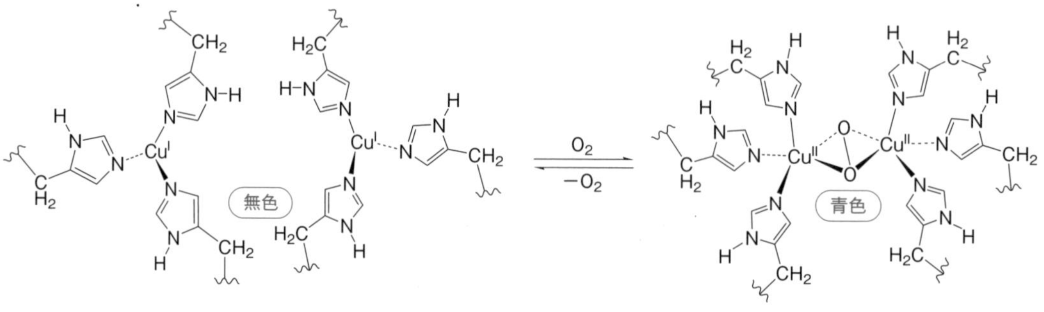

図7.2 ヘモシアニンの活性中心の構造

(b) シトクロム P450

酸素運搬体ヘモグロビンによって細胞内に供給された酸素分子 O_2 は，ミトコンドリアにおける呼吸によりエネルギー獲得に利用されるほか，生体分子や外来異物(基質)に酸素原子を導入するためにも利用される．基質に酸素原子を導入(添加)する反応を触媒する代表的な酵素はシトクロム P450 とよばれ，薬物などの脂溶性異物をヒドロキシ化することなどにより水溶性を高め，体外へ排泄しやすくしている．医薬品の90%は，体内でこの酵素による代謝を受ける．

このシトクロム P450 はステロイド類やプロスタグランジン類など生理的化合物の生合成にも関与している．シトクロム P450 が触媒する反応は，酸素分子を還元的に活性化し，不活性な脂肪族や芳香族炭化水素のヒドロキシ化，アルキルアミンやエーテル類の酸化的脱アルキル化などである．

シトクロム P450 は，ヘモグロビンと異なりヘムの軸配位子がシステインのチオレート(R—S^-)である(図 7.3)．基質結合部位の環境は，一般にきわめて疎水性が高いため，疎水性基質との親和性が高くなっている．通常のヘム[Fe(Ⅱ)—CO]錯体(イミダゾール配位)の極大吸収スペクトルは 420 nm 付近に存在するのに対し，シトクロム P450 では 450 nm に見いだされる．これは，ヘムがチオレート配位であることによっており，シトクロム P450 の名前の由来でもある．

休止状態では，鉄(Ⅲ)に水が配位し，6 配位低スピン状態であるが，基質が結合部位に入ると水が追いだされ，5 配位高スピン状態になる．この状態になると酸化還元電位が正にシフトして(還元されやすくなって)，還元酵素より電子を受け取れるようになり，鉄は 2 価となる．この Fe(Ⅱ)のヘムに

チオレート配位
ヘムに含まれる鉄イオンに対し，第 5 配位子として(アピカル位から)チオールが脱プロトン化して生成するアニオン(チオレート)が配位すること．シトクロム P450 がほかのヘムタンパク質と異なる吸収スペクトルをもつのは，チオレートから Fe への電子供与性がほかの配位子(イミダゾール)より格段に強いことが要因であると考えられる．

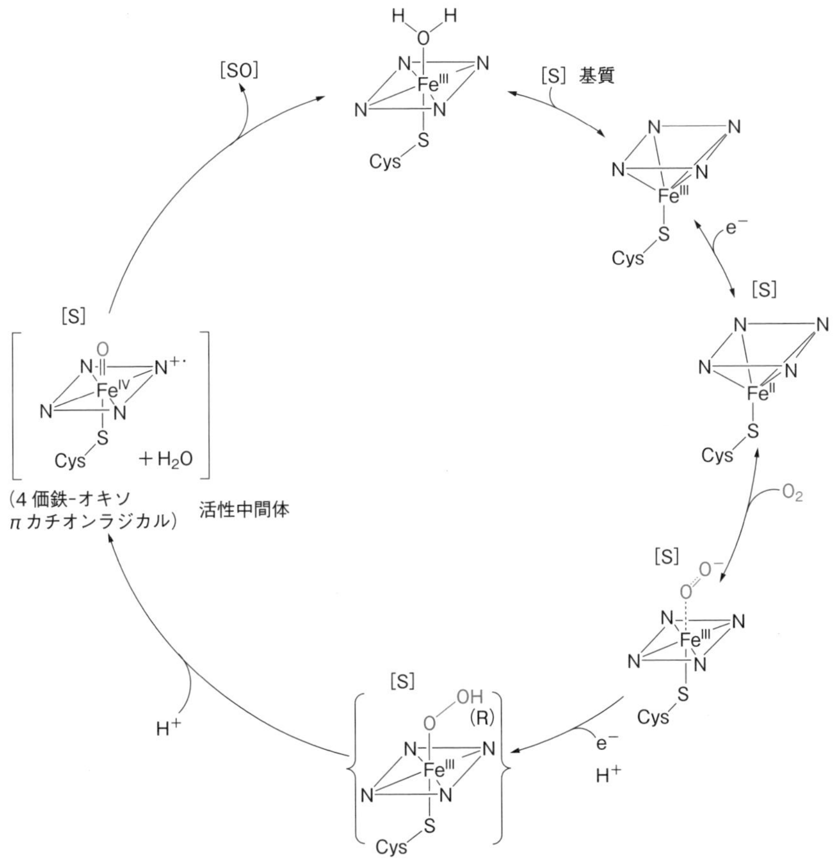

図 7.3　シトクロム P450 の触媒サイクル

O_2が結合するが，さらに還元酵素によりもう1電子還元されることによりO—O結合が開裂して活性種が生じ，それが基質を効率よく酸化すると考えられている．

ヘムの基質結合部位に入ることができ，鉄に強く配位する分子は，シトクロムP450の触媒活性を阻害する．カンジダ菌などの真菌類は，自身の細胞膜をつくる過程で，ステロイドの一種であるラノステロールのメチル基を除去して，細胞膜に必要なステロイドを合成する必要がある．たとえば，アゾール系抗真菌剤は，それを行うシトクロムP450であるラノステロールデメチラーゼを阻害することにより，真菌類の生育を阻害する．抗真菌剤の主要なものはヘムに配位するイミダゾールあるいはトリアゾールをもち，この酵素のヘムに配位して阻害するアゾール系化合物である．

（c）ペルオキシダーゼ

過酸化水素などヒドロペルオキシド(R—OOH)を酸化剤として基質を酸化する酵素を一般にペルオキシダーゼといい，金属イオンが活性中心に存在する．ペルオキシダーゼは通常ヘムを含み，その第5配位子はヒスチジンのイミダゾールである(例外としてクロロペルオキシダーゼのみ，システインのチオレート)．R—OOHとの反応により緑色の$O{=}Fe^{IV}$ポルフィリンπカチオンラジカル(compound Iとよぶ)が活性中間体として生じ，この求電子性が高いため，基質から電子を奪い酸化する．

（d）カタラーゼ

過酸化水素を酸素分子と水に分解するカタラーゼはヘム酵素である．カタラーゼの活性中心はヘム鉄であり，軸配位子がTyrのフェノレート(PhO^-)である．ヘム鉄が過酸化水素と反応すると鉄オキソ活性中間体が生成し，これが2分子目の過酸化水素を酸化する(図7.4)．

7.1.2 メタロチオネイン

メタロチオネイン(図7.5)は，構成アミノ酸61個中システイン残基を1/3に当たる20個を含む特殊なタンパク質である．システインのチオール基とソフト性の高い金属イオンとが複数結合し安定な錯体を形成する．水銀，鉛，カドミウムなどの金属イオンは体内に入ると多くのタンパク質や酵素のチオール基に強く結合するため，それらの作用を阻害し毒性を示す．しかし，メタロチオネインは多数のシステイン残基をもつため金属イオンを解毒する役割を担っていると考えられている．一方で，生体内の亜鉛と銅イオンの濃度を一定に保つ役割も知られ，生体微量元素の恒常性(ホメオスタシス)を保つ機能も果たしていると考えられている．

図7.4 カタラーゼの活性中心の構造と触媒サイクル

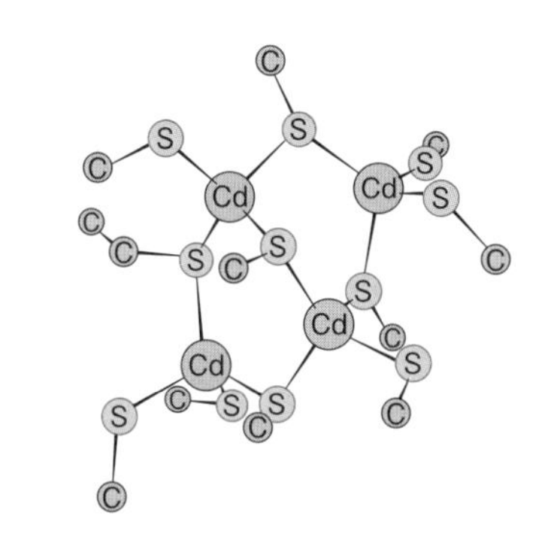

図7.5 メタロチオネインの立体構造

7.1.3 亜鉛酵素

亜鉛を活性中心にもつ酵素には，カルボキシペプチダーゼやマトリックスメタロプロテアーゼ，ヒストンデアセチラーゼ，メタロ-β-ラクタマーゼのようにタンパク質などのアミド結合を加水分解するものと，炭酸脱水酵素のように炭酸の脱水による二酸化炭素の生成やその逆反応を触媒するものやアルコールデヒドロゲナーゼのように酸化還元反応を触媒するものなどがある（5.3.2節も参照）.

メタロ-β-ラクタマーゼ
β-ラクタム系抗生物質のβ-ラクタムを開裂することで抗菌性を失わせる酵素であり，細菌のβ-ラクタム系抗生物質に対する耐性の要因となる.

酵素やタンパク質における亜鉛イオン(Zn^{2+})の大きな役割は，① 構造の維持，② 基質との結合，③ ルイス酸である．図7.6に，代表的な亜鉛酵素である炭酸脱水酵素，カルボキシペプチダーゼA(carboxypeptidase A；CPA)，メタロ-β-ラクタマーゼ(metallo-β-lactamase)の活性中心の構造を模式的に示す．亜鉛イオンの特徴として，(ⅰ) Zn^{2+}がNi^{2+}，Cu^{2+}，Co^{2+}などよりも多く体内に存在する，(ⅱ) 生体内では2価イオン(Zn^{2+})として存在し，ほとんど酸化還元が起こらない，(ⅲ) Zn^{2+}は強いルイス酸性を示し，アニオン分子と配位結合で複合体を生成する，(ⅳ) Zn^{2+}の配位数は通常4～6の間で変化し，一定の数に限定されない，(ⅴ) 亜鉛酵素の活性中心のZn^{2+}には3～5個のアミノ酸(His，Glu，Asp，Cys)が配位しており，さらに多くの亜鉛酵素のZn^{2+}には水分子が配位している(Zn^{2+}配位水とよぶ)，(ⅵ) Zn^{2+}配位水のpK_aは，Zn^{2+}のルイス酸性と近傍のアミノ酸側鎖の影響によって顕著に低下している(酸性が強くなっている)．たとえば，カルボキシペプチダーゼのZn^{2+}配位水のpK_aは6.9であり，このことは中性pH付近で，約半分がZn^{2+}-(OH^-)として存在することを意味する，(ⅶ) Zn^{2+}-(OH^-)は求核剤または塩基として機能する，などがある[*1]．

＊1 亜鉛酵素中の亜鉛イオンの役割について，cyclenなどの環状ポリアミン(p.159，図6.3)でZn^{2+}錯体を用いたモデル研究が行われた．その結果，酵素内の亜鉛イオンの特徴および重要性が明らかとなった．

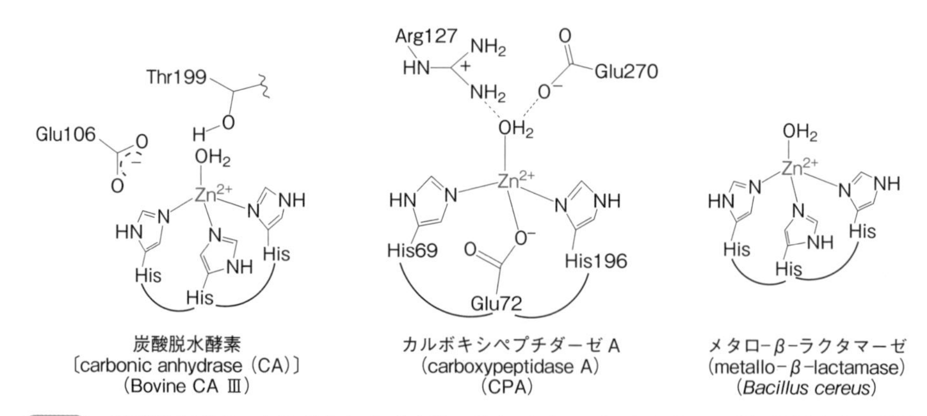

図7.6 炭酸脱水酵素，カルボキシペプチダーゼA，メタロ-β-ラクタマーゼの活性中心の構造

炭酸脱水酵素(CA)は血液中の二酸化炭素(CO_2)を炭酸イオン(HCO_3^-)に変換し(水和)，血液中に可溶化して肺へ運搬しCO_2を拡散するなどの機能をもつ酵素である(5.3.2項)．その活性中心に存在するZn^{2+}には，3個のヒスチジン(His)と水1分子が配位している．Zn^{2+}配位水は近傍にあるGlu106およびThr199によって活性化され，そのpK_aは約7となる．中性pHで生じたZn^{2+}-(OH^-)がCO_2の炭素原子へ求核攻撃する．その結果Zn^{2+}-(HCO_3^-)体が生じ，HCO_3^-を血液中に可溶化して肺へ運搬する．

CPAは，ペプチドやタンパク質鎖のC末端アミノ酸残基の加水分解を触媒する酵素である．図7.7にその推定反応機構を示す．反応は以下のように進む．(a) 基質がCPAの活性中心に取り込まれ，アミドのカルボニル酸

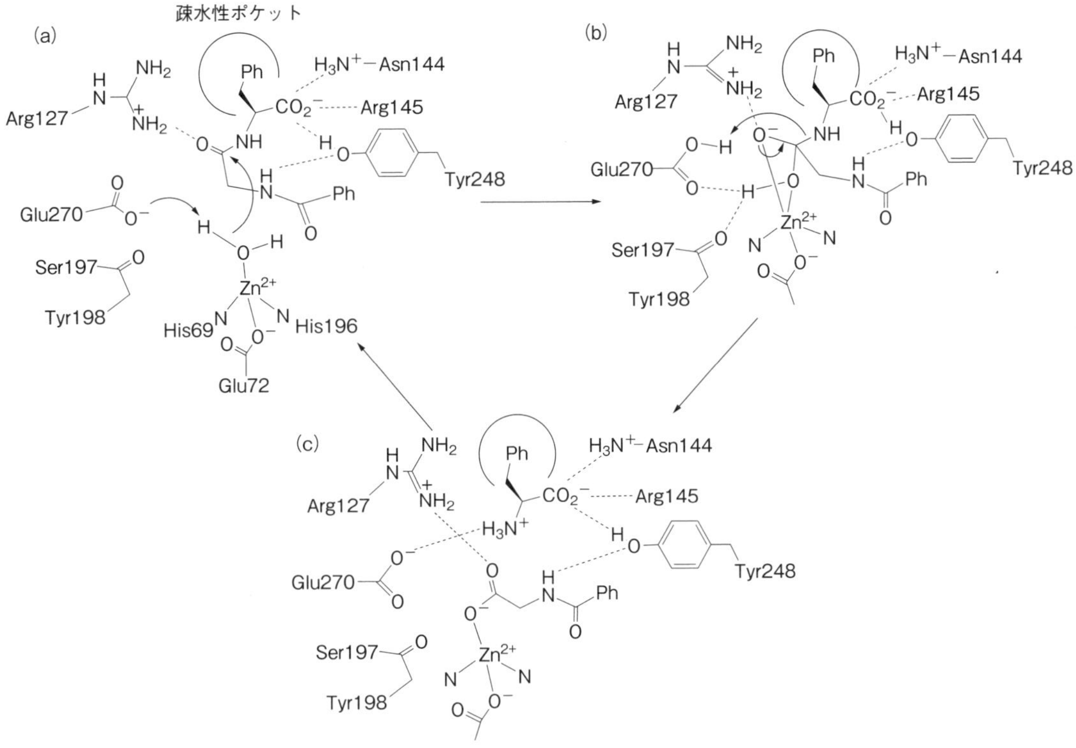

図7.7 CPA の加水分解機構

素が CPA の Arg 残基のグアニジノ基と水素結合する．Zn^{2+} 配位水は Zn^{2+} のルイス酸性と Glu270 のカルボキシラートアニオンによって活性化(脱プロトン化)され，生成した Zn^{2+}-(OH^-)が基質のカルボニル酸素に対して求核攻撃する→(b)四面体中間体(アニオン)が Zn^{2+} や近傍のアミノ酸によって安定化される．その後，Glu 残基からプロトンが引き抜かれ，アミド結合が切断される→(c)加水分解の結果，生成したカルボン酸が Glu 側鎖のアニオンと電気的に反発し，活性中心から脱離しやすくなり活性中心が再生される．

7.1.4 Cu-Zn SOD

スーパーオキシドアニオンを酸素分子と過酸化水素に不均化するスーパーオキシドジスムターゼ(superoxide dismutase ; SOD)には，銅と亜鉛を含む Cu-Zn SOD，マンガンを含む Mn SOD，鉄を含む Fe SOD が知られている．人体において重要な役割を担う Cu-Zn SOD では，銅イオンを含む活性中心において電子の授受が行われ，スーパーオキシドアニオンを効率よく不均化する．亜鉛イオンは銅イオンの近傍に存在し，酵素反応を補助している．これにより，生成したスーパーオキシドアニオンを低濃度に抑え，その毒性から免れている.

$$2O_2^{-\cdot} \xrightarrow[+2H^+]{SOD} O_2 + H_2O_2 \tag{7.1}$$

7.1.5 K^+-Na^+ イオンチャネル

K^+ イオンチャネル, Na^+ イオンチャネルは, ほぼすべての細胞の細胞膜に存在し, それぞれのイオンを選択的に透過する. このことにより, 細胞内の K^+ イオン-Na^+ イオンの濃度をコントロールし, 浸透圧の調整や細胞内外の電位差を制御するなど, さまざまな機能を維持している. K^+ イオンチャネルは, 近年タンパク質のX線結晶構造解析が達成され, その K^+ イオン輸送のメカニズムが明らかになってきた. 開口部入り口には, イオン選択的なフィルターとして, Thr-Val-Gly-Tyr-Gly の主鎖の酸素原子と Thr の側鎖の酸素原子などが, 取り囲む構造で K^+ イオンを選択していることがわかった.

フグ毒で有名なテトロドトキシン(図7.8)は, 電位依存性 Na^+ イオンチャネルに強く結合して働きを阻害する. これにより活動電位が抑制されるため, 麻痺を起こす. このことがフグ毒の高い毒性につながっている. K^+-Na^+ イオンチャネルのなかには, フグ毒のように作用する薬物が高血圧治療薬などとして用いられている例がある.

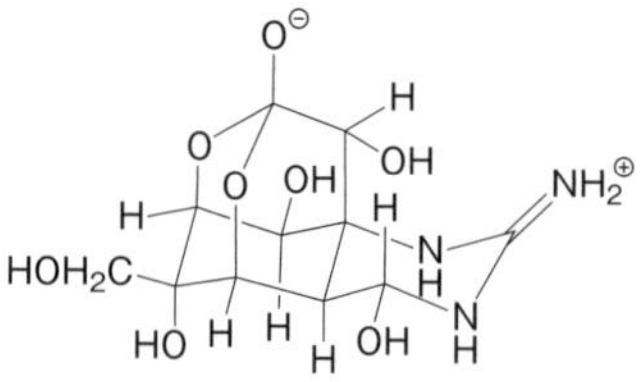

図7.8 テトロドトキシン

7.2 活性酸素種

SBO 活性酸素と窒素酸化物の名称, 構造, 性質を列挙できる.

SBO 活性酸素, 一酸化窒素の構造に基づく生体内反応を化学的に説明できる.

通常の基底状態の酸素分子と比較して反応性の高い酸素種を, 一般に活性酸素種(reactive oxygen species ; ROS)とよぶ. 次にあげるスーパーオキシドアニオンラジカル, 過酸化水素, ヒドロキシルラジカル(·OH)および一重項酸素などが活性酸素種に当たる(4.4.4項も参照). またオゾンを含めることもある. これらは, 酸素分子の還元あるいは励起によって生じる. 酸素分子は還元されるにしたがって, 酸素-酸素結合距離が大きくなり, 3電子目の還元ではついに結合が切れ, ヒドロキシルラジカルとなる(表7.1). これら酸素分子の還元によって生じる活性酸素種は, 生体内においても発生していることが知られている. ミトコンドリアの電子伝達系において電子が漏

表7.1 活性酸素の分類

還元電子数	化学式	名 称	酸素間距離(Å)
—	O_2	酸素分子	1.21
1	$O_2^{-\bullet}$	スーパーオキシドアニオンラジカル	1.28
2	H_2O_2	過酸化水素	1.49
3	$\bullet OH$	ヒドロキシルラジカル(水酸ラジカル)	——

れて酸素を還元することや，一部の酵素反応によって生じる．炎症時に多く発生し，とくに脳梗塞や心筋梗塞において，止まっていた血流が再開するときに大量に発生して多くの細胞死を引き起こすことが知られており，さまざまな病態と関連している．

7.2.1 スーパーオキシドアニオンラジカル

酸素分子は1電子還元されやすく，アニオンラジカルが生成する．これをスーパーオキシドアニオンラジカルという．金属カリウムを酸素中で燃焼させると黄色の固体としてスーパーオキシドアニオンラジカルの塩である超酸化カリウム($K^+O_2^-$)が生成する．スーパーオキシドは酸化剤としてだけでなく，求核剤や還元剤としての性質ももち併せている．スーパーオキシドアニオンラジカルは求核性をもち，還元性もある．また，2分子のスーパーオキシドアニオンラジカルは水中では比較的速やかに不均化して，過酸化水素と酸素分子になる〔ハーバー-バイス反応，式(7.2)〕．

SBO 重金属や活性酸素による障害を防ぐための生体防御因子について具体例を挙げて説明できる．

$$2O_2^- + 2H^+ \longrightarrow O_2 + H_2O_2 \qquad (7.2)$$

7.2.2 過酸化水素

酸素分子を2電子還元するとペルオキシアニオンになり，そのプロトン化体が過酸化水素である(図7.9)．過酸化水素は水溶液中では弱い酸として存在する(pK_a=11.7，図4.12参照)．通常30%以下の水溶液として入手できる．無色であり冷蔵状態では安定であるが室温ではゆっくりと分解し，酸素分子と水になる．二酸化マンガンなどはこの分解反応を触媒し，速やかに酸素分子を発生させる．過酸化水素は酸化力をもつと同時に，還元剤としての性質

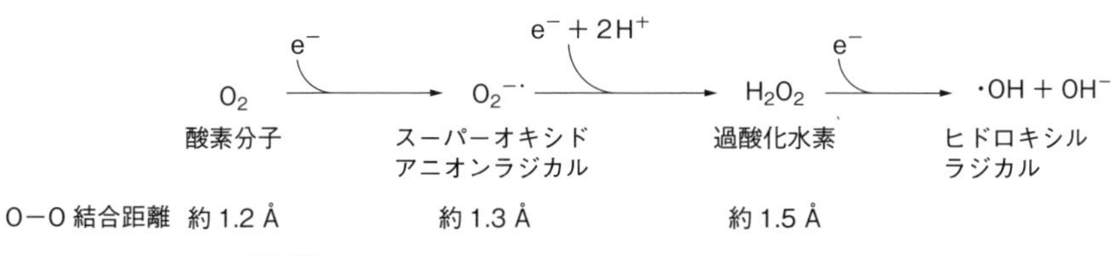

図7.9 酸素分子とその還元体のO—O結合距離

も併せもっている．殺菌力があるため，3%水溶液はオキシドールとして傷口などの殺菌薬に用いられる．また酸化力に由来する漂白力がある．過酸化水素自体はスルフィドやチオールの酸化を効率よく進めるが，アルケンなどは，酸や金属イオンなどの触媒なしでは酸化は進行しにくい．

7.2.3 ヒドロキシルラジカル

ヒドロキシルラジカル(水酸ラジカル，·OH)は，活性酸素のなかでは最も反応性が高いラジカルであり，アルカンや芳香環など大部分の分子と反応し，速やかに酸化物を与える．·OH は過酸化水素と 2 価の鉄イオンとの反応により容易に生成する．この反応を**フェントン反応**(Fenton's reaction)という〔式(7.3)〕．この反応によって，ヒドロキシルラジカルは生体内でも生じると考えられている．

$$H_2O_2 + Fe^{2+} \longrightarrow \cdot OH + OH^- + Fe^{3+} \tag{7.3}$$

7.2.4 一重項酸素

通常の酸素分子は基底状態であり，不対電子を二つもつことから三重項酸素($^3O_2$)ともよばれ，ラジカル性をもつ．その電子構造を図 7.10(a)に示す(3.7.1 項を参照)．一方，三重項酸素よりも高いエネルギーをもつ励起状態が存在し，それは一重項酸素($^1O_2$)とよばれる．$^1O_2$ は $^3O_2$ では π^*軌道の二つの不対電子がペアとなる電子軌道をとり，より高いエネルギー準位にある(励起状態のなかで最もエネルギー準位の低いもの)〔図 7.10(b)〕．そのため反応性が高く，アルケンのアリル位酸化，2 + 2 環化付加反応，ジエンとの 4 + 2 環化付加反応など，さまざまな酸化を引き起こす．$^1O_2$ は，メチレンブルーやポルフィリンなどの多くの色素の存在下で光により励起され容易に生じる．これは，色素(dye)が光により励起状態(dye*)になり，これが三重項酸素にエネルギーを渡して一重項酸素に変換する，色素の光増感作用に

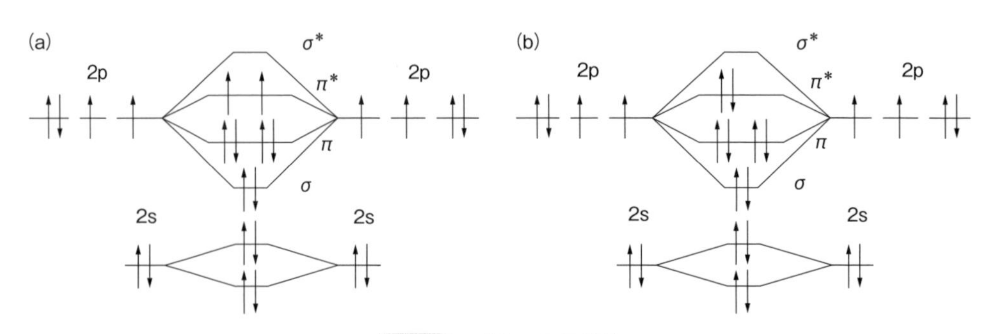

図 7.10 酸素の電子構造
(a) 三重項酸素($^3O_2$)の電子構造，(b) 一重項酸素($^1O_2$)の電子構造．

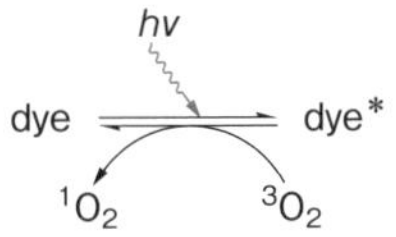

図 7.11 色素の光増感作用による一重項酸素の生成

よる生成機構である(図 7.11)．この光反応は有機合成に利用されるほか，医療にも応用されている．

ポルフィリン誘導体は人体に投与すると，固形がんに集まりやすい性質があり，ポルフィリン誘導体の蓄積したがんに可視光を当てることにより，光増感作用に伴って生成する一重項酸素などの細胞毒性によってがん細胞を選択的に殺すことができる．このような療法を光線力学療法(photo dynamic therapy；PDT)とよび，がん治療や網膜黄斑変性症の治療などに実際に用いられている．一重項酸素は，過酸化水素と次亜塩素酸イオンとの反応でも生成する．

7.2.5 オゾン

酸素の同素体であるオゾン(O_3)は，酸素中での放電や，酸素に紫外線を照射して得られる気体である．117° に折れ曲がった構造をしている(図 7.12)．酸化力が強く炭素-炭素二重結合と反応してオゾニドをつくり，その分解により二重結合を開裂させる．これはオゾン分解反応としてカルボニル化合物

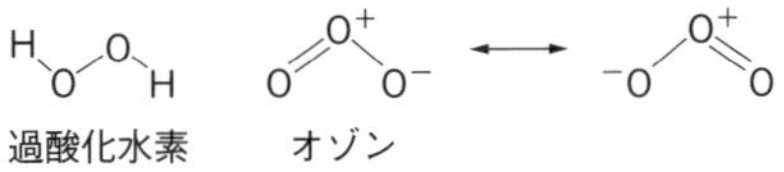

図 7.12 過酸化水素とオゾンの構造

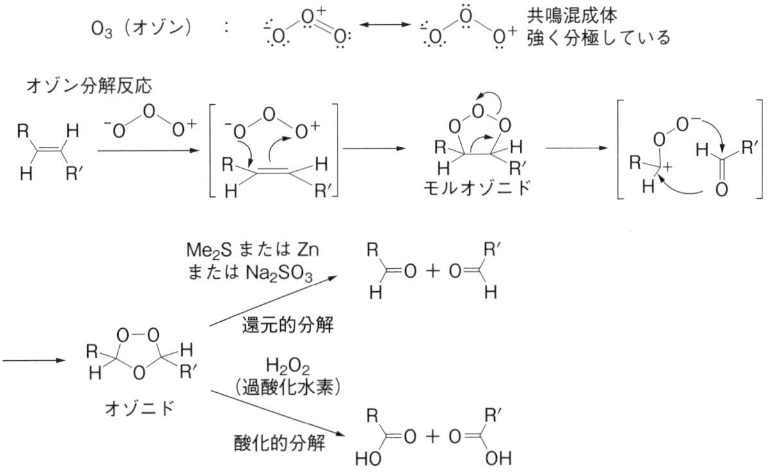

図 7.13 オゾニドの生成

の合成にも使われる(図 7.13). またオゾンは，成層圏にオゾン層として存在している．太陽から降り注ぐ 200〜300 nm の紫外線をほぼ完全に吸収するため，オゾン層は有害な紫外線から生物を守る役目を果たしている．近年，フロンなどの揮発性クロロカーボンが成層圏にまで拡散したため，紫外線によって C—Cl 結合が開裂して生じる塩素ラジカルが触媒的にオゾンを分解してしまい，オゾン層が減少している(オゾンホール)と問題になっている．

7.2.6　生体内における活性酸素種の生成と毒性

スーパーオキシドアニオンラジカルは，細胞のミトコンドリアの電子伝達系からある程度漏れでて生成し，また炎症時にマクロファージから生体防御の目的で放出される．また過酸化水素は酵素反応(たとえば，モノアミンオキシダーゼの反応)の副生成物などとして生じる．フェントン反応などによって生成する·OH は，DNA やタンパク質と反応して傷害を引き起こす．DNA との反応では塩基部分やデオキシリボースの 1′ 位などが修飾を受ける．塩基ではとくにグアニンが反応しやすく 8 位が酸化され，最終的に 8-ヒドロキシグアニンとして排泄されることから，活性酸素障害の一つのマーカーと考えられる．

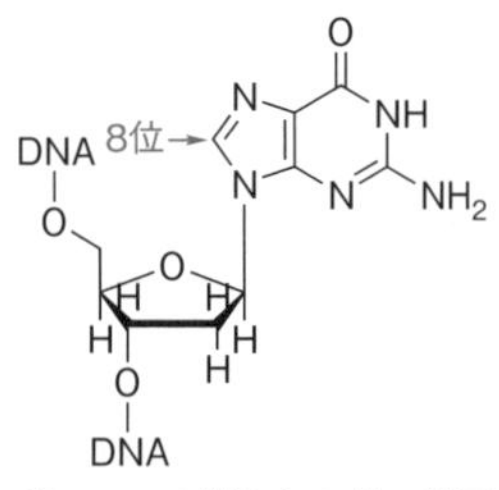

グアニンの構造と 8 位の位置

7.3　活性窒素種

SBO 活性酸素と窒素酸化物の名称，構造，性質を列挙できる．

SBO 活性酸素，一酸化窒素の構造に基づく生体内反応を化学的に説明できる．

窒素酸化物の多くは反応性が高く，自動車の排気ガスとして発生するため，従来大気汚染物質として扱われることが多かった．しかし，1986 年に，生体内で一酸化窒素(·NO)が生成され，それが重要な血管弛緩因子であることが明らかになった．のちに一酸化窒素は，一酸化窒素合成酵素により，L-アルギニンの側鎖のグアニジノ窒素が酸化されることで生合成されることもわかった．この一酸化窒素は，ラジカル性をもち，金属へ配位する能力も高い．また，酸化を受ければニトロシルイオン NO^+ に容易に変換される．このため，一酸化窒素は代表的な**活性窒素種**(reactive nitrogen species ; RNS)とされている．

スーパーオキシドアニオンラジカルはラジカルの性質ももち，一酸化窒素ラジカル(·NO)とはすばやく反応し，ペルオキシナイトライト(O═N—OO⁻)を生成する(図 7.14)．この化学種も反応性が高く活性窒素種といえ，

$$O_2^{-\cdot} + \cdot NO \xrightarrow{\text{速い反応}} O{=}N{-}O{-}O^-$$

ペルオキシナイトライト

図 7.14　スーパーオキシドアニオンラジカルと一酸化窒素との反応によるペルオキシナイトライトの生成

チロシンのフェノール部位やグアニンの8位などをニトロ化することが知られている．このため，酸化ストレスを生体に与えると生成する活性酸素種の一つとも考えられている．

7.4 無機医薬品

SBO 医薬品として用いられる代表的な無機化合物，および錯体を列挙できる．

金属を含む医薬品は，最近増加し注目されてきている．金属原子に特徴的な配位性，磁性あるいは生理活性を利用した特徴ある錯体が知られている．ここでは代表的な無機医薬品を取りあげる．

7.4.1 金属を含む医薬品

(a) 白金錯体

睾丸や卵巣などのがんに有効な制がん剤として白金錯体シスプラチン〔*cis*-diamminedichloroplatinum(Ⅱ), *cis*-DDP〕がよく使用されている．シスプラチンは，図7.15のように平面四配位構造をとっているが，塩素配位子のほうは交換しやすく，細胞に入ると水と交換したのちにDNAの塩基(グアニン)と結合し，塩基どうしを架橋し，DNAが折れ曲がった三次元構造を取るようになる(図7.16)[*2]．すると細胞自体がDNAに重大な異常が生じたと認識し，自殺するしくみ(アポトーシスを誘導)が働き，細胞が死滅すると考えられている．シスプラチンのトランス異性体の制がん作用はきわめて低い．

＊2　90%以上が単一鎖内架橋であると考えられる．

SBO DNAと結合する医薬品(アルキル化剤，シスプラチン類)を列挙し，それらの化学構造と反応機構を説明できる．

(b) 金錯体

金イオンは，ソフト性の高い配位子チオレート基($R—S^-$)と強く結合する．チオレート基をもつ有機化合物と1価の金が結合した金錯体はリウマチ性関

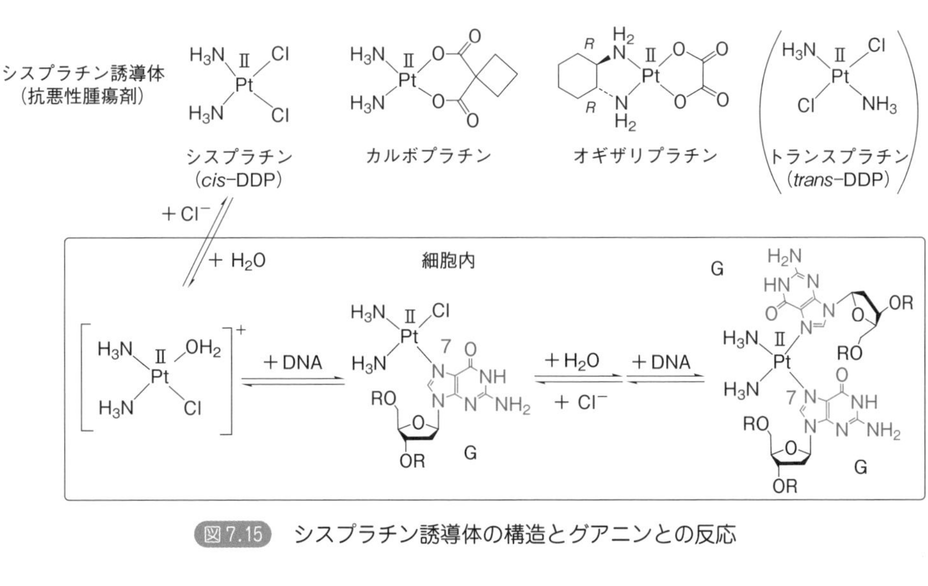

図7.15　シスプラチン誘導体の構造とグアニンとの反応

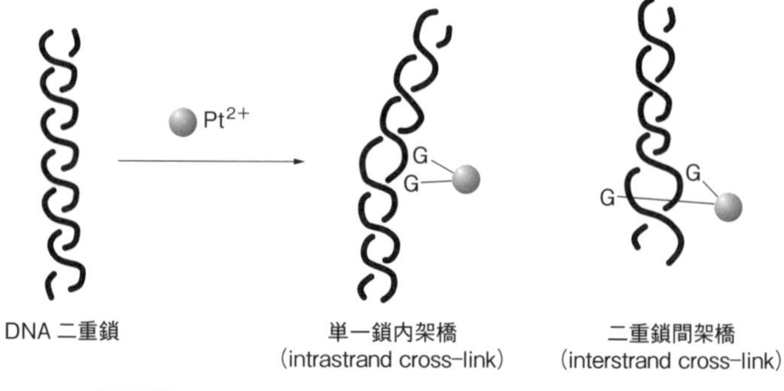

図 7.16 シスプラチンによる DNA 二重鎖の架橋反応

節炎の進行を抑える作用があり，治療に使われている．これらは細胞内のリソゾームに蓄積する性質があり，そこで周囲組織を破壊する炎症に関係する酵素の放出を抑制していると考えられている．経口投与できるリウマチ薬としてオーラノフィンが用いられている(図 7.17).

オーラノフィン
(抗リウマチ薬)

金チオリンゴ酸ナトリウム
(抗リウマチ薬)

図 7.17 金錯体医薬品

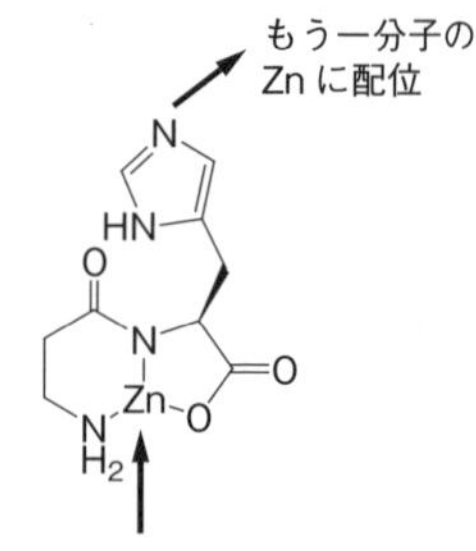

図 7.18 亜鉛錯体医薬品

(c) 亜鉛錯体

亜鉛は，生体微量元素のなかでは鉄についで多く生体内に存在する金属であり，それ自身生体内でさまざまな生理的役割をもっている．亜鉛錯体の医薬品としては抗潰瘍薬ポラプレジンクがあげられる(図 7.18)．これは，β-アラニンとヒスチジンが結合したジペプチドであるカルノシンと亜鉛イオンとの錯体であり，錯体間で配位結合により連なった構造となっている．この亜鉛錯体は，胃粘膜や潰瘍部分をおおうことによって保護する働きがある．

また，亜鉛イオンはその欠乏により味覚障害などが起こることが知られており，摂取して補う必要がある場合がある．亜鉛グルコネート(グルコン酸亜鉛)は，亜鉛を補給するために使用される．

(d) ブレオマイシン(生体内で鉄錯体)

ブレオマイシン(図 7.19)は，1963 年に梅澤浜夫らによって放線菌より単離された抗がん性抗生物質である．この化合物は，がん細胞の DNA を切断して細胞死に導くことにより抗がん活性を発揮することがこれまでの研究によりわかっている．ブレオマイシン自体は金属をもたないが，生体中の鉄イオンを捉えて配位し，鉄錯体となる．また，チアゾールが二つ連結した部位が DNA と親和性が高いため，DNA と非共有結合的に結合する．鉄錯体の

梅澤浜夫
(1914-1986)，日本の医学者，細菌学者．

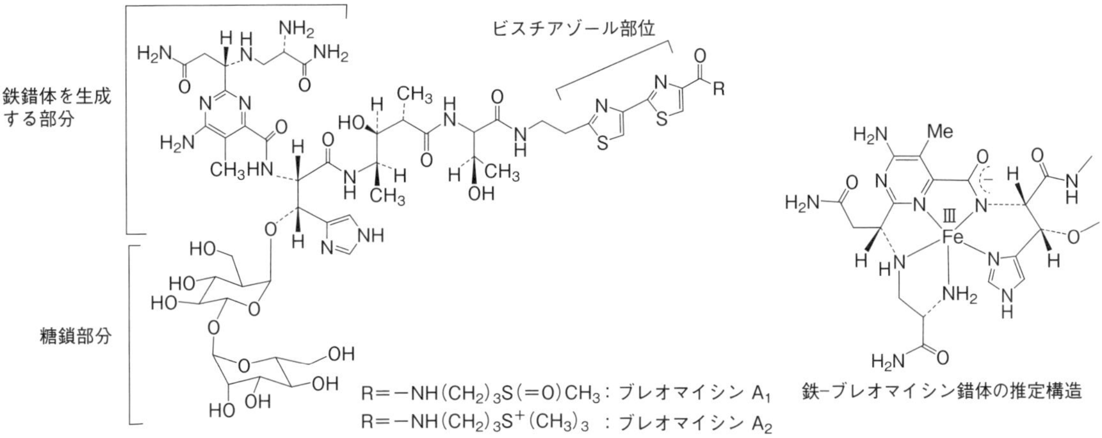
鉄錯体を生成する部分
糖鎖部分
ビスチアゾール部位
R=−NH(CH2)3S(=O)CH3：ブレオマイシン A1
R=−NH(CH2)3S+(CH3)3：ブレオマイシン A2
鉄−ブレオマイシン錯体の推定構造

図 7.19　ブレオマイシン

部分は，生体内で還元され酸素分子と結合して活性化する．その結果，その近くのDNA鎖を酸化によって切断する．このように，天然物でありながら二つの機能が助け合って抗がん活性を発揮するという，興味深い巧みなしくみを備えている．ブレオマイシンは幅広い種類のがんに有効である特徴ももち，現在も臨床現場で用いられている．

SBO DNA鎖を切断する医薬品を列挙し，それらの構造上の特徴を説明できる．

（e）アルミニウム錯体

消化性潰瘍治療薬として用いられているスクラルファートとアルジオキサは，ともにアルミニウムの錯体である．スクラルファートは，ショ糖ポリ硫酸エステルのアルミニウム塩であり（図7.20），胃や十二指腸の潰瘍部に選択的に結合して保護する働きをもっている．さらに胃酸のペプシン活性の抑制や制酸作用などもある．

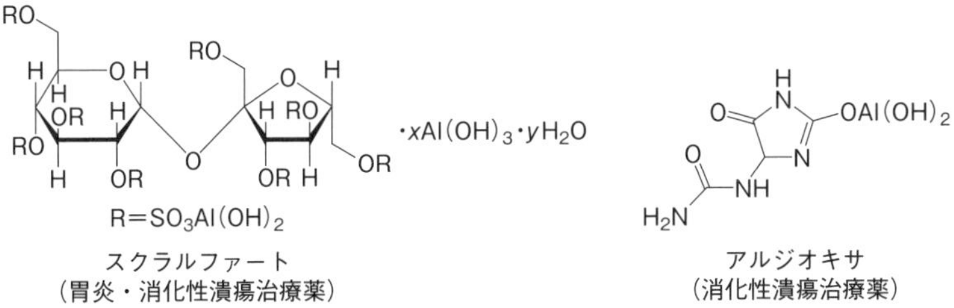
·xAl(OH)3·yH2O
R=SO3Al(OH)2
スクラルファート
（胃炎・消化性潰瘍治療薬）
アルジオキサ
（消化性潰瘍治療薬）

図 7.20　アルミニウム錯体医薬品

（f）リチウム化合物

リチウムイオンは躁病に効果があることが知られており，炭酸リチウム（Li_2CO_3）が実際に治療に使用される．作用機序は不明な点も多いが，Li^+ と Na^+ の置換による神経興奮の抑制や神経伝達物質の遊離抑制などが考えられている．

(g) その他の無機化合物

硝酸銀($AgNO_3$)は，最も古い医薬品の一つであり，古代エジプト時代にすでに使われていた．おもに粘膜の殺菌薬や収れん薬として，点眼や口内炎の治療に使用される．

ホウ酸(H_3BO_3)もまた，その弱い殺菌作用のために，洗眼薬として用いられる．

7.5 放射性医薬品

SBO 代表的な放射性核種(天然，人工)と生体との相互作用を説明できる．

放射性同位元素は，粒子線や電磁波を放出してより安定な原子核に変換する．α 線，β 線，γ 線などは高いエネルギーをもっているため，水や生体分子と作用して·OH を生成し細胞毒性を発現する．したがって，放射性同位元素を腫瘍など特定部位へ集積することができれば，がんの治療などに用いることができる．また，γ 線は体の組織を容易に透過するため，それを放出する分子を投与するとその存在位置を体外から計測できる造影剤となりえる．放射性医薬品の投与は，微量で半減期の短いものであれば速やかな放射性の消失により危険性が低くなる．また短すぎても医薬品の調製が困難である．適当な半減期をもつ核種が用いられている．

7.5.1 ^{18}F-フルオロデオキシグルコース(^{18}F-fluorodeoxyglucose；^{18}F-FDG)

サイクロトロン
直流磁場を用いて荷電粒子(H^+，e^- などのイオン)を繰り返し円運動させて加速する装置．大型・中型・小型があり，製造できる核種を制限することで小型化した医療用小型サイクロトロンは病院にも設置されている．^{18}F-FDG の合成に用いられる ^{18}F は，$H_2{}^{18}O$ から $^{18}O(p, n)^{18}F$ という核反応によって製造される．

フッ素の原子量は，天然に存在するものは 19 であるが，サイクロトロンなどでつくることのできる放射性同位体に ^{18}F がある．これは半減期 110 分で陽電子(ポジトロン)を放出して崩壊する．陽電子は近くの原子中の電子(ネガトロン)と衝突して消滅するが，その際に γ 線 2 光子を互いに反対方向へ放出する．この反対方向へ放出される γ 線を体外で検出して，断層画像を得る手法が開発されている．これは**陽電子断層画像診断**(positron emission tomography；**PET**)とよばれ，現在では盛んに利用されるようになっている．

ポジトロン放射性薬剤として初期からよく用いられてきたものに ^{18}F-フルオロデオキシグルコース(^{18}F-2-deoxy-2-fluoroglucose)がある(図 7.21)．

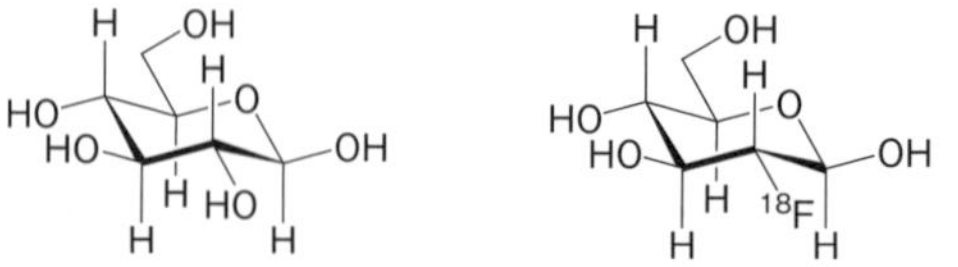

グルコース　　^{18}F-フルオロデオキシグルコース

図 7.21　グルコースと ^{18}F-フルオロデオキシグルコース

これは，フッ素と酸素の大きさや電気陰性度が近いことによりグルコースによく似た構造であるため，生体に投与するとグルコースと一緒に取り込まれ集積する．とくにエネルギー代謝が活発な部位によく取り込まれることから，脳において活発に活動しているところを画像化できる．そのため，脳機能の診断や研究にきわめて有用である．また，多くの悪性腫瘍に集積性が高いため，遠くに転移したがんを検索するのに優れている．微量で高感度に検出でき，半減期も短いので体への負担が小さいことも利点である．

^{18}F は，$H_2{}^{18}O$ からサイクロトロンでつくられた $^{18}F^-$ を用いて短時間の工程で合成されすぐに患者に投与される．^{18}F 以外に ^{11}C(半減期 10 分)や ^{13}N(半減期 10 分)が核種としてよく用いられている．

7.5.2 ボロノフェニルアラニンおよびカルボラン〔ホウ素中性子捕捉療法(BNCT)〕

ホウ素は，他の元素に比べて中性子をより広い面積で捕捉しやすいという特性がある．また，中性子を捕捉すると，ホウ素は高いエネルギーをもつアルファ線と ^{7}Li 核に崩壊する．このときに，周囲にある原子と衝突し破壊するが，これらの粒子の影響は数 μm 以内にとどまる．細胞の直径も数～十数 μm であるため，がんの治療に応用した場合，正常な組織へダメージを与えにくい利点をもっている．

ホウ素を含む化合物をがんに選択的に取り込ませ，がんに中性子を照射してがん細胞を選択的に破壊し，治療する．ボロノフェニルアラニン(boronophenylalanine ; BPA)はメラニン代謝の前駆体であるチロシンや L-DOPA と構造および性質が似ているため，悪性黒色腫に特異的に取り込まれ集積しやすい(図 7.22)．このため，悪性黒色腫の治療に応用され成果をあげている．

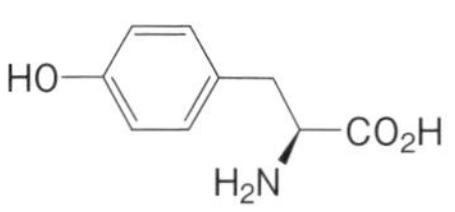

ボロカプテート(BSH)は 12 個のホウ素，*o*-カルボランはホウ素 10 個と炭素 2 個が骨格を形成する正 20 面体の化合物であり，1 分子当たりのホウ素の含有率がきわめて高い．さらに，*o*-カルボランの炭素に結合する水素は，

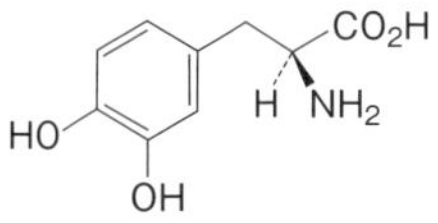

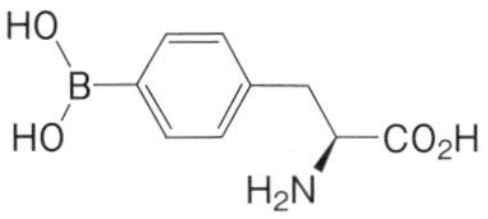

チロシン

L-DOPA

L-4-ボロノフェニルアラニン (BPA)

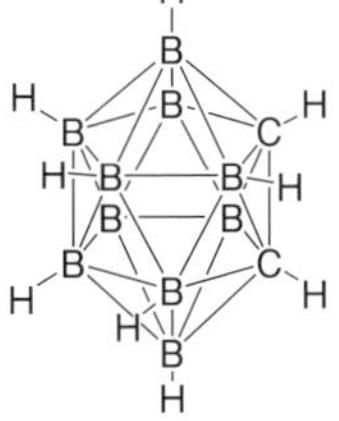

o-カルボラン($C_2B_{10}H_{12}$)

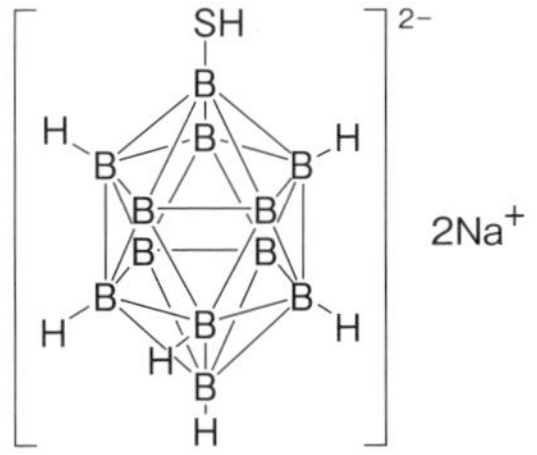

ナトリウムボロカプテート ($Na_2[B_{12}H_{11}SH]$)(BSH)

図 7.22 ボロノフェニルアラニンとカルボラン

弱い酸性をもっており，塩基で引き抜いてカルボアニオンをつくることができるので，さまざまな修飾が可能である．がん集積性のある分子にカルボランを結合させたものは比較的容易に合成でき，それらは**ホウ素中性子捕捉療法**(boron neutron capture therapy ; BNCT)に有用な薬物となりうる．

7.5.3 磁気共鳴画像診断に用いる造影剤

磁気共鳴画像診断法(magnetic resonance imaging ; **MRI**)は，X線やγ線などの放射線よりはるかに危険性の低い磁場と電磁波により，人体の詳細な断層像を得る診断技術である．X線CTはX線の透過率の差を画像化するため，骨のような密度の高い部位を必要とする．一方，MRIでは通常は水のプロトン核の核磁気を観測するため，骨以外の低密度の組織でも断層像が得られるため，応用範囲は広い．ただし，血管などの精密な像を得たい場合には，画像を強調するために造影剤を注入して測定する必要がある．造影剤には，ガドリニウムなどの希土類錯体がおもに用いられている(図7.23)．これらの錯体は毒性が低い一方で，磁性が高く接触あるいは接近する水分子

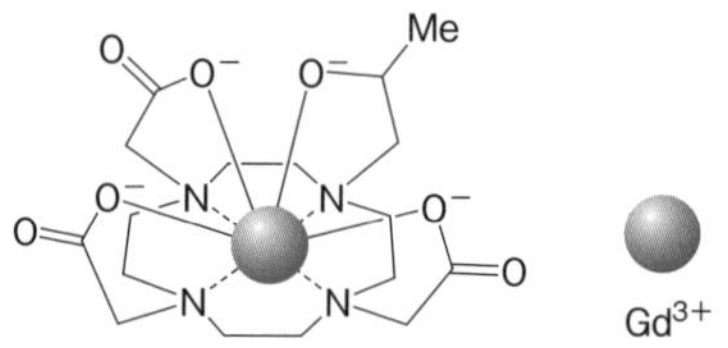

Me
O O⁻ O⁻
O⁻ N N O⁻
O N N O
Gd^{3+}

図7.23 ガドリニウム錯体(MRI造影剤)

の水素の磁気的性質を変化させるため，多数の水分子の磁気的変化を観測でき，鮮明で詳細な画像が得られる．

7.5.4 放射性ヨード(^{123}I)による診断，バセドウ病および甲状腺がん治療

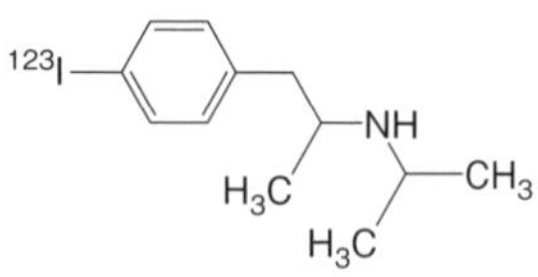

^{123}Iは，γ線を放射する核種(半減期13時間)であり，これを結合した化合物を投与することにより，その輸送および分布を体外から観測できる．ヨウ化物イオンは求核性が高く，合成によって化合物に導入することは比較的容易である．

ドーパミンのアナログである*N*-イソプロピル-4-ヨードアンフェタミン(^{123}I)（図7.24)は，脳への移行性が高いため，脳血流の画像(脳血流シンチグラム)を得ることができる．これにより脳梗塞や脳内出血の診断などに用いられている．

^{123}I
NH
H_3C CH_3
H_3C

図7.24 *N*-イソプロピル-4-ヨードアンフェタミン(^{123}I)

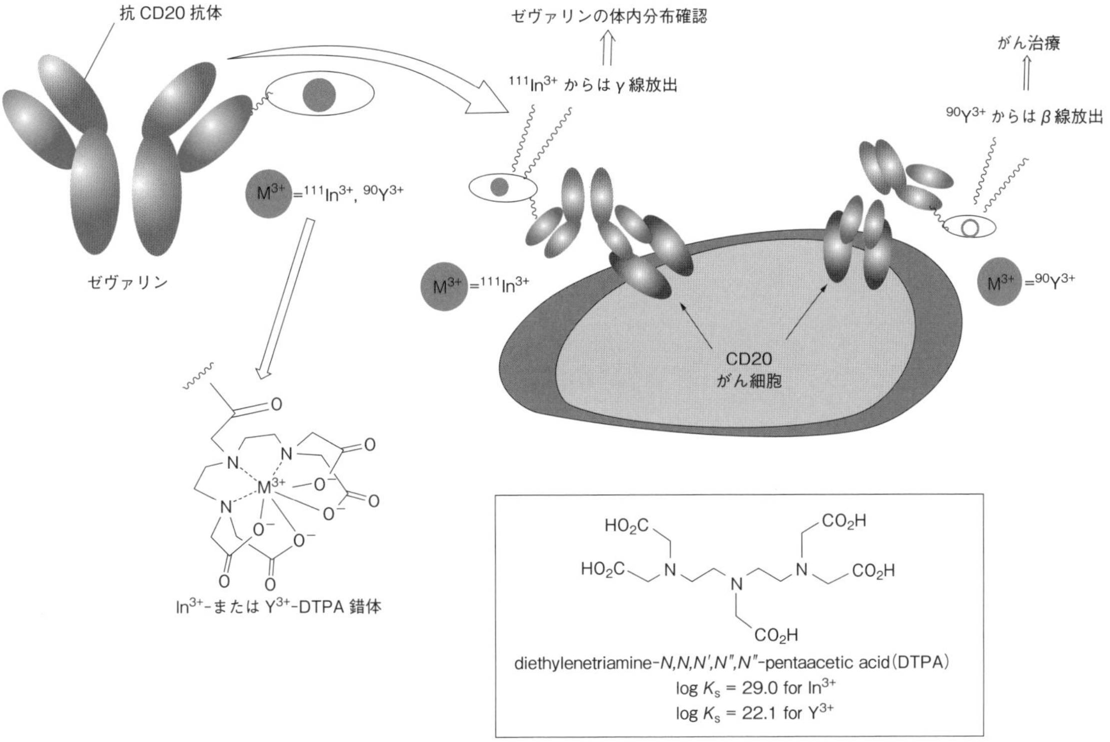

図 7.25　ゼヴァリン®によるがん診断・治療のしくみ

7.5.5　放射性免疫療法薬(抗体と金属錯体のハイブリッド化合物)によるがん診断および治療

近年，抗体と金属錯体のハイブリッド薬剤が開発された．その代表例がイブリツモマブ　チウキセタン〔ゼヴァリン®(Zevalin®)〕であり，これはマウス-ヒトキメラ型抗 CD20 モノクローナル抗体と金属キレート化合物である DTPA(図 7.25)を結合させた化合物である．DTPA は，さまざまな金属と非常に安定な錯体を生成する．DTPA に放射性同位元素である ^{90}Y(イットリウム)を導入すると ^{90}Y-DTPA 錯体をもつゼヴァリンイットリウム®(^{90}Y)が，^{111}In(インジウム)を導入すると ^{111}In-DTPA 錯体と結合したゼヴァリンインジウム(^{111}In)が生成する(^{90}Y と ^{111}In の半減期は，それぞれ 64 時間，67 時間)．これらを体内に投与すると，抗 CD20 抗体ががん細胞表面に発現した CD20 を認識して結合する．ゼヴァリンインジウム(^{111}In)の ^{111}In からは γ 線が放出されるので，シンチグラム検査によって検出し，体内でゼヴァリン®が的確な位置に集積しているかを検査する．次に，ゼヴァリンイットリウム(^{90}Y)を投与し，^{90}Y から放出される β 線によってがん細胞に対して殺傷作用を及ぼす．このような薬物を放射性免疫療法薬とよぶ．ゼヴァリン®は標的を発現している腫瘍細胞だけでなく，隣接する腫瘍細胞に対しても放射性物質が作用して抗腫瘍効果が期待される．低悪性度B細胞性非ホジキンリンパ腫およびマントル細胞腫(悪性リンパ腫の3～5%を占める)に適応が認められている．

このように，タンパク質(抗体や酵素)などの生体高分子や低分子有機化合物と，金属錯体(放射性同位元素イオンの錯体も含む)など，新しい発想による新しい薬剤の開発が期待される．

章末問題

1．鉄を含むタンパク質には，ヘムを含むヘムタンパク質と非ヘムタンパク質がある．それぞれの例をあげよ．

2．シトクロムP450の光学スペクトル上の特徴をあげ，その理由として考えられる構造上の特徴を述べよ．また，シトクロムP450が炭化水素などを酸化する反応機構を説明せよ．

3．ペプチド加水分解酵素であるカルボキシペプチダーゼA(CPA)の活性中心にはZn^{2+}が存在する．Zn^{2+}の化学的特徴をあげ，CPAによるペプチド加水分解の反応機構を説明せよ．

4．スーパーオキシドジスムターゼ(SOD)が触媒する反応を書け．また，SODの活性に重要な金属イオンをあげよ．

5．活性酸素種(ROS)とは何か簡潔に説明し，ROSに分類される化学種をすべてあげよ．

6．基底状態における二原子酸素(O_2)の分子軌道をすべてを図示し，電子配置を示せ．また，「三重項酸素」と「一重項酸素」との違いを説明せよ．

7．(a)～(h)の金属イオンを含む(あるいは体内で錯体を生成して機能するもの)代表的な薬剤をあげ，その名前，構造，および薬理作用を述べなさい．

(a) Li　(b) B　(c) Al　(d) Fe
(e) Zn　(f) Pt　(g) Au　(h) Gd

8．シスプラチンの構造式を描き，中心金属の配位数，酸化数，および立体構造の特徴(たとえば平面四配位構造など)を述べよ．また，薬理的な作用を発現する機構を説明せよ．

9．以下の放射性同位元素を含む薬剤の例をあげ，その構造および臨床上の意義を説明せよ．

(a) ^{18}F　(b) ^{90}Y　(c) ^{111}In　(d) ^{123}I

付　表

付表 1　国際単位系(International System of Units)

SI 基本単位

物理量	SI 単位の名称	SI 単位の記号
長さ	メートル(metre)	m
質量	キログラム(kilogram)	kg
時間	秒(second)	s
電流	アンペア(ampere)	A
熱力学的温度	ケルビン(kelvin)	K
物質の量	モル(mole)	mol
光度	カンデラ(candela)	cd

SI 誘導単位(特別の名称をもつおもなもの)

物理量	SI 単位の名称	SI 単位の記号	SI 単位の定義
力	ニュートン(newton)	N	$\mathrm{m\,kg\,s^{-2}(=J\,m^{-1})}$
圧力	パスカル(pascal)	Pa	$\mathrm{m^{-1}\,kg\,s^{-2}(=N\,m^{-2})}$
エネルギー	ジュール(joule)	J	$\mathrm{m^2\,kg\,s^{-2}(=N\,m=Pa\,m^3)}$
仕事率	ワット(watt)	W	$\mathrm{m^2\,kg\,s^{-3}(=J\,s^{-1})}$
電荷	クーロン(coulomb)	C	$\mathrm{s\,A}$
電位差	ボルト(volt)	V	$\mathrm{m^2\,kg\,s^{-3}\,A^{-1}(=J\,C^{-1})}$
電気抵抗	オーム(ohm)	Ω	$\mathrm{m^2\,kg\,s^{-3}\,A^{-2}(=V\,A^{-1})}$
電導度	ジーメンス(siemens)	S	$\mathrm{m^{-2}\,kg^{-1}\,s^3\,A^2(=\Omega^{-1})}$
電気容量	ファラド(farad)	F	$\mathrm{m^{-2}\,kg^{-1}\,s^4\,A^2(=C\,V^{-1})}$
磁束	ウェーバ(weber)	Wb	$\mathrm{m^2\,kg\,s^{-2}\,A^{-1}(=V\,s)}$
インダクタンス	ヘンリー(henry)	H	$\mathrm{m^2\,kg\,s^{-2}\,A^{-2}(=V\,A^{-1}\,s)}$
磁束密度	テスラ(tesla)	T	$\mathrm{kg\,s^{-2}\,A^{-1}(=V\,s\,m^{-2})}$
周波数	ヘルツ(hertz)	Hz	$\mathrm{s^{-1}}$

SI 接頭語

大きさ	SI 接頭語	記号	大きさ	SI 接頭語	記号
10^{-1}	デシ(deci)	d	10	デカ(deca)	da
10^{-2}	センチ(centi)	c	10^2	ヘクト(hecto)	h
10^{-3}	ミリ(milli)	m	10^3	キロ(kilo)	k
10^{-6}	マイクロ(micro)	μ	10^6	メガ(mega)	M
10^{-9}	ナノ(nano)	n	10^9	ギガ(giga)	G
10^{-12}	ピコ(pico)	p	10^{12}	テラ(tera)	T
10^{-15}	フェムト(femto)	f			

付表2　重要定数表

物理量	記号	数値
真空中の光速度	c	299 792 458 m s^{-1}（厳密に）
Avogadro 定数	N_A	6.022142×10^{23} mol^{-1}
Planck 定数	h	6.626069×10^{-34} J s
Boltzmann 定数	$\boldsymbol{k}$	1.380650×10^{-23} J K^{-1}
気体定数	R	8.31447 J K^{-1} mol^{-1}
陽子の静止質量	m_p	$1.6726216 \times 10^{-27}$ kg
中性子の静止質量	m_n	$1.6749272 \times 10^{-27}$ kg
電子の静止質量	m_e	$0.9109382 \times 10^{-30}$ kg
電気素量	e	$1.6021765 \times 10^{-19}$ C
Faraday 定数	F	9.648534×10^{4} C mol^{-1}
Bohr 磁子	μ_B	9.274009×10^{-24} J T^{-1}
真空の誘電率	ε_0	$8.85418782 \times 10^{-12}$ F m^{-1}
核磁子	μ_N	0.50508×10^{-26} J T^{-1}

付表3　エネルギー諸単位の換算表

	J	kJ mol^{-1}	kcal mol^{-1}	eV	Hz	cm^{-1}	K
1 J*	1	6.0221×10^{20}	1.4393×10^{20}	6.2415×10^{18}	1.5092×10^{33}	5.0341×10^{22}	7.2429×10^{22}
1 kJ mol^{-1}	1.6605×10^{-21}	1	2.3901×10^{-1}	1.0364×10^{-2}	2.5061×10^{12}	8.3593×10	1.2027×10^{2}
1 kcal mol^{-1}	6.9477×10^{-21}	4.184	1	4.3364×10^{-2}	1.0485×10^{13}	3.4976×10^{2}	5.0322×10^{2}
1 eV	1.6022×10^{-19}	9.6485×10	2.3061×10	1	2.4180×10^{14}	8.0655×10^{3}	1.1605×10^{4}
1 Hz	6.6261×10^{-34}	3.9903×10^{-13}	9.5371×10^{-14}	4.1357×10^{-15}	1	3.3356×10^{-11}	4.7992×10^{-11}
1 cm^{-1}	1.9864×10^{-23}	1.1963×10^{-2}	2.8591×10^{-3}	1.2398×10^{-4}	2.9979×10^{10}	1	1.4388
1 K	1.3807×10^{-23}	8.3145×10^{-3}	1.9872×10^{-3}	8.6173×10^{-5}	2.0837×10^{10}	6.9504×10^{-1}	1

* 1 J = 1 m^2 kg s^{-2} = 1 N m = 1 C V = 1×10^7 erg

付表4　ギリシャ語アルファベット

A	α	Alpha	I	ι	Iota	P	ρ	Rho
B	β	Beta	K	κ	Kappa	Σ	σ	Sigma
Γ	γ	Gamma	Λ	λ	Lambda	T	τ	Tau
Δ	δ	Delta	M	μ	Mu	Υ	υ	Upsilon
E	ε	Epsilon	N	ν	Nu	Φ	ϕ	Phi
Z	ζ	Zeta	Ξ	ξ	Xi	X	χ	Chi
H	η	Eta	O	o	Omicron	Ψ	ψ	Psi
Θ	θ	Theta	Π	π	Pi	Ω	ω	Omega

付表5　数を表す接頭語

	ギリシャ名	ラテン名
1	モノ(mono)	ユニ(uni)
2	ジ(di)	ビ(bi)
3	トリ(tri)	テル(ter)
4	テトラ(tetra)	クォドリ(quadri)
5	ペンタ(penta)	キンク(quinque)
6	ヘキサ(hexa)	セクシ(sexi)
7	ヘプタ(hepta)	セプチ(septi)
8	オクタ(octa)	オクチ(octi)
9	エンネア(ennea)	ノナ(nona)
10	デカ(deca)	デシ(deci)
11	ヘンデカ(hendeca)	ウンデカ(undeca)
12	ドデカ(dodeca)	
20	エイコサ(eicosa)	

付表6 原子およびイオン半径

原子またはイオン	半径/nm
Ac	0.188
Ac^{3+}	0.126
Ag^0	0.134
Ag^+	0.129
Ag^{2+}	0.108
Al^0	0.125
Al^{3+}	0.068
Am^0	0.181
Am^{3+}	0.112
As^0	0.121
As^{3+}	0.072
Au^0	0.134
Au^+	0.151
B^0	0.081
B^{3+}	0.041
Ba^0	0.198
Ba^{2+}	0.149
Be^0	0.089
Be^{2+}	0.059
Bi^0	0.15
Bi^{3+}	0.117
Bi^{5+}	0.090
Bk^{3+}	0.110
Br^0	0.114
Br^-	0.182
Br^{7+}	0.053
C^0	0.077
C^{4+}(4)	0.029
Ca^0	0.174
Ca^{2+}	0.114
Cd^0	0.141
Cd^{2+}	0.109
Ce^0	0.183
Ce^{3+}	0.115
Ce^{4+}	0.101
Cf^0	0.109
Cl^0	0.099
Cl^-	0.167
Cl^{7+}(4)	0.022
Cm^{4+}	0.099
Co^0	0.116
Co^{2+} HS	0.089
LS	0.079
Co^{+3} HS	0.075
LS	0.069
Cr^0	0.118
Cr^{3+}	0.076

原子またはイオン	半径/nm
Cr^{4+}	0.069
Cr^{6+}(4)	0.040
Cs^0	0.235
Cs^+	0.181
Cu^0	0.117
Cu^+	0.091
Cu^{2+}	0.087
Dy^0	0.175
Dy^{3+}	0.105
Er^0	0.173
Er^{3+}	0.103
Eu^0	0.198
Eu^{3+}	0.109
F^0	0.064
F^-	0.119
F^{7+}	0.022
Fe^0	0.117
Fe^{2+} HS	0.092
LS	0.075
Fe^{3+} HS	0.079
LS	0.069
Ga^0	0.125
Ga^{3+}	0.076
Gd^0	0.179
Gd^{3+}	0.108
Ge^0	0.122
Ge^{2+}	0.087
Ge^{4+}	0.067
Hf^0	0.144
Hf^{4+}	0.085
Hg^0	0.144
Hg_2^{2+}	0.133
Hg^{2+}	0.116
H_0^0	0.174
H_0^{3+}	0.104
I^0	0.133
I^-	0.206
I^{7+}(4)	0.056
In^0	0.150
In^{3+}	0.094
Ir^0	0.127
Ir^{3+}	0.082
Ir^{4+}	0.077
K^0	0.203
K^+	0.152

原子またはイオン	半径/nm
La^0	0.187
La^{3+}	0.117
Li^0	0.123
Li^+	0.090
Lu^0	0.172
Lu^{3+}	0.100
Mg^0	0.136
Mg^{2+}	0.086
Mn^0	0.117
Mn^{2+} HS	0.097
LS	0.081
Mn^{4+}	0.067
Mn^{7+}(4)	0.039
Mo^0	0.130
Mo^{4+}	0.079
Mo^{6+}	0.073
N^0	0.070
N^{3-}(4)	0.132
N^{5+}	0.027
Na^0	0.157
Na^+	0.116
Nb^0	0.134
Nb^{3+}	0.086
Nb^{4+}	0.082
Nb^{5+}	0.078
Nd^0	0.181
Nd^{3+}	0.112
Ni^0	0.115
Ni^{2+}	0.083
Ni^{3+} HS	0.074
LS	0.070
Np^0	0.130
Np^{3+}	0.115
O^0	0.066
O^{2-}	0.126
Os^0	0.126
Os^{4+}	0.077
P^0	0.110
P^{3+}	0.058
P^{5+}(4)	0.031
Pa^0	0.161
Pa^{3+}	0.118
Pb^0	0.154
Pb^{2+}	0.133
Pb^{4+}	0.092
Pd^0	0.128

原子またはイオン	半径/nm
Pd^{2+}	0.100
Pd^{4+}	0.076
Pm^0	0.180
Pm^{3+}	0.111
P_o^0	0.153
P_o^{4+}	0.108
Pr^0	0.182
Pr^{3+}	0.113
Pr^{4+}	0.099
Pt^0	0.130
Pt^{2+}	0.094
Pt^{4+}	0.077
Pu^{3+}	0.114
Pu^{4+}	0.100
Ra^{2+}(8)	0.162
Rb^0	0.216
Rb^+	0.166
Re^0	0.128
Re^{4+}	0.077
Re^{6+}	0.069
Rh^0	0.125
Rh^{3+}	0.081
Rh^{4+}	0.074
Ru^0	0.125
Ru^{3+}	0.082
Ru^{4+}	0.076
S^0	0.104
S^{2-}	0.170
S^{4+}	0.051
S^{6+}(4)	0.026
Sb^0	0.141
Sb^{3+}	0.090
Sb^{5+}	0.074
Sc^0	0.144
Sc^{3+}	0.089
Se^0	0.117
Se^{2-}	0.184
Se^{4+}	0.064
Se^{6+}	0.056
Si^0	0.117
Si^{4+}	0.054
Sm^0	0.179
Sm^{3+}	0.110
Sn^0	0.140
Sn^{2+}	0.093
Sn^{4+}	0.083
Sr^0	0.191

原子またはイオン	半径/nm
Sr^{2+}	0.132
Ta^0	0.134
Ta^{3+}	0.086
Ta^{4+}	0.082
Tb^0	0.176
Tb^{3+}	0.106
Tc^0	0.127
Tc^{4+}	0.079
Tc^{7+}	0.070
Te^0	0.137
Te^{2-}	0.207
Te^{6+}	0.070
Th^0	0.180
Th^{4+}	0.108
Ti^0	0.132
Ti^{2+}	0.100
Ti^{3+}	0.081
Ti^{4+}	0.075
Tl^0	0.155
Tl^+	0.164
Tl^{3+}	0.103
Tm^0	0.172
Tm^{3+}	0.102
U^0	0.138
U^{3+}	0.117
U^{4+}	0.103
U^{6+}	0.087
V^0	0.122
V^{2+}	0.093
V^{3+}	0.078
V^{4+}	0.072
V^{5+}	0.068
W^0	0.130
W^{4+}	0.080
W^{5+}	0.076
W^{6+}	0.074
Xe^0	~0.13
Y^0	0.162
Y^{3+}	0.104
Yb^0	0.194
Yb^{3+}	0.101
Zn^0	0.125
Zn^{2+}	0.088
Zr^0	0.145
Zr^{4+}	0.086

HS は high spin，LS は low spin を表す．

付表 7　結合エネルギー（0 K）

結　合	結合エネルギー kJ mol^{-1}	結　合	結合エネルギー kJ mol^{-1}	結　合	結合エネルギー kJ mol^{-1}	結　合	結合エネルギー kJ mol^{-1}
H—H	432	C—C	354	H_2N—NH_2	152	F—Cl	251
H—F	567	F—CF_3	484	F—NF_2	273	Br—I	175
H—Cl	428	Cl—CCl_3	323	P—P(P_4)	198	F—XeF_5	126
H—Br	363	Br—CBr_3	269	Cl—PCl_2	319		
H—I	295	I—CI_3	212	O=O	494	Li—Li(Li_2)	108
H—OH	459	Si—Si	224	H_2O—OH_2	138	Na—Na(Na_2)	76
H—SH	364	F—SiF_3	592	H_2S—SH_2	237	K—K(K_2)	50
H—NH_2	386	Cl—$SiCl_3$	397	F—F	155	Cl—Na	407
H—PH_2	316	O—C(CO_2)	799	Cl—Cl	239	Cl—K	422
H—AsH_2	292	S—C(CS_2)	574	Br—Br	190		
H—CH_3	411	O—Si(SiO_2)	622	I—I	149		
H—SiH_3	318	N≡N	942	Cl—Br	216		

付表 8　水溶液中の化合物の酸解離指数（25℃）

化合物	解離段	pK_a*	化合物	解離段	pK_a*
H_3AsO_4	1	2.19	H_2PO_3	1	1.5
	2	6.94		2	6.79
	3	11.50	H_3PO_4	1	2.15
H_3BO_3	1	9.24		2	7.20
HBrO	1	8.62		3	12.35
H_2CO_3	1	6.35	H_2S	1	7.02
	2	10.33		2	13.9
HClO	1	7.53	H_2SO_3	1	1.91
$HClO_2$	1	2.31		2	7.18
HCN	1	9.22	H_2SO_4	1	完全解離
HF	1	3.17		2	1.99
HIO	1	10.64	$H_2S_2O_3$	1	0.6
HIO_3	1	0.77		2	1.6
HNO_2	1	3.15	HCOOH	1	3.55
NH_4^+	1	9.24	CH_3COOH	1	4.76
H_2O_2	1	11.65	$(COOH)_2$	1	1.04
HPO_2	1	1.23		2	3.82

* pK_a は酸解離定数（K_a）の逆数の対数値.

付表9　金属錯体の安定度定数(25℃)

配位子	中心イオン	安定度定数($\log K_i$, $\log \beta_i$)
Cl^- (塩化物イオン)	Cr(Ⅲ)	0.60(K_1), −0.71(K_2)
	Fe(Ⅲ)	0.66(K_1)
	Ni(Ⅱ)	−0.25(K_1), −0.30(K_2)
	Zn(Ⅱ)	−0.49(K_1), 0.51(K_2), −0.09(K_3)
	Ag(Ⅰ)	3.04(K_1), 2.00(K_2), 0.00(K_3), 0.26(K_4)
	Cd(Ⅱ)	1.58(K_1), 0.65(K_2), 0.12(K_3)
	La(Ⅲ)	−0.12(K_1)
	Hg(Ⅱ)	6.74(K_1), 6.48(K_2), 0.95(K_3), 1.05(K_4)
	Pb(Ⅱ)	1.23(K_1), 0.53(K_2), 0.39(K_3), −0.57(K_4), −0.28(K_5)
CN^- (シアン化物イオン)	Fe(Ⅱ)	35.4(β_6)
	Fe(Ⅲ)	43.6(β_6)
	Ni(Ⅱ)	30.3(β_4)
	Cu(Ⅰ)	16.26(β_2), 5.3(K_3), 1.5(K_4)
	Zn(Ⅱ)	11.7(β_2), 4.35(K_3), 3.57(K_4)
	Ag(Ⅰ)	20.48(β_2), 0.92(K_3)
	Cd(Ⅱ)	6.01(K_1), 5.11(K_2), 4.35(K_3), 2.27(K_4)
	Hg(Ⅱ)	17.00(K_1), 15.75(K_2), 3.56(K_2), 2.66(K_4)
NCS^- (チオシアン酸イオン)	Cr(Ⅲ)	3.08(K_1)
	Fe(Ⅱ)	1.31(K_1)
	Fe(Ⅲ)	2.14(K_1), 1.31(K_2)
	Co(Ⅱ)	1.72(K_1)
	Cu(Ⅱ)	2.30(K_1), 1.35(K_2)
	Ag(Ⅰ)	4.75(K_1), 3.48(K_2), 1.22(K_3), 0.22(K_4)
	Cd(Ⅱ)	1.89(K_1), 0.89(K_2), 0.02(K_3), −0.5(K_4)
	Hg(Ⅱ)	17.26(β_2), 2.71(K_3), 1.72(K_4)
NH_3 (アンモニア)	Fe(Ⅱ)	~3.7(β_4)
	Co(Ⅱ)[a]	2.11(K_1), 1.63(K_2), 1.05(K_3), 0.76(K_4), 0.18(K_5), −0.62(K_6)
	Co(Ⅲ)[a]	7.3(K_1), 6.7(K_2), 6.1(K_3), 5.6(K_4), 5.1(K_5), 4.4(K_6)
	Ni(Ⅱ)	2.36(K_1), 1.90(K_2), 1.55(K_3), 1.23(K_4), 0.85(K_5), 0.42(K_6)
	Cu(Ⅱ)	4.27(K_1), 3.55(K_2), 2.90(K_3), 2.18(K_4)
	Ag(Ⅰ)	3.315(K_1), 3.995(K_2)
	Cd(Ⅱ)	2.54(K_1), 2.24(K_2), 1.30(K_3), 1.18(K_4)
	Hg(Ⅱ)	19.26(β_4)
OH^- (水酸化物イオン)	Cr(Ⅲ)	10.05(K_1), 8.30(K_2)
	Fe(Ⅱ)	4.50(K_1)
	Fe(Ⅲ)	11.17(K_1), 10.96(K_2)
	Mn(Ⅱ)	3.41(K_1)
	Co(Ⅱ)	2.95(K_1)
	Ni(Ⅱ)	3.08(K_1), 9.92(K_2)
	Cu(Ⅱ)	6.66(K_1)
	Zn(Ⅱ)	5.04(K_1), 3.30(K_2), 5.49(K_3), 4.33(K_4)
	Ag(Ⅰ)	2.30(K_1), 1.25(K_2), 1.22(K_3)
	Cd(Ⅱ)	3.57(K_1)
	La(Ⅲ)	4.1(K_1)
	Hg(Ⅱ)	10.67(K_1), 11.56(K_2)
	Pb(Ⅱ)	6.3(K_1), 4.60(K_2), 2.76(K_3)

次頁に続く.

付表 9　金属錯体の安定度定数(25℃)

配　位　子	中心イオン	安定度定数($\log K_i$, $\log \beta_i$)
アセチルアセトン(HL)	Fe(Ⅱ)[a]	5.07(K_1), 3.60(K_2)
$H_3CCOCH_2COCH_3$	Fe(Ⅲ)[a]	9.8(K_1), 9.0(K_2), 7.4(K_3)
	Mn(Ⅱ)	4.21(K_1), 3.09(K_2)
	Co(Ⅱ)	5.40(K_1), 4.14(K_2)
	Ni(Ⅱ)	5.72(K_1), 3.94(K_2)
	Cu(Ⅱ)	8.16(K_1), 6.60(K_2)
	Zn(Ⅱ)	4.68(K_1), 3.24(K_2)
	Cd(Ⅱ)	3.83(K_1), 2.82(K_2)
	La(Ⅲ)[a]	8.41(β_2), 2.49(K_3)
	Hg(Ⅱ)[a]	21.5(β_2)
	Pb(Ⅱ)[a]	6.32(β_2)
エチレンジアミン(L)	Fe(Ⅱ)	4.34(K_1), 3.32(K_2), 2.06(K_3)
$H_2NCH_2CH_2NH_2$	Mn(Ⅱ)	2.77(K_1), 2.10(K_2), 0.94(K_3)
	Co(Ⅱ)	5.96(K_1), 4.84(K_2), 3.3(K_3)
	Ni(Ⅱ)	7.35(K_1), 6.19(K_2), 4.17(K_3)
	Cu(Ⅱ)	10.54(K_1), 9.06(K_2)
	Zn(Ⅱ)	5.7(K_1), 4.92(K_2)
	Ag(Ⅰ)[b]	4.70(K_1), 3.00(K_2)
	Hg(Ⅱ)	14.3(K_1), 8.94(K_2)
	Pb(Ⅱ)	7.00(K_1), 1.45(K_2)
グリシン(HL)	Fe(Ⅱ)	4.31(K_1)
H_2NCH_2COOH	Fe(Ⅲ)	10.0(K_1)
	Mn(Ⅱ)	2.65(K_1), 2.05(K_2)
	Co(Ⅱ)	4.64(K_1), 3.82(K_2), 2.35(K_3)
	Ni(Ⅱ)	5.78(K_1), 4.80(K_2), 3.42(K_3)
	Cu(Ⅱ)	8.15(K_1), 6.88(K_2)
	Zn(Ⅱ)	4.96(K_1), 4.23(K_2), 2.41(K_3)
	Ag(Ⅰ)	3.20(K_1), 3.43(K_2)
	Cd(Ⅱ)	4.22(K_1), 3.47(K_2)
	Hg(Ⅱ)	10.3(K_1), 8.9(K_2)
酢酸(HL)	Be(Ⅱ)	1.62(K_1), 0.74(K_2)
CH_3COOH	Mg(Ⅱ)	1.27(K_1)
	Fe(Ⅱ)	1.40(K_1)
	Fe(Ⅲ)[b]	3.38(K_1), 3.12(K_2), 1.8(K_3)
	Co(Ⅱ)	1.46(K_1)
	Ni(Ⅱ)	1.43(K_1)
	Cu(Ⅱ)	1.83(K_1), 1.26(K_2)
	Zn(Ⅱ)	1.1(K_1), 0.8(K_2)
	Cd(Ⅱ)	1.17(K_1), 0.65(K_2), 0.22(K_3)
	La(Ⅲ)	1.82(K_1), 1.00(K_2), 0.71(K_3)
	Hg(Ⅱ)[a]	5.55(K_1), 3.75(K_2), 3.98(K_3), 3.78(K_4)
	Pb(Ⅱ)	2.15(K_1), 1.35(K_2)
2,2′-ビピリジン(L)	Fe(Ⅱ)	4.20(K_1), 3.70(K_2), 9.3(K_3)
	Mn(Ⅱ)	2.62(K_1), 2.00(K_2), 0.98(K_3)
	Co(Ⅱ)	5.8(K_1), 5.44(K_2), 4.66(K_3)
	Ni(Ⅱ)	7.04(K_1), 6.81(K_2), 6.31(K_3)
	Cu(Ⅱ)	6.33(K_1)
	Zn(Ⅱ)	5.13(K_1), 4.37(K_2), 3.7(K_3)
	Ag(Ⅰ)[c]	3.03(K_1), 3.64(K_2)

次頁に続く.

付表 9　金属錯体の安定度定数(25℃)

配位子	中心イオン	安定度定数($\log K_i$, $\log \beta_i$)
	Cd(Ⅱ)	4.18(K_1), 3.52(K_2), 2.6(K_3)
	Hg(Ⅱ)	9.64(K_1), 7.06(K_2), 2.8(K_3)
	Pb(Ⅱ)	2.9(K_1)
ピリジン(L)	Fe(Ⅱ)	0.6(K_1), 0.3(K_2)
	Mn(Ⅱ)	0.14(K_1)
	Co(Ⅱ)	1.19(K_1), 0.51(K_2)
	Ni(Ⅱ)	1.87(K_1), 1.23(K_2), 0.61(K_3)
	Cu(Ⅱ)	2.56(K_1), 1.89(K_2), 1.25(K_3)
	Zn(Ⅱ)	0.99(K_1), 0.37(K_2), 0.19(K_3)
	Ag(Ⅰ)	2.06(K_1), 2.12(K_2)
	Cd(Ⅱ)	1.34(K_1), 0.79(K_2), 0.28(K_3)
	Hg(Ⅱ)	5.1(K_1), 4.9(K_2), 0.3(K_3), 0.3(K_4)

HL は H^+ が解離し L として配位する.
a) 30℃, b) 20℃, c) 35℃.

付表 10　難溶塩の溶解度積(25℃)

難溶塩	溶解度積	難溶塩	溶解度積	難溶塩	溶解度積	難溶塩	溶解度積
AgCl	1.7×10^{-10}	$CaSO_4$	2.5×10^{-5}	Hg_2Br_2	1.3×10^{-21}	PbI_2	6.4×10^{-9}
AgBr	4.9×10^{-13}	$CaC_2O_4 \cdot H_2O$	2.6×10^{-9}	HgS	1.6×10^{-54}	PbS	7×10^{-29}
AgI	8.3×10^{-17}	CdS	1.0×10^{-28}	$Mg(OH)_2$	1.1×10^{-11}	$PbSO_4$	1.6×10^{-8}
AgOH	1.9×10^{-8}	CoS(α)	4×10^{-21}	$MgCO_3 \cdot H_2O$	2.7×10^{-5}	SnS	1×10^{-27}
Ag_2CO_3	8.1×10^{-12}	CoS(β)	2×10^{-25}	$MgHPO_4$	6.5×10^{-5}	$SnHPO_4$	1.5×10^{-13}
Ag_2S	5.5×10^{-51}	$Co(OH)_2$	1.3×10^{-15}	MnS	7×10^{-16}	$Sr(OH)_2$	3.2×10^{-4}
$Al(OH)_3$	3.7×10^{-15}	CuS	8×10^{-37}	$Mn(OH)_2$	2×10^{-13}	$SrSO_4$	7.6×10^{-7}
$Ba(OH)_2$	5.0×10^{-3}	$Cu(OH)_2$	1.5×10^{-20}	NiS(α)	3×10^{-19}	$SrCO_3$	1.6×10^{-9}
$BaSO_4$	1.0×10^{-10}	FeS	4×10^{-19}	NiS(β)	1×10^{-24}	ZnS	8×10^{-25}
$BaCO_3$	8.1×10^{-9}	$Fe(OH)_2$	8×10^{-16}	NiS(γ)	2×10^{-26}	$Zn(OH)_2$	4×10^{-16}
$Ca(OH)_2$	1.3×10^{-6}	$Fe(OH)_3$	2.5×10^{-39}	$Pb(OH)_2$	1.1×10^{-20}	$ZnCO_3$	1×10^{-10}
$CaCO_3$	3.6×10^{-9}	Hg_2Cl_2	2×10^{-18}			$Zn_2[Fe(CN)_6]$	4.1×10^{-16}

付表 11 標準電極電位(25℃)

	電 極 反 応	$E°$/V
Ag	$Ag^+ + e \rightleftharpoons Ag$	0.799
	$Ag^{2+} + e \rightleftharpoons Ag^+$	1.980
	$AgCl + e \rightleftharpoons Ag + Cl^-$	0.222
	$AgCN + e \rightleftharpoons Ag + CN^-$	−0.017
	$Ag(NH_3)_2{}^+ + e \rightleftharpoons Ag + 2NH_3$	0.373
	$Ag_2O + H_2O + 2e \rightleftharpoons 2Ag + 2OH^-$	0.342
	$2AgO + H_2O + 2e \rightleftharpoons Ag_2O + 2OH^-$	0.57
Al	$Al^{3+} + 3e \rightleftharpoons Al$	−1.662
	$Al(OH)_3 + 3e \rightleftharpoons Al + 3OH^-$	−2.30
As	$AsO_2{}^- + 2H_2O + 3e \rightleftharpoons As + 4OH^-$	−0.68
	$AsO_4{}^{3-} + 2H_2O + 2e \rightleftharpoons AsO_2{}^- + 4OH^-$	−0.67
	$H_3AsO_4(aq) + 2H^+ + 2e \rightleftharpoons HAsO_2 + 2H_2O$	0.559
	$As_2O_3 + 6H^+ + 6e \rightleftharpoons 2As + 3H_2O$	0.234
Au	$Au^{3+} + 3e \rightleftharpoons Au$	1.50
	$Au^+ + e \rightleftharpoons Au$	1.68
	$[AuCl_4]^- + 3e \rightleftharpoons Au + 4Cl^-$	1.002
	$[Au(CN)_2]^- + e \rightleftharpoons Au + 2CN^-$	−0.611
	$[AuCl_2]^- + e \rightleftharpoons Au + 2Cl^-$	1.154
Ba	$Ba^{2+} + 2e \rightleftharpoons Ba$	−2.92
Be	$Be^{2+} + 2e \rightleftharpoons Be$	−1.847
	$BeO + H_2O + 2e \rightleftharpoons Be + 2OH^-$	−2.613
Bi	$BiO^+ + 2H^+ + 3e \rightleftharpoons Bi + H_2O$	0.320
Br	$Br_2(liq) + 2e \rightleftharpoons 2Br^-$	1.065
	$Br_2(aq) + 2e \rightleftharpoons 2Br^-$	1.087
	$BrO^- + H_2O + 2e \rightleftharpoons Br^- + 2OH^-$	0.761
	$BrO_3{}^- + 6H^+ + 5e \rightleftharpoons 1/2Br_2(aq) + 3H_2O$	1.52
	$BrO_3{}^- + 3H_2O + 6e \rightleftharpoons Br^- + 6OH^-$	0.61
C	$C + 4H^+ + 4e \rightleftharpoons CH_4(g)$	0.132
	$CO_2 + 2H^+ + 2e \rightleftharpoons CO + H_2O$	−0.103
	$CO_2 + 2H^+ + 2e \rightleftharpoons HCOOH(aq)$	−0.199
	$2CO_2 + 2H^+ + 2e \rightleftharpoons H_2C_2O_4(aq)$	−0.49
	$CO_2 + 4H^+ + 4e \rightleftharpoons C + 2H_2O$	0.207
	$CO + 6H^+ + 6e \rightleftharpoons CH_4 + H_2O$	0.497
	$H_2CO_3 + 6H^+ + 6e \rightleftharpoons CH_3OH + 2H_2O$	0.044
Ca	$Ca^{2+} + 2e \rightleftharpoons Ca$	−2.84
Cd	$Cd^{2+} + 2e \rightleftharpoons Cd$	−0.402
	$CdS + 2e \rightleftharpoons Cd + S^{2-}$	−1.175
	$[Cd(NH_3)_4]^{2+} + 2e \rightleftharpoons Cd + 4NH_3(aq)$	−0.613
Cl	$Cl_2(g) + 2e \rightleftharpoons 2Cl^-(aq)$	1.358
	$HClO + H^+ + e \rightleftharpoons 1/2Cl_2 + H_2O$	1.63
	$ClO^- + H_2O + 2e \rightleftharpoons Cl^- + 2OH^-$	0.89*
	$HClO_2(aq) + 2H^+ + 2e \rightleftharpoons HClO(aq) + H_2O$	1.645
	$ClO_2{}^- + H_2O + 2e \rightleftharpoons ClO^- + 2OH^-$	0.66
	$ClO_2(g) + H^+ + e \rightleftharpoons HClO_2$	1.275
	$ClO_2(g) + e \rightleftharpoons ClO_2{}^-$	1.16
	$ClO_3{}^- + 2H^+ + e \rightleftharpoons ClO_2(g) + H_2O$	1.15
	$ClO_3{}^- + H_2O + 2e \rightleftharpoons ClO_2{}^- + 2OH^-$	0.33
	$ClO_3{}^- + 3H^+ + 2e \rightleftharpoons HClO_2 + H_2O$	1.21

＊1 N NaOH 中.

次頁に続く.

付表 11　標準電極電位(25℃)

	電 極 反 応	$E°$/V
Cl	$ClO_4^- + 2H^+ + 2e \rightleftharpoons ClO_3^- + H_2O$	1.19
	$ClO_4^- + H_2O + 2e \rightleftharpoons ClO_3^- + 2OH^-$	0.36
Co	$Co^{2+} + 2e \rightleftharpoons Co$	−0.287
	$Co^{3+} + e \rightleftharpoons Co^{2+}$	1.92
	$Co(OH)_2 + 2e \rightleftharpoons Co + 2OH^-$	−0.73
	$[Co(NH_3)_6]^{3+} + e \rightleftharpoons [Co(NH_3)_6]^{2+}$	0.06
	$[Co(dpy)_3]^{3+} + e \rightleftharpoons [Co(dpy)_3]^{2+}$	0.34
	(dpy：2,2′-dipyridyl)	
Cr	$Cr^{2+} + 2e \rightleftharpoons Cr$	−0.79
	$Cr^{3+} + 3e \rightleftharpoons Cr$	−0.67
	$Cr^{3+} + e \rightleftharpoons Cr^{2+}$	−0.424
	$Cr^{4+} + e \rightleftharpoons Cr^{3+}$	2.10
	$Cr^{5+} + e \rightleftharpoons Cr^{4+}$	1.34
	$Cr^{6+} + e \rightleftharpoons Cr^{5+}$	0.55
	$Cr_2O_7^{2-} + 14H^+ + 6e \rightleftharpoons 2Cr^{3+} + 7H_2O$	1.29
	$[Cr(CN)_6]^{3-} + e \rightleftharpoons [Cr(CN)_6]^{2-}$	−1.28
	$CrO_4^{2-} + 4H_2O + 3e \rightleftharpoons [Cr(OH)_4]^- + 4OH^-$	−0.17
Cu	$Cu^+ + e \rightleftharpoons Cu$	0.521
	$Cu^{2+} + e \rightleftharpoons Cu^+$	0.153
	$Cu^{2+} + 2e \rightleftharpoons Cu$	0.337
	$[Cu(CN)_2]^- + e \rightleftharpoons Cu + 2CN^-$	−0.43
	$CuCl + e \rightleftharpoons Cu + Cl^-$	0.137
	$CuBr + e \rightleftharpoons Cu + Br^-$	0.033
	$Cu_2O + 2H^+ + 2e \rightleftharpoons 2Cu + H_2O$	0.471
	$Cu^{2+} + Cl^- + e \rightleftharpoons CuCl$	0.538
	$CuO + 2H^+ + 2e \rightleftharpoons Cu + H_2O$	0.570
F	$F_2(g) + 2e \rightleftharpoons 2F^-$	2.87
	$F_2(g) + 2H^+ + 2e \rightleftharpoons 2HF$	2.806
Fe	$Fe^{2+} + 2e \rightleftharpoons Fe$	−0.440
	$Fe^{3+} + e \rightleftharpoons Fe^{2+}$	0.771
	$Fe(OH)_2 + 2e \rightleftharpoons Fe + 2OH^-$	−0.877
	$Fe(OH)_3 + e \rightleftharpoons Fe(OH)_2 + OH^-$	−0.56
	$[Fe(CN)_6]^{3-} + e \rightleftharpoons [Fe(CN)_6]^{4-}$	0.36
H	$2H^+ + 2e \rightleftharpoons H_2$	0.000
	$1/2H_2 + e \rightleftharpoons H^-$	−2.25
	$H^+ + e \rightleftharpoons H(g)$	−2.107
Hg	$Hg_2^{2+} + 2e \rightleftharpoons 2Hg$	0.789
	$2Hg^{2+} + 2e \rightleftharpoons Hg_2^{2+}$	0.920
	$Hg_2Cl_2 + 2e \rightleftharpoons 2Hg + 2Cl^-$	0.268
	$Hg_2I_2 + 2e \rightleftharpoons 2Hg + 2I^-$	−0.0405
	$Hg_2SO_4 + 2e \rightleftharpoons 2Hg + SO_4^{2-}$	0.615
	$HgO(red) + H_2O + e \rightleftharpoons Hg + 2OH^-$	0.098
	$HgS(black) + 2e \rightleftharpoons Hg + S^{2-}$	−0.69
I	$I_2 + 2e \rightleftharpoons 2I^-$	0.535
	$I_3^- + 3e \rightleftharpoons 3I^-$	0.536
	$HIO + H^+ + 2e \rightleftharpoons I^- + H_2O$	0.987
	$2IO_3^- + 12H^+ + 10e \rightleftharpoons I_2 + 6H_2O$	1.195
	$IO_3^- + 3H_2O + 6e \rightleftharpoons I^- + 6OH^-$	0.26

次頁に続く.

付表 11　標準電極電位(25℃)

	電　極　反　応	$E°/V$
I	$IO_4^- + 2H^+ + 2e \rightleftharpoons IO_3^- + H_2O$	1.653
Ir	$Ir^{3+} + 3e \rightleftharpoons Ir$	1.16
	$[IrCl_6]^{3-} + 3e \rightleftharpoons Ir + 6Cl^-$	0.86
	$[IrCl_6]^{2-} + e \rightleftharpoons [IrCl_6]^{3-}$	0.86
K	$K^+ + e \rightleftharpoons K$	−2.925
Li	$Li^+ + e \rightleftharpoons Li$	−3.045
Mg	$Mg^{2+} + 2e \rightleftharpoons Mg$	−2.659
	$Mg(OH)_2 + 2e \rightleftharpoons Mg + 2OH^-$	−2.689
Mn	$Mn^{2+} + 2e \rightleftharpoons Mn$	−1.18
	$Mn^{3+} + e \rightleftharpoons Mn^{2+}$	1.51
	$Mn(OH)_2 + 2e \rightleftharpoons Mn + 2OH^-$	−1.56
	$Mn_2O_3 + 3H_2O + 2e \rightleftharpoons 2Mn(OH)_2 + 2OH^-$	−0.25
	$MnO_2 + 4H^+ + 2e \rightleftharpoons Mn^{2+} + 2H_2O$	1.23
	$2MnO_2 + 2H^+ + 2e \rightleftharpoons Mn_2O_3 + H_2O$	0.98
	$MnO_4^{2-} + 2H_2O + 2e \rightleftharpoons MnO_2 + 4OH^-$	0.603
	$MnO_4^- + 8H^+ + 5e \rightleftharpoons Mn^{2+} + 4H_2O$	1.51
	$MnO_4^- + 4H^+ + 3e \rightleftharpoons MnO_2 + 2H_2O$	1.695
	$MnO_4^- + 2H_2O + 3e \rightleftharpoons MnO_2 + 4OH^-$	0.588
	$MnO_4^- + e \rightleftharpoons MnO_4^{2-}$	0.558
Mo	$Mo^{3+} + 3e \rightleftharpoons Mo$	−0.200
N	$N_2H_4 + 4H_4O + 2e \rightleftharpoons 2NH_4OH + 2OH^-$	0.1
	$NH_2OH + H_2O + 2e \rightleftharpoons NH_3(aq) + 2OH^-$	0.1
	$2NH_2OH + 2e \rightleftharpoons N_2H_4 + 2OH^-$	0.73
	$N_2(g) + 6H^+ + 6e \rightleftharpoons 2NH_3(aq)$	−0.092
	$HN_3 + 3H^+ + 2e \rightleftharpoons NH_4^+ + N_2$	1.96
	$2NO(g) + 4H^+ + 4e \rightleftharpoons N_2(g) + 2H_2O$	1.678
	$2NO_2(g) + 8H^+ + 8e \rightleftharpoons N_2(g) + 4H_2O$	1.363
	$N_2O_4(g) + 8H^+ + 8e \rightleftharpoons N_2(g) + 4H_2O$	1.357
	$N_2O_4(g) + 4H^+ + 4e \rightleftharpoons 2NO + 2H_2O$	1.03
	$N_2O_4(g) + 2H^+ + 2e \rightleftharpoons 2HNO_2$	1.07
	$HNO_2 + H^+ + e \rightleftharpoons NO + H_2O$	0.996
	$NO_3^- + H_2O + 2e \rightleftharpoons NO_2^- + 2OH^-$	0.01
	$2NO_3^- + 4H^+ + 2e \rightleftharpoons N_2O_4(g) + 2H_2O$	0.803
	$NO_3^- + 2H^+ + 2e \rightleftharpoons NO_2^- + H_2O$	0.835
	$NO_3^- + 3H^+ + 2e \rightleftharpoons HNO_2 + H_2O$	0.94
	$NO_3^- + 4H^+ + 3e \rightleftharpoons NO + 2H_2O$	0.957
Na	$Na^+ + e \rightleftharpoons Na$	−2.714
Ni	$Ni^{2+} + 2e \rightleftharpoons Ni$	−0.228
	$[Ni(NH_3)_6]^{2+} + 2e \rightleftharpoons Ni + 6NH_3(aq)$	−0.49
	$Ni(OH)_2 + 2e \rightleftharpoons Ni + 2OH^-$	−0.72
	$[Ni(CN)_4]^{2-} + e \rightleftharpoons [Ni(CN)_4]^{3-}$	−0.82
	$NiO_2 + 2H_2O + 2e \rightleftharpoons Ni(OH)_2 + 2OH^-$	0.49
	$NiO_2 + 4H^+ + 2e \rightleftharpoons Ni^{2+} + 2H_2O$	1.593
O	$O_2(g) + 2H^+ + 2e \rightleftharpoons H_2O_2(aq)$	0.682
	$O_2(g) + 4H^+ + 4e \rightleftharpoons 2H_2O$	1.229
	$O_2(g) + 2H_2O + 4e \rightleftharpoons 4OH^-$	0.401
	$H_2O_2 + 2H^+ + 2e \rightleftharpoons 2H_2O$	1.776
	$2H_2O + 2e \rightleftharpoons 2OH^- + H_2(g)$	−0.8281

次頁に続く.

付表 11　標準電極電位(25℃)

	電極反応	E°/V
O	$O_3(g) + 2H^+ + 2e \rightleftharpoons O_2(g) + H_2O$	2.07
	$O_3(g) + H_2O + 2e \rightleftharpoons O_2(g) + 2OH^-$	1.24*
	$O(g) + H_2O + 2e \rightleftharpoons 2OH^-$	1.59
	$O_2^- + 2H_2O + 3e \rightleftharpoons 4OH^-$	0.7
	$O_2^- + H_2O + e \rightleftharpoons HO_2^- + OH^-$	0.413
	$HO_2^- + H_2O + e \rightleftharpoons OH + 2OH^-$	−0.245
P	$P(red) + 3H^+ + 3e \rightleftharpoons PH_3$	−0.111
	$H_3PO_4 + 2H^+ + 2e \rightleftharpoons H_3PO_3 + H_2O$	−0.276
	$PO_4^{3-} + 2H_2O + 2e \rightleftharpoons HPO_3^{2-} + 3OH^-$	−1.119
Pb	$Pb^{2+} + 2e \rightleftharpoons Pb$	−0.1288
	$PbCl_2 + 2e \rightleftharpoons Pb + 2Cl^-$	−0.268
	$PbS + 2e \rightleftharpoons Pb + S^{2-}$	−0.93
	$PbO_2 + H_2O + 2e \rightleftharpoons PbO(red) + 2OH^-$	−0.247
	$PbO_2 + 4H^+ + 2e \rightleftharpoons Pb^{2+} + 2H_2O$	1.455
	$PbO_2 + SO_4^{2-} + 4H^+ + 2e \rightleftharpoons PbSO_4 + 2H_2O$	1.685
Pd	$Pd^{2+} + 2e \rightleftharpoons Pd$	0.915
	$2Pd + H^+ + e \rightleftharpoons Pd_2H$	0.05
	$PdO + 2H^+ + 2e \rightleftharpoons Pd + H_2O$	0.85
	$Pd(OH)_2 + 2H^+ + 2e \rightleftharpoons Pd + 2H_2O$	0.896
	$[PdCl_4]^{2-} + 2e \rightleftharpoons Pd + 4Cl^-$	0.59
	$[PdCl_6]^{2-} + 2e \rightleftharpoons [PdCl_4]^{2-} + 2Cl^-$	1.29
	$[PdBr_6]^{2-} + 2e \rightleftharpoons [PdBr_4]^{2-} + 2Br^-$	0.99
Pt	$Pt^{2+} + 2e \rightleftharpoons Pt$	1.19
	$PtO + 2H^+ + 2e \rightleftharpoons Pt + H_2O$	0.98
	$[PtCl_4]^{2-} + 2e \rightleftharpoons Pt + 4Cl^-$	0.73
	$[PtCl_6]^{2-} + 2e \rightleftharpoons [PtCl_4]^{2-} + 2Cl^-$	0.68
	$PtO_2 + 2H^+ + 2e \rightleftharpoons PtO + H_2O$	1.05
Rh	$Rh^{3+} + 3e \rightleftharpoons Rh$	0.758
	$Rh(OH)_3 + 3e \rightleftharpoons Rh + 3OH^-$	0.0
	$[RhCl_6]^{2-} + e \rightleftharpoons [RhCl_6]^{3-}$	1.2
Ru	$Ru^{2+} + 2e \rightleftharpoons Ru$	0.46
	$Ru^{3+} + e \rightleftharpoons Ru^{2+}$	0.249
	$[Ru(CN)_6]^{3-} + e \rightleftharpoons [Ru(CN)_6]^{4-}$	0.89
	$[Ru(NH_3)_6]^{3+} + e \rightleftharpoons [Ru(NH_3)_6]^{2+}$	0.24
	$RuCl_3 + 3e \rightleftharpoons Ru + 3Cl^-$	0.68
	$RuO_4 + e \rightleftharpoons RuO_4^-$	0.99
S	$S + 2e \rightleftharpoons S^{2-}$	−0.476
	$S_2O_3^{2-} + 6H^+ + 4e \rightleftharpoons 2S + 3H_2O$	0.465
	$H_2SO_3 + 4H^+ + 4e \rightleftharpoons S + 3H_2O$	0.450
	$2SO_3^{2-} + 3H_2O + 4e \rightleftharpoons S_2O_3^{2-} + 6OH^-$	−0.58
	$2H_2SO_3 + 2H^+ + 2e \rightleftharpoons HS_2O_4^- + 2H_2O$	−0.08
	$2SO_3^{2-} + 2H_2O + 2e \rightleftharpoons S_2O_4^{2-} + 4OH^-$	−1.12
	$SO_4^{2-} + H_2O + 2e \rightleftharpoons SO_3^{2-} + 2OH^-$	−0.93
	$S_2O_8^{2-} + 2e \rightleftharpoons 2SO_4^{2-}$	2.01
	$S_2O_8^{2-} + 2H^+ + 2e \rightleftharpoons 2HSO_4^-$	2.123
Sb	$Sb_2O_4 + 2H^+ + 2e \rightleftharpoons Sb_2O_3 + H_2O$	0.863
	$Sb_2O_3 + 6H^+ + 6e \rightleftharpoons 2Sb + 3H_2O$	0.150
	$SbO^+ + 2H^+ + 3e \rightleftharpoons Sb + H_2O$	0.204

＊1 N NaOH 中.

次頁に続く.

付表 11 標準電極電位(25℃)

	電 極 反 応	$E°/V$
Se	$Se + 2e \rightleftharpoons Se^{2-}$	−0.92
	$Se + 2H^+ + 2e \rightleftharpoons H_2Se(g)$	−0.4
	$SeO_3^{2-} + 3H_2O + 4e \rightleftharpoons Se + 6OH^-$	−0.366
Se	$SeO_4^{2-} + 4H^+ + 2e \rightleftharpoons H_2SeO_3 + H_2O$	1.15
Si	$Si + 4H^+ + 4e \rightleftharpoons SiH_4$	0.102
	$[SiF_6]^{2-} + 4e \rightleftharpoons Si + 6F^-$	−1.24
	$SiO_3^{2-} + 3H_2O + 4e \rightleftharpoons Si + 6OH^-$	−1.695
Sn	$Sn^{2+} + 2e \rightleftharpoons Sn$	−0.1375
	$Sn^{4+} + 2e \rightleftharpoons Sn^{2+}$	0.154
	$SnS + 2e \rightleftharpoons Sn + S^{2-}$	−0.87
	$SnO_3^{2-} + 6H^+ + 2e \rightleftharpoons Sn^{2+} + 3H_2O$	0.844
Ti	$Ti^{2+} + 2e \rightleftharpoons Ti$	−1.63
	$Ti^{3+} + e \rightleftharpoons Ti^{2+}$	−0.368
	$TiO + 2H^+ + 2e \rightleftharpoons Ti + H_2O$	−1.306
	$TiO_2 + 4H^+ + e \rightleftharpoons Ti^{3+} + 2H_2O$	−0.666
	$TiO_2 + 4H^+ + 2e \rightleftharpoons Ti^{2+} + 2H_2O$	−0.502
U	$U^{3+} + 3e \rightleftharpoons U$	−1.789
	$U(OH)_3 + 3e \rightleftharpoons U + 3OH^-$	−2.17
	$UO_2^+ + 4H^+ + e \rightleftharpoons U^{4+} + 2H_2O$	0.62
	$UO_2^{2+} + 4H^+ + 2e \rightleftharpoons U^{4+} + 2H_2O$	0.330
	$UO_2^{2+} + e \rightleftharpoons UO_2^+$	0.05
	$U(OH)_4 + e \rightleftharpoons U(OH)_3 + OH^-$	−2.20
V	$V^{2+} + 2e \rightleftharpoons V$	−1.13
	$V^{3+} + e \rightleftharpoons V^{2+}$	−0.255
	$VO^{2+} + 2H^+ + e \rightleftharpoons V^{3+} + H_2O$	0.337
	$VO_2^+ + 2H^+ + e \rightleftharpoons VO^{2+} + H_2O$	1.004
	$2H_2VO_4^- + 3H^+ + 2e \rightleftharpoons HV_2O_5^- + 3H_2O$	0.719
	$HV_2O_5^- + 5H^+ + 2e \rightleftharpoons 2VO^+ + 3H_2O$	0.551
W	$W_2O_5 + 2H^+ + 2e \rightleftharpoons 2WO_2 + H_2O$	−0.031
	$2WO_3 + 2H^+ + 2e \rightleftharpoons W_2O_5 + H_2O$	−0.029
Zn	$Zn^{2+} + 2e \rightleftharpoons Zn$	−0.7631
	$ZnS + 2e \rightleftharpoons Zn + S^{2-}$	−1.405
Zr	$Zr^{4+} + 4e \rightleftharpoons Zr$	−1.529
	$ZrO_2 + 4H^+ + 4e \rightleftharpoons Zr + 2H_2O$	−1.456

SBO 対応頁

薬学準備教育ガイドラインおよび薬学教育モデル・コアカリキュラム，薬学アドバンスト教育ガイドラインのSBO(到達目標)に対応する本書の頁を示す.

索　引

欧　文

あ

か

ま

や

ら

編者略歴

青木　伸（あおき　しん）

1964年　北海道生まれ

1990年　東京大学大学院薬学系研究科博士課程中退

現　在　東京理科大学薬学部教授

専　門　超分子化学，生物有機・無機化学，光化学

薬学博士

ベーシック薬学教科書シリーズ 4　**無機化学**（増補版）[電子版教科書付]

第1版　　　　第1刷　2011年5月10日
第1版増補版　第1刷　2024年3月1日

検印廃止

編　者　青木　伸
発行者　曽根　良介
発行所　㈱化学同人

〒600-8074　京都市下京区仏光寺通柳馬場西入ル
編集部　TEL 075-352-3711　FAX 075-352-0371
営業部　TEL 075-352-3373　FAX 075-351-8301
振　替　01010-7-5702
e-mail　webmaster@kagakudojin.co.jp
URL　https://www.kagakudojin.co.jp

印刷　㈱創栄図書印刷
製本　藤原製本

JCOPY 〈出版者著作権管理機構委託出版物〉
本書の無断複写は著作権法上での例外を除き禁じられています．複写される場合は，そのつど事前に，出版者著作権管理機構（電話 03-5244-5088，FAX 03-5244-5089，e-mail: info@jcopy.or.jp）の許諾を得てください．

本書のコピー，スキャン，デジタル化などの無断複製は著作権法上での例外を除き禁じられています．本書を代行業者などの第三者に依頼してスキャンやデジタル化することは，たとえ個人や家庭内の利用でも著作権法違反です．

Printed in Japan　©S. Aoki　2024　無断転載・複製を禁ず

ISBN978-4-7598-2361-5

乱丁･落丁本は送料小社負担にてお取りかえいたします．

薬学教育モデル・コアカリキュラムに準拠

ベーシック薬学教科書シリーズ

<編集委員>

杉浦幸雄（京都大学名誉教授・薬学博士）
夏苅英昭（新潟薬科大学薬学部客員教授・薬学博士）
平井みどり（神戸大学医学部教授・医学博士）
野村靖幸（久留米大学医学部客員教授・薬学博士）
井出利憲（広島大学名誉教授・薬学博士）

本シリーズの特徴

- ◆ 薬学教育モデル・コアカリキュラムに準拠
- ◆ 基礎科目から専門科目までを網羅
- ◆ すべての薬学生が理解しておかねばならない選びぬかれた内容
- ◆ 学問としての基礎的な事項を重要視
- ◆ 全体にわたって図表・写真が豊富，ビジュアルで理解しやすい2色刷

シリーズラインナップ

白ヌキ数字は既刊

1 **薬学概論・ヒューマニズム** 小澤孝一郎 編	12 **環 境** 武田 健・太田 茂 編
2 **分析科学**（第3版） 萩中 淳 編	13 **疾患病態学** 藤村欣吾 編
3 **物理化学**（第2版） 石田寿昌 編	14 **機能形態学** 玄番宗一 編
4 **無機化学** 青木 伸 編	15 **微生物学・感染症学**（第2版） 塩田澄子・黒田照夫 編
5 **有機化学**（第2版） 夏苅英昭・高橋秀依 編	16 **薬理学** 金子周司 編
6 **創薬科学・医薬化学** 橘高敦史 編	17 **医薬品安全性学** 漆谷徹郎 編
7 **生薬学・天然物化学**（第2版） 吉川雅之 編	18 **薬物動態学** 橋田 充 編
8 **生化学** 中西義信 編	19 **薬物治療学**（第2版） 平井みどり・三木知博 編
9 **ゲノム薬学** 田沼靖一 編	20 **薬剤学**（第2版） 北河修治 編
10 **免疫学**（第2版） 山元 弘 編	21 **医薬品情報学**（第2版） 上村直樹・下平秀夫 編
11 **健 康** 武田 健・太田 茂 編	

★書名等は変更されることがございます．あらかじめご了承ください．

☞ 詳細情報は，化学同人ホームページをご覧ください． https://www.kagakudojin.co.jp